国家级教学资源库课程

SQL Server 2019
数据库项目应用教程

主　编　王玉姣　高　瞻
副主编　袁梦霞　杨　辉　夏　奕

WUHAN UNIVERSITY PRESS
武汉大学出版社

图书在版编目(CIP)数据

SQL Server 2019 数据库项目应用教程/王玉姣,高瞻主编. —武汉:武汉大学出版社,2021. 8
ISBN 978-7-307-22356-1

Ⅰ.S… Ⅱ.①王… ②高… Ⅲ. 关系数据库系统—职业教育—教材 Ⅳ.TP311.132.3

中国版本图书馆 CIP 数据核字(2021)第 106852 号

责任编辑:胡　荣　　责任校对:李孟潇　　版式设计:马　佳

出版发行:**武汉大学出版社**　(430072　武昌　珞珈山)
(电子邮箱:cbs22@ whu.edu.cn 网址:www.wdp.com.cn)
印刷:武汉中科兴业印务有限公司
开本:787×1092　1/16　印张:19　字数:436 千字　插页:1
版次:2021 年 8 月第 1 版　　2021 年 8 月第 1 次印刷
ISBN 978-7-307-22356-1　　定价:58.00 元

前　言

随着社会的不断发展，数据库技术的应用无处不在。在众多的数据库系统中，SQL Server以其兼具大型数据库技术要求和易于实现及操作简单等特点，被不同领域的企业或公司所接受。为培养大量掌握数据库应用技术的高素质、技能型专业人才，我们结合多年的数据库应用与教学经验，精心组织编写了符合高等职业技术教育教学特点、体现高职教学改革特色的教材。本教材特点如下：

1. 基于典型工作任务开发课程，注重职业能力的培养

本书是在市场调研的基础上，通过对数据库技术相关的职业岗位的分析研究，按照企业数据库应用开发的工作过程，结合职业能力的培养目标开发编写的教材。教材围绕数据库应用开发的行为领域需要的知识、技能、素质，搭建项目工作场景，细化出相应工作任务，让学生在知识、技能形成的过程中充分感知、体验，获取过程性知识和经验。

2. 项目驱动、核心任务贯穿

以一个典型的学生选课数据库(SCDB)系统项目作为主体，把项目细化为具体的工作任务，并由这些工作任务串联起所有知识点。

3. 以理论够用为度，突出应用

从SQL Server的实际应用需求出发，淡化理论原理和学术概念，注重解决具体问题的方法和实现技术，使抽象的理论和单调的操作步骤因为有了应用前景而变得生动有趣。

4.“教、学、练”一体化，强化能力培养

在每个工作任务中有机融合了知识点讲解和技能训练目标，融“教、学、练”于一体。每个工作任务的讲解都先提出任务目标，然后是实例制作演示，在实训部分读者模仿练习，让读者加深工作任务的完成过程，体现“在练中学，学以致用”的教学理念。

5. 示例丰富，图文并茂

编者将多年对数据库课程的实际教学经验与学生在学习过程中普遍存在的问题进行了整合，选取了大量典型的示例，并配有丰富的图例说明，帮助学生理解实际操作和示例效果。

本教材由湖北交通职业技术学院老师编写，其中主编为王玉姣、高瞻，副主编为袁梦霞、杨辉、夏奕。本书的编写得到了中兴通讯股份有限公司、湖北交通信息研究所的多名高级工程师的大力支持，在此衷心地向他们表示感谢。

本教材配套资源丰富，相关课程资源已在“职教云”平台上线，欢迎广大用户注册并使用。

由于编者水平有限，书中难免有不足之处，敬请读者批评指正，在此表示诚挚的谢意。编者 E-mail：msecmm8@ 163. com。

编　者

2021 年 3 月

目　　录

学习情景一

创建数据库

数据库是数据管理的最新技术，是计算机软件科学的重要分支，产生于20世纪60年代，它的出现使计算机应用扩展到工业、商业、农业、科学研究、工程技术以及国防军事等多个领域。建立一个满足各级部门信息处理要求的有效的信息管理系统已成为一个企业或组织生存和发展的重要条件。

数据库的设计是信息管理系统开发和建设的核心技术。具体地说，数据库设计是根据用户的需求，在一个给定的应用环境中，设计数据库的结构，构造最优数据库模式并建立数据库，使其能够有效存储数据的过程。

本学习情景将以一个完整的数据库(学生选课数据库SCDB)案例为大家介绍如何在SQL Server 2019中创建、操作和管理数据库。

工作任务

- 任务一：安装和使用SQL Server 2019。
- 任务二：创建与管理SCDB数据库。
- 任务三：创建与管理数据表。
- 任务四：维护数据完整性。

学习目标

- 了解数据库技术的发展历程。
- 了解数据库相关的基本概念。
- 掌握SQL Server 2019的安装及简单使用。
- 掌握数据库设计的方法和步骤。
- 掌握创建数据库的各种方法。

任务一　安装和使用SQL Server 2019

任务引入

在设计开发数据库之前首先要选择数据库的开发运行环境，安装该运行环境并熟悉其详细的使用方法。本教程选择的数据库开发运行环境为SQL Server 2019。本任务将详细介绍SQL Server 2019的安装及使用方法。

任务目标

- 了解数据库技术的发展历程。
- 了解数据库的基本概念。
- 了解 SQL Server 2019 安装的软硬件需求。
- 掌握 SQL Server 2019 的安装方法。
- 掌握 SQL Server 2019 的简单使用。

必备知识

一、数据库技术发展简史

20 世纪 60 年代，计算机的硬件和软件技术都有了进一步的发展，信息量的膨胀带来了数据量的急剧增加，为了解决数据量迅猛增加带来的数据管理上的严峻问题，数据库技术逐渐发展和成熟起来。数据库技术作为一门信息管理自动化的新兴学科，是计算机科学中的一个重要分支。随着计算机应用的不断发展，在计算机应用领域中，数据处理越来越占据主导地位，数据库技术的应用也越来越广泛。

数据库是数据管理的产物。数据管理是数据库的核心任务，内容包括对数据的分类、组织、编码、存储、检索和维护。随着计算机硬件和软件的发展，数据库技术也不断地发展。从数据管理的角度看，数据库技术到目前共经历了人工管理阶段、文件系统阶段和数据库系统阶段。

(一) 人工管理阶段

人工管理阶段是指计算机诞生的初期(20 世纪 50 年代后期之前)，这个时期的计算机主要用于科学计算。从硬件看，没有磁盘等直接存取的存储设备；从软件看，没有操作系统和管理数据的软件，数据处理方式是批处理。

这个时期数据管理的特点是：

(1) 数据不保存。这个时期的计算机主要应用于科学计算，一般不需要将数据长期保存，只是在计算某一课题时将数据输入，用完后不保存原始数据，也不保存计算结果。

(2) 没有对数据进行管理的软件系统。程序员不仅要规定数据的逻辑结构，而且还要在程序中设计物理结构，包括存储结构、存取方法、输入/输出方式等。因此，程序中存取数据的子程序随着存储的改变而改变，数据与程序不具有一致性。

(3) 没有文件的概念。数据的组织方式必须由程序员自行设计。

(4) 一组数据对应于一个程序，数据是面向应用的。即使两个程序使用到相同的数据，也必须各自定义、各自组织，数据无法共享、无法相互利用和互相参照，从而导致各程序之间有大量重复的数据。

(二) 文件系统阶段

文件系统阶段是指计算机不仅用于科学计算，而且还大量用于管理数据的阶段(20 世

纪50年代后期到20世纪60年代中期)。在硬件方面，外存储器(简称外存)有了磁盘、磁鼓等直接存取的存储设备；在软件方面，操作系统中已经有了专门用于管理数据的软件，称为文件系统。

这个时期数据管理的特点如下：

(1)数据需要长期保存在外存上供反复使用。由于计算机大量用于数据处理，经常对文件进行查询、修改、插入和删除等操作，所以数据需要长期保留，以便于反复操作。

(2)程序之间有一定的独立性。操作系统提供了文件管理功能和访问文件的存取方法，程序和数据之间有了数据存取的接口，程序可以通过文件名与数据打交道，不必再寻找数据的物理存放位置，至此，数据有了物理结构和逻辑结构的区别，但此时程序和数据之间的独立性尚不充分。

(3)文件的形式已经多样化。由于已经有了直接存取的存储设备，文件也就不再局限于顺序文件，还有索引文件、链表文件等，因而，对文件的访问可以是顺序访问，也可以是直接访问。

(4)数据的存取基本上以记录为单位。

(三)数据库系统阶段

数据库系统阶段是(20世纪60年代后期之后)，在这一阶段中，数据库中的数据不再是面向某个应用或某个程序，而是面向整个企业或整个应用的。

数据库系统阶段的特点如下：

(1)采用复杂的结构化的数据模型。数据库系统不仅要描述数据本身，还要描述数据之间的联系。这种联系是通过存取路径来实现的。

(2)较高的数据独立性。数据和程序彼此独立，数据存储结构的变化尽量不影响用户程序的使用。

(3)最低的冗余度。数据库系统中的重复数据被减少到最低程度，这样，在有限的存储空间内可以存放更多的数据并减少存取时间。

(4)数据控制功能。数据库系统具有数据的安全性，以防止数据的丢失或被非法使用；具有数据的完整性，以保护数据的正确、有效和相容；具有数据的并发控制，避免并发程序之间的相互干扰；具有数据的恢复功能，在数据库被破坏或数据不可靠时，系统有能力把数据库恢复到最近某个时刻的正确状态。

数据模型是数据库系统的核心。按照数据模型发展的主线，数据库技术的形成过程和发展经历了以下三个过程。

1. 第一代数据库系统——层次和网状数据库管理系统

层次和网状数据库的代表产品是IBM公司在1969年研制出的层次模型数据库管理系统。层次数据库是数据库系统的先驱，而网状数据库则是数据库概念、方法、技术的奠基。

2. 第二代数据库系统——关系数据库管理系统

1970年，IBM公司的研究员E. F. Codd在《大型共享数据库数据的关系模型》一文中提出了数据库的关系模型，为关系数据库技术奠定了理论基础。到了20世纪80年代，几乎所有新开发的数据库系统都是关系型的。

真正使得关系数据库技术实用化的关键人物是 James Gray。Gray 在解决如何保障数据的完整性、安全性、并发性以及数据库的故障恢复能力等重大技术问题方面发挥了关键作用。

关系数据库系统的出现，促进了数据库的小型化和普及化，使得在微型机上配置数据库系统成为可能。

3. 新一代数据库技术的研究和发展

目前已从多方面发展了现行的数据库系统技术。我们可以从数据模型、新技术内容、应用领域三个方面概括新一代数据库系统的发展。

(1)面向对象的方法和技术对数据库发展的影响最为深远。20 世纪 80 年代，面向对象的方法和技术的出现，对计算机各个领域，包括程序设计语言、软件工程、信息系统设计以及计算机硬件设备等都产生了深远的影响，也给面临新挑战的数据库技术带来了新的机遇和希望。数据库研究人员借鉴和吸收了面向对象的方法和技术，提出了面向对象的数据库模型(简称对象模型)。当前有许多研究是建立在数据库已有的成果和技术上的，针对不同的应用，对传统的数据库管理系统，主要是关系数据库管理系统进行不同层次的扩充，例如建立对象关系(OR)模型和建立对象关系数据库(ORDB)。

(2)数据库技术与多学科技术的有机结合。数据库技术与多学科技术的有机结合是当前数据库发展的重要特征。计算机领域中其他新兴技术的发展对数据库技术产生了重大影响。传统的数据库技术和其他计算机技术的结合、相互渗透，使数据库中的新技术层出不穷。数据库的许多概念、技术、应用领域，甚至某些原理都有了重大的发展和变化。建立和实现了一系列新型的数据库，如分布式数据库、并行数据库、演绎数据库、知识库、多媒体库、移动数据库等，它们共同构成了数据库大家族。

(3)面向专门应用领域的数据库技术的研究。为了适应数据库应用多元化的要求，在传统数据库基础上，结合各个专门应用领域的特点，研究适合该应用领域的数据库技术，如工程数据库、统计数据库、科学数据库、空间数据库、地理数据库、Web 数据库等，这是当前数据库技术发展的又一重要特征。

同时，数据库系统结构也由主机/终端的集中式结构发展到网络环境的分布式结构，随后又发展成两层、三层或多层客户端/服务器结构以及 Internet 环境下的浏览器/服务器和移动环境下的动态结构。多种数据库结构满足了不同应用的需求，适应了不同的应用环境。

二、SQL Server 2019 简介

SQL Server 2019 是由 Microsoft 公司在 2019 年 11 月推出的 SQL Server 最新版本，具有跨数据库访问、大数据等新性能，是真正的跨平台、高性能、智能化的数据库产品。

SQL Server 2019 的新功能和增强功能如下：

1. 数据虚拟化和 SQL Server 2019 大数据群集

当代企业通常掌管着庞大的数据资产，这些数据资产由托管在整个公司的孤立数据源

中的各种不断增长的数据集组成。利用 SQL Server 2019 大数据群集，你可以从所有数据中获得近乎实时的见解，该群集提供了一个完整的环境来处理包括机器学习和 AI 功能在内的大量数据。

2. 智能数据库

SQL Server 2019 是在对早期版本创新的基础上构建的，旨在提供开箱即用的业界领先性能。从智能查询处理到对永久性内存设备的支持，SQL Server 智能数据库功能提高了所有数据库工作负荷的性能和可伸缩性，而无须更改应用程序或数据库设计。

3. 智能查询处理

通过智能查询处理，可以发现关键的并行工作负荷在大规模运行时，其性能得到了改进。同时，它们仍可适应不断变化的数据世界。默认情况下，最新的数据库兼容性级别设置上支持智能查询处理，这会产生广泛影响，可通过最少地实现工作量改进现有工作负荷的性能。

更多新增功能请参阅 SQL Server 2019 联机丛书。

三、SQL Server 2019 的版本和安装要求

1. SQL Server 2019 的版本

SQL Server 2019 是一个全面的数据库平台，使用集成的商业智能工具提供企业级的数据管理和更安全可靠的存储功能，使用户可以构建和管理用于业务的高可用和高性能的数据应用程序。可以为不同规模的企业提供不同的数据解决管理方案。SQL Server 2019 的不同版本能够满足企业和个人独特的性能、运行时间以及价格要求。

SQL Server 2019 的常见版本如表 1-1 所示。

表 1-1 SQL Server 2019 的各个版本

版本	说　明
Enterprise	作为高级产品/服务，SQL Server Enterprise Edition 提供了全面的高端数据中心功能，具有极高的性能和无限虚拟化，还具有端到端商业智能，可以为任务关键工作负载和最终用户访问数据见解提供高服务级别
Standard	SQL Server Standard Edition 提供了基本数据管理和商业智能数据库，供部门和小型组织运行其应用程序，并支持将常用开发工具用于本地和云，有助于以最少的 IT 资源进行有效的数据库管理
Web	对于 Web 主机托管服务提供商和 Web VAP 而言，SQL Server Web 版本是一项总拥有成本较低的选择，它可针对从小规模到大规模 Web 资产等内容提供可伸缩性、经济性和可管理性能力
开发人员	SQL Server Developer 版支持开发人员基于 SQL Server 构建任意类型的应用程序。它包括 Enterprise 版的所有功能，但有许可限制，只能用作开发和测试系统，而不能用作生产服务器。SQL Server Developer 是构建和测试应用程序的人员的理想之选

续表

版本	说　明
Express 版本	Express 版本是入门级的免费数据库，是学习和构建桌面及小型服务器数据驱动应用程序的理想选择。它是独立软件供应商、开发人员和热衷于构建客户端应用程序的人员的最佳选择。如果您需要使用更高级的数据库功能，则可以将 SQL Server Express 无缝升级到其他更高端的 SQL Server 版本。SQL Server Express Local DB 是 Express 的一种轻型版本，该版本具备所有可编程性功能，在用户模式下运行，并且具有快速的零配置安装和必备组件要求较少的特点

2. 安装 SQL Server 2019 的系统要求

(1)对系统硬件的要求。表 1-2 描述了 SQL Server 2019 对系统硬件的要求。

表 1-2　SQL Server 2019 对系统硬件的要求

组　件	要　求
处理器速度	最低要求：x64 处理器，1. 4 GHz 推荐：2. 0 GHz 或更快
处理器类型	x64 处理器：AMD Opteron、AMD Athlon 64、支持 Intel EM64T 的 Intel Xeon，以及支持 EM64T 的 Intel Pentium IV
内存	最低要求： Express Edition：512 MB 所有其他版本：1 GB 推荐： Express Edition：1 GB 所有其他版本：至少 4 GB，并且应随着数据库大小的增加而增加来确保最佳性能
硬盘空间	SQL Server 要求最少 6 GB 的可用硬盘空间 磁盘空间要求将随所安装的 SQL Server 组件不同而发生变化
Internet	使用 Internet 功能需要连接 Internet(可能需要付费)
监视	SQL Server 要求有 Super-VGA（800x600）或更高分辨率的显示器

(2)对软件的要求。表 1-3 描述了 SQL Server 2019 对软件的要求。

表 1-3　SQL Server 2019 对软件的要求

组 件	要　求
操作系统	Windows 10 TH1 1507 或更高版本 Windows Server 2016 或更高版本

续表

组 件	要　求
.NET Framework	最低版本操作系统包括最低版本 .NET 框架
网络软件	SQL Server 支持的操作系统具有内置网络软件 独立安装项的命名实例和默认实例支持以下网络协议：共享内存、命名管道和 TCP/IP

任务实施

一、安装 SQL Server 2019

(1)选择需要安装的 SQL Server 2019 版本，管理员身份双击运行 Setup 文件，就可以启动安装程序，如图 1-1 所示。

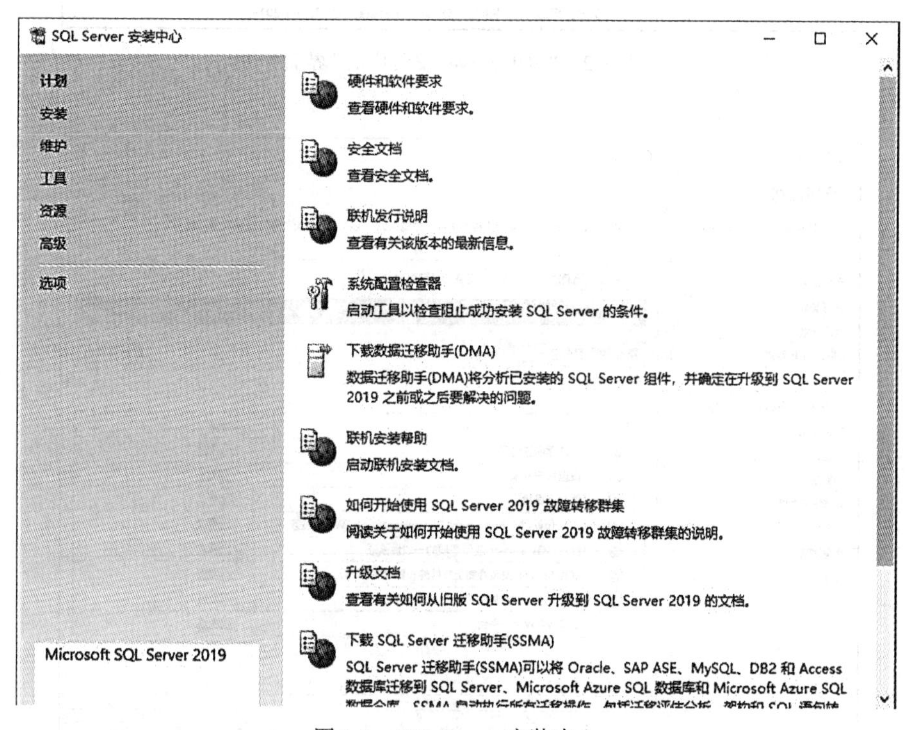

图 1-1　SQL Server 安装中心

(2)在安装中心界面中，选择“安装”选项，弹出安装界面，如图 1-2 所示。

(3)在 SQL Server 2019 安装界面中，选择“全新 SQL Server 独立安装或向现有安装添加功能”选项，将弹出“SQL Server 2019 安装”界面，如图 1-3 所示。

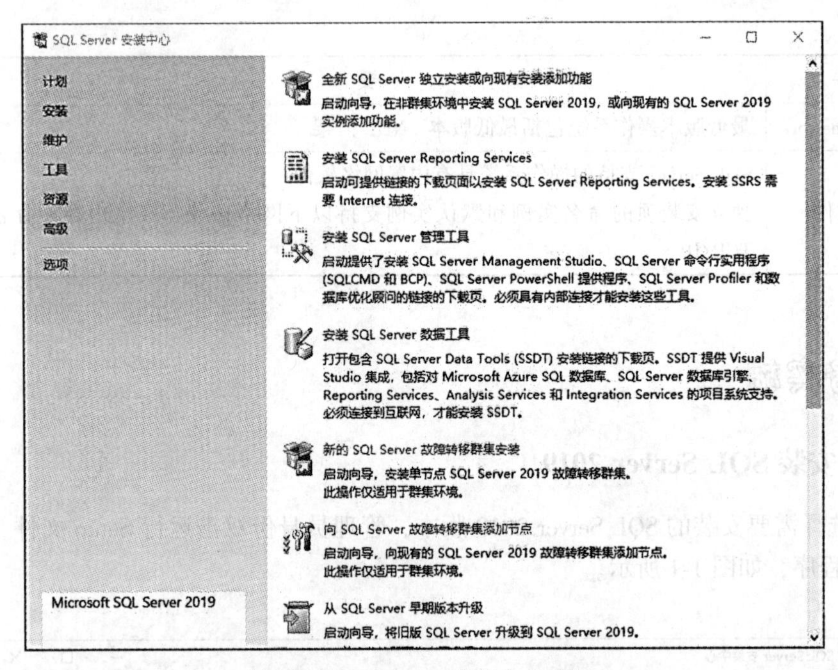

图 1-2 “SQL Server 安装中心”界面

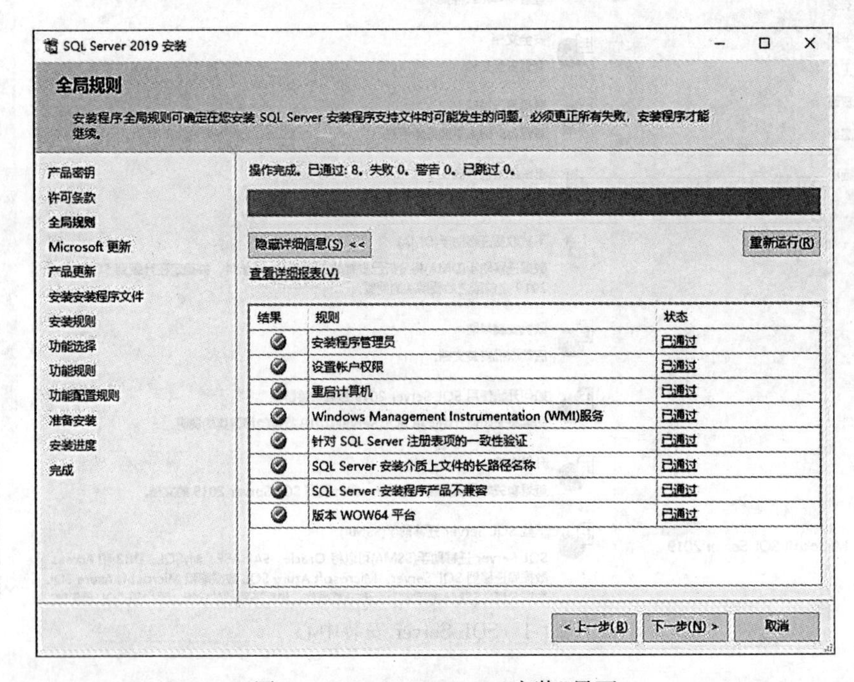

图 1-3 “SQL Server 2019 安装”界面

(4)在“SQL Server 2019 安装”界面上，将扫描检查需要满足安装的所有规则，以保证计算机中不存在可能妨碍安装程序的条件，如出现如图 1-3 所示的 8 项检测都已通过，再单击“下一步”按钮，继续程序安装，将弹出“产品密钥”界面，如图 1-4 所示。

SQL Server 2019 安装

产品密钥

指定要安装的 SQL Server 2019 版本。

产品密钥
许可条款
全局规则
Microsoft 更新
产品更新
安装安装程序文件
安装规则
功能选择
功能规则
功能配置规则
准备安装
安装进度
完成

输入 Microsoft 真品证书或产品包装上由 25 个字符组成的密钥，验证此 SQL Server 2019 实例。也可以指定 SQL Server 的免费版本：Developer、Evaluation 或 Express。如 SQL Server 联机丛书中所述，Evaluation 版包含最大的 SQL Server 功能集，不但已激活，还具有 180 天的有效期。Developer 版永不过期，并且包含与 Evaluation 版相同的功能集，但仅许可进行非生产数据库应用程序开发。若要从一个已安装的版本升级到另一个版本，请运行版本升级向导。

○ 指定可用版本(S):

Evaluation

◉ 输入产品密钥(E):

< 上一步(B)　下一步(N) >　取消

图 1-4　“产品密钥”界面

（5）输入产品密钥，单击“下一步”按钮，将弹出“许可条款”界面，如图 1-5 所示。

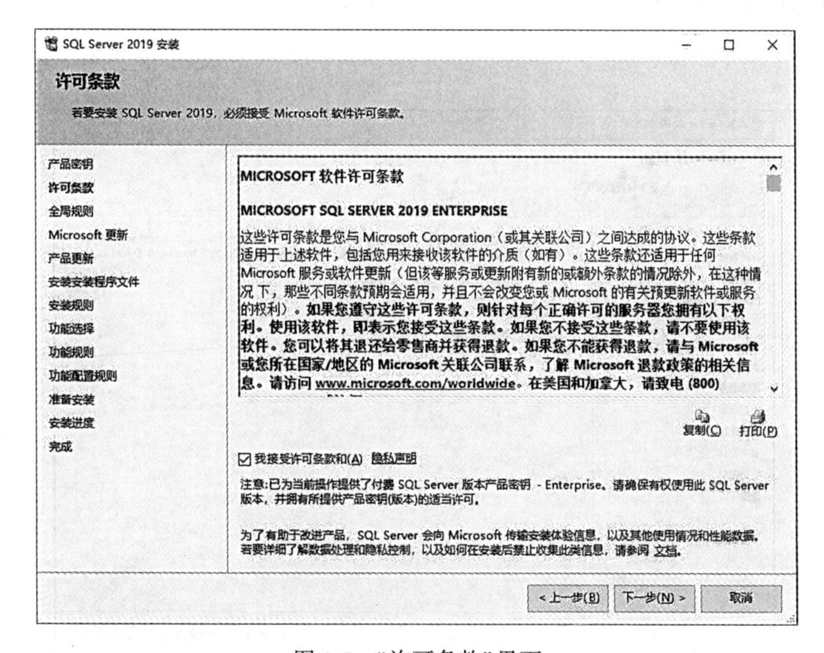

图 1-5　“许可条款”界面

(6)阅读 Microsoft 软件许可条款，然后选中相应的复选框以接受许可条款。接受许可条款后即可激活“下一步”按钮。若要继续安装程序，单击“下一步”按钮。若要结束安装程序，单击“取消”按钮。单击“下一步”按钮，弹出如图 1-6 所示“全局规则”界面。

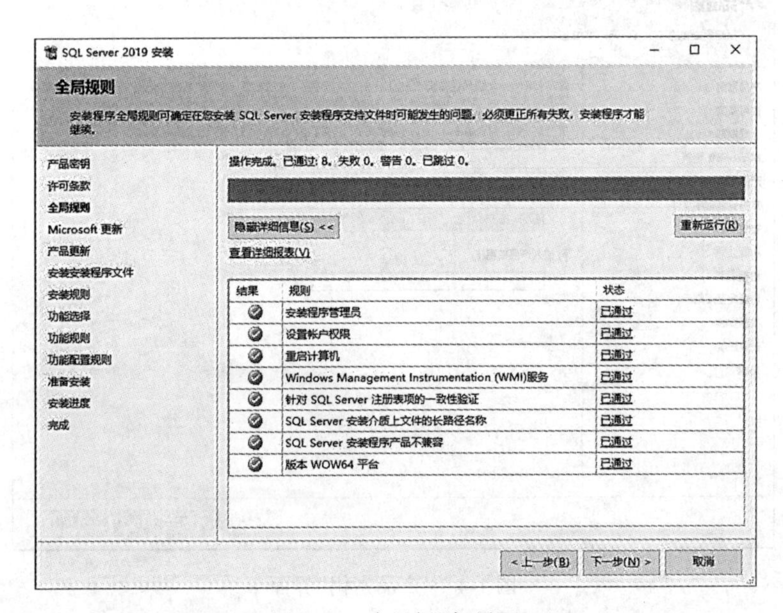

图 1-6 “全局规则”界面

(7)在“全局规则”界面，单击“下一步”按钮，弹出“Microsoft 更新”界面，如图 1-7 所示。

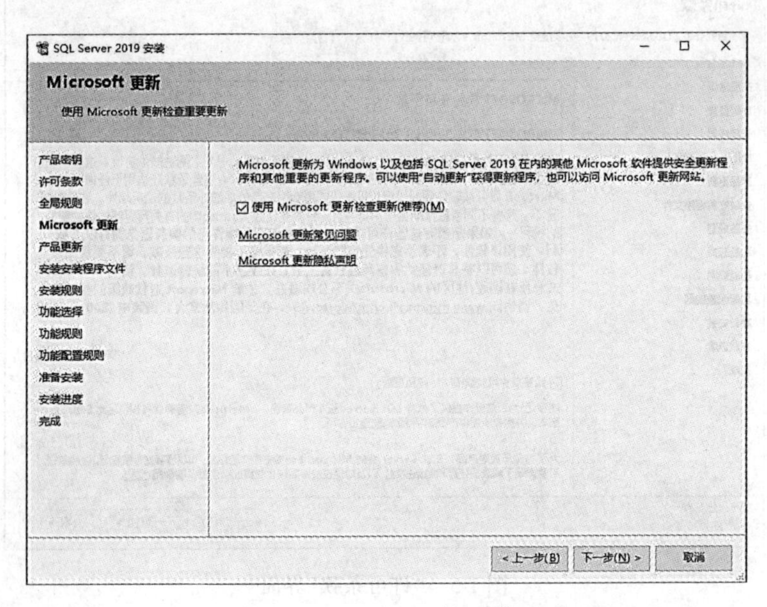

图 1-7 “Microsoft 更新”界面

(8)单击“下一步”按钮，弹出“产品更新”界面，继续单击“下一步”，弹出“安装安装程序文件”界面，如图 1-8 所示。

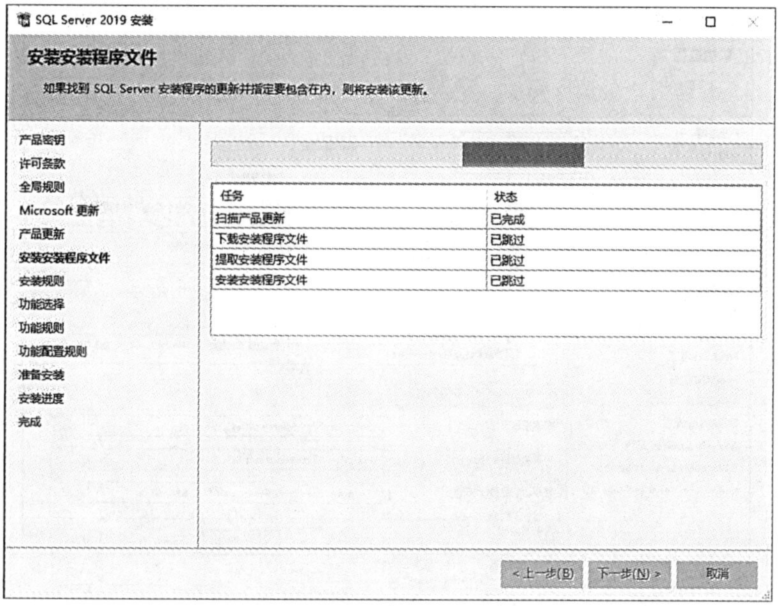

SQL Server 2019 安装

安装安装程序文件

如果找到 SQL Server 安装程序的更新并指定要包含在内，则将安装该更新。

产品密钥
许可条款
全局规则
Microsoft 更新
产品更新
安装安装程序文件
安装规则
功能选择
功能规则
功能配置规则
准备安装
安装进度
完成

任务	状态
扫描产品更新	已完成
下载安装程序文件	已跳过
提取安装程序文件	已跳过
安装安装程序文件	已跳过

< 上一步(B)　下一步(N) >　取消

图 1-8　“安装安装程序文件”界面

(9)单击“下一步”按钮，弹出“安装规则”界面，如图 1-9 所示。

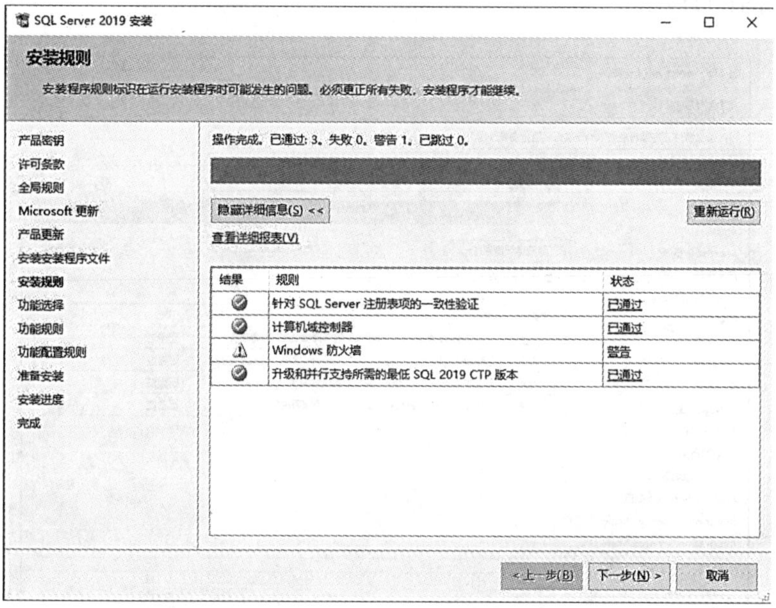

SQL Server 2019 安装

安装规则

安装程序规则标识在运行安装程序时可能发生的问题。必须更正所有失败，安装程序才能继续。

产品密钥
许可条款
全局规则
Microsoft 更新
产品更新
安装安装程序文件
安装规则
功能选择
功能规则
功能配置规则
准备安装
安装进度
完成

操作完成。已通过：3。失败 0。警告 1。已跳过 0。

隐藏详细信息(S) <<　重新运行(R)

查看详细报表(V)

结果	规则	状态
✓	针对 SQL Server 注册表项的一致性验证	已通过
✓	计算机域控制器	已通过
⚠	Windows 防火墙	警告
✓	升级和并行支持所需的最低 SQL 2019 CTP 版本	已通过

< 上一步(B)　下一步(N) >　取消

图 1-9　“安装规则”界面

(10)单击“下一步”按钮，进入“功能选择”界面，如图 1-10 所示。在“功能选择”界面上可选择要安装的功能。选择各个功能时，“功能说明”窗格中会显示相应的功能说明。

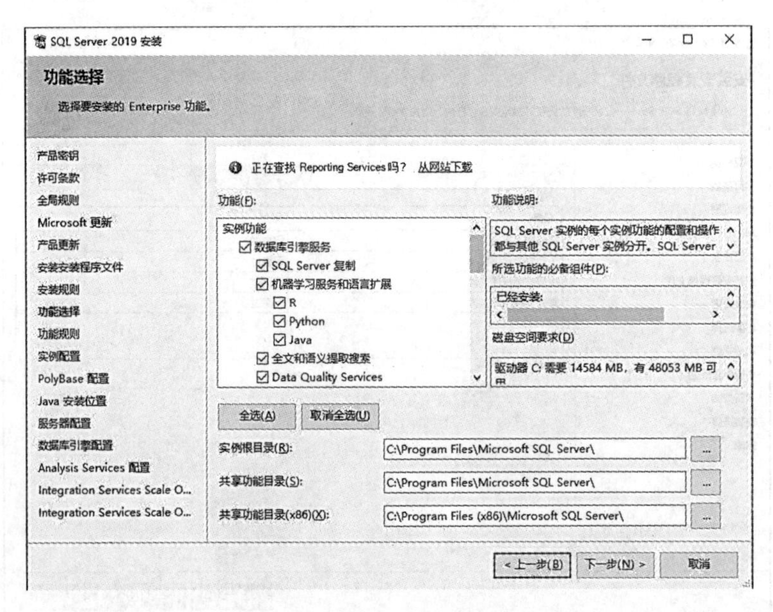

图 1-10 “功能选择”界面

(11)在“功能选择”界面上，单击“全选”按钮，并设置好“实例根目录(R)”“共享功能目录(S)”“共享功能目录(x86)(X)”的安装路径，单击“下一步”按钮，将弹出“功能规则”界面，如图1-11所示。

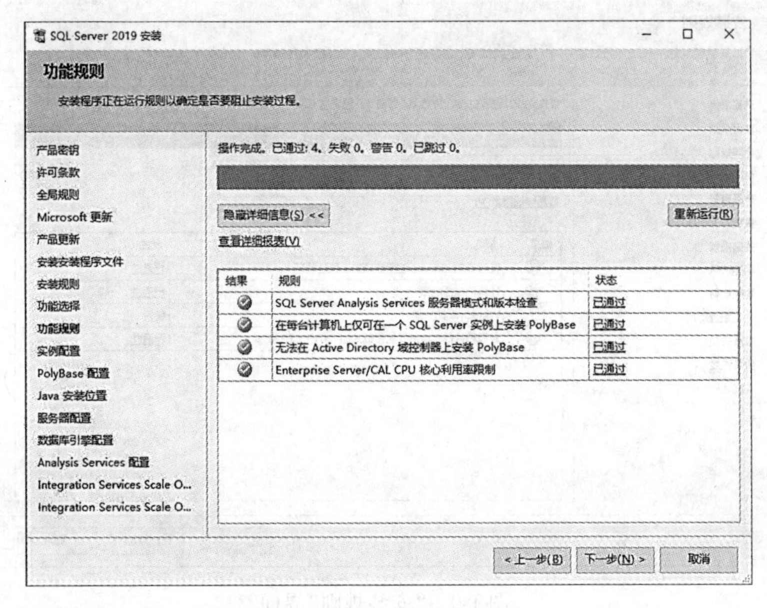

图 1-11 “功能规则”界面

(12)此过程将再次扫描系统，以保证计算机中不存在可能妨碍安装程序的条件，以此确定是否适合继续安装 SQL Server 2019。确认没有“失败”和“警告”，可单击“下一步”按钮，继续安装。在弹出的“实例配置”界面中，初学者可以选择“默认实例”单选按钮，系统自动为其命名为 MSSQLSERVER，如图 1-12 所示。

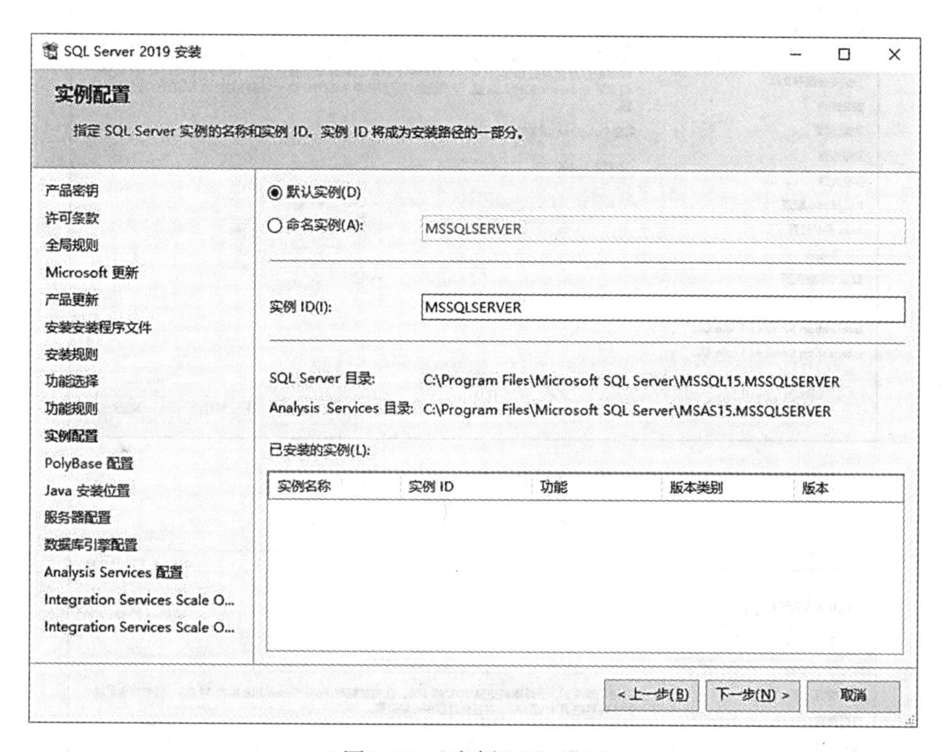

图 1-12　“实例配置”界面

如果服务器功能强大，并且具有足够的资源去运行两三个不同的应用程序，而且这些不同的应用程序都想拥有自己的 SQL Server，就会出现在一台计算机上多次安装 SQL Server 的情况，那么，每一个安装就称为一个实例。

实例是默认实例或命名实例，默认实例名为 MSSQLSERVER，不需要客户端指定实例名称便可进行连接。命名实例在安装过程中由用户决定，可以将 SQL Server 作为命名实例安装，无须先安装默认实例。

注意：SQL Server 支持单个服务器或处理器上存在多个 SQL Server 实例，但只能有一个实例为默认实例。计算机上必须没有默认实例，才能够安装新的默认实例。所有其他实例必须为命名实例。一台计算机可同时运行多个 SQL Server 实例，每个实例独立于其他实例运行。

(13)单击“下一步”按钮，进入“PolyBase 配置”界面，如图 1-13 所示。

(14)单击“下一步”按钮，弹出“Java 安装位置”界面，如图 1-14 所示。

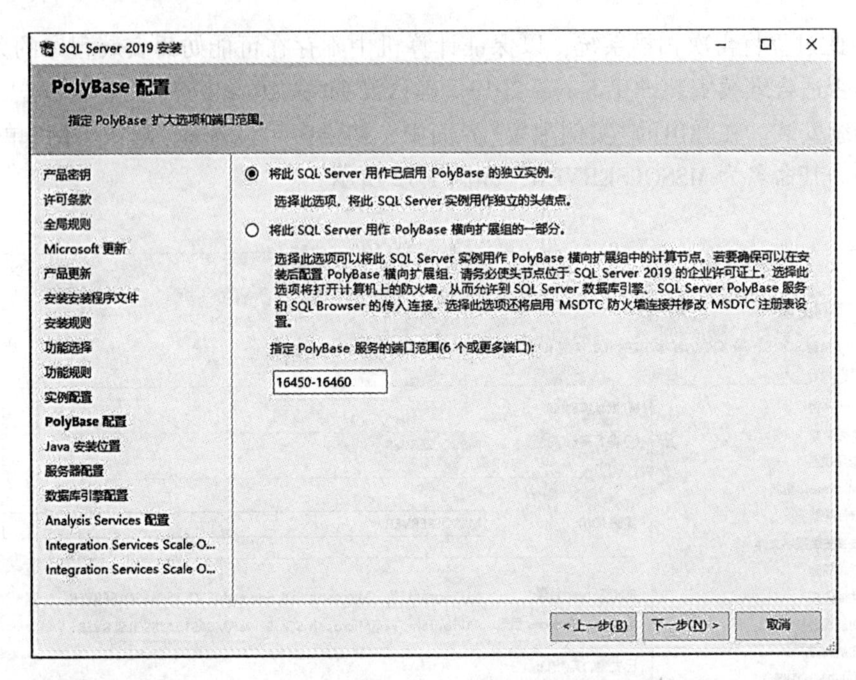

图 1-13“PolyBase 配置”界面

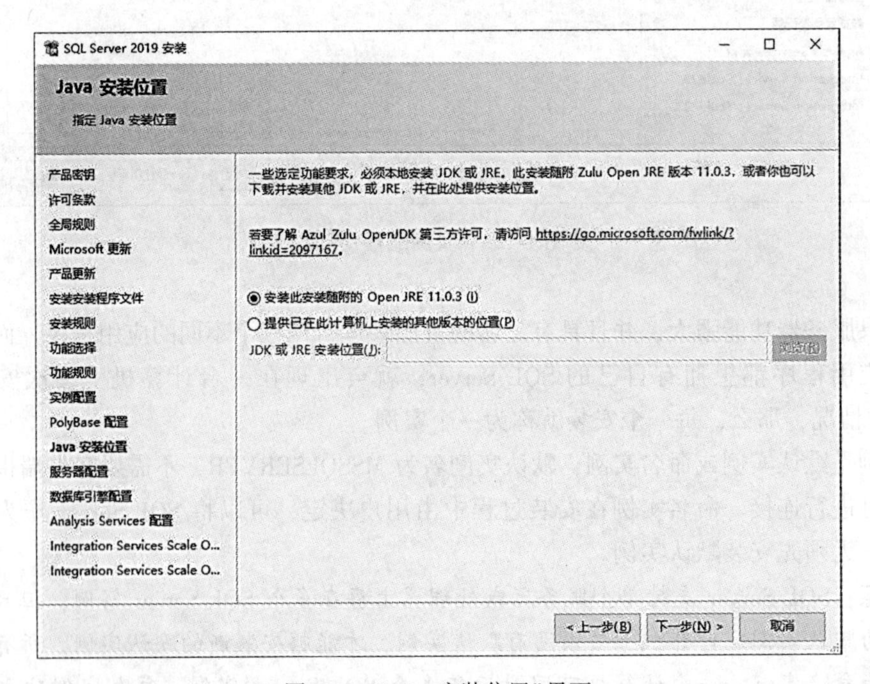

图 1-14 “Java 安装位置”界面

(15)单击“下一步”按钮，弹出“服务器配置”界面，如图 1-15 所示。

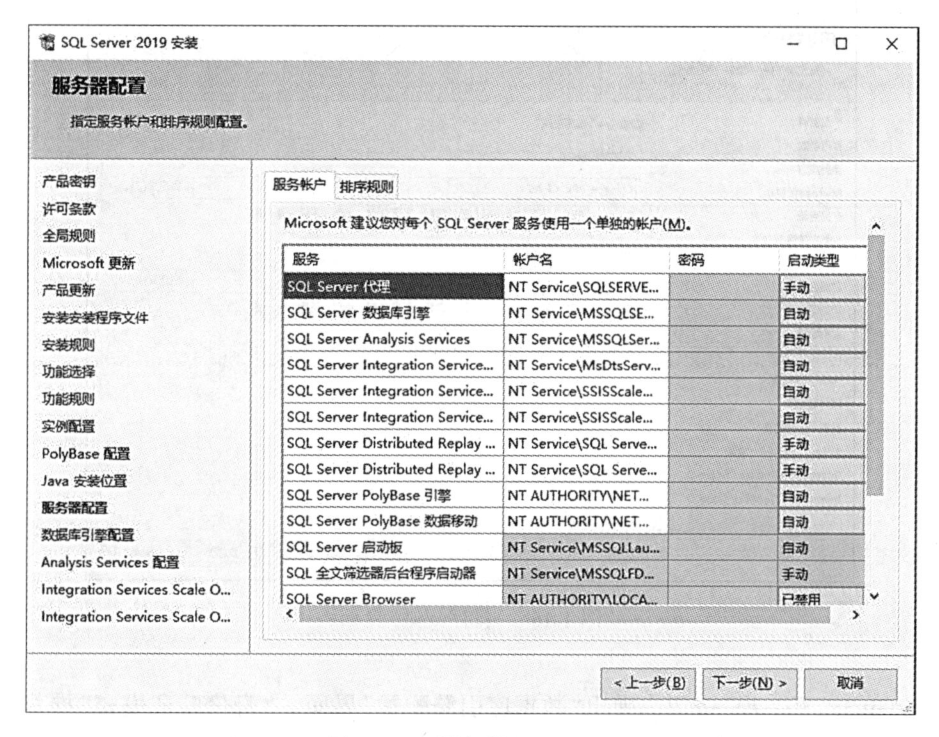

图 1-15　“服务器配置”界面

在“服务器配置”界面要配置服务器的服务账户，即让操作系统用哪个账户启动相应的服务。其中：

① SQL Server 代理：执行作业、监视 SQL Server 并允许管理任务自动完成的服务，默认的启动类型为“手动”。

② SQL Server 数据库引擎：用于存储、处理和保护数据的核心服务，默认的启动类型为“自动”。

③ SQL Server Analysis Services：即 Analysis Services 功能，默认的启动类型为“自动”。

④ SQL Server Reporting Services：服务账户用于配置报表服务器数据库连接，默认的启动类型为“自动”。

⑤ SQL Server Integration Services：即 Integration Services 功能，默认的启动类型为“自动”。

⑥ SQL Server 全文筛选器后台程序启动器：创建 fdhost. exe 进程的服务。需要使用此服务来承载为全文索引处理文本数据的断字符和筛选器。

⑦SQL Server Browser：向客户端计算机提供 SQL Server 连接信息的名称解析服务。

在“排序规则”选项卡中，推荐使用默认设置即可，不区分大小写，也可按用户的要求自行调整，如图 1-16 所示。

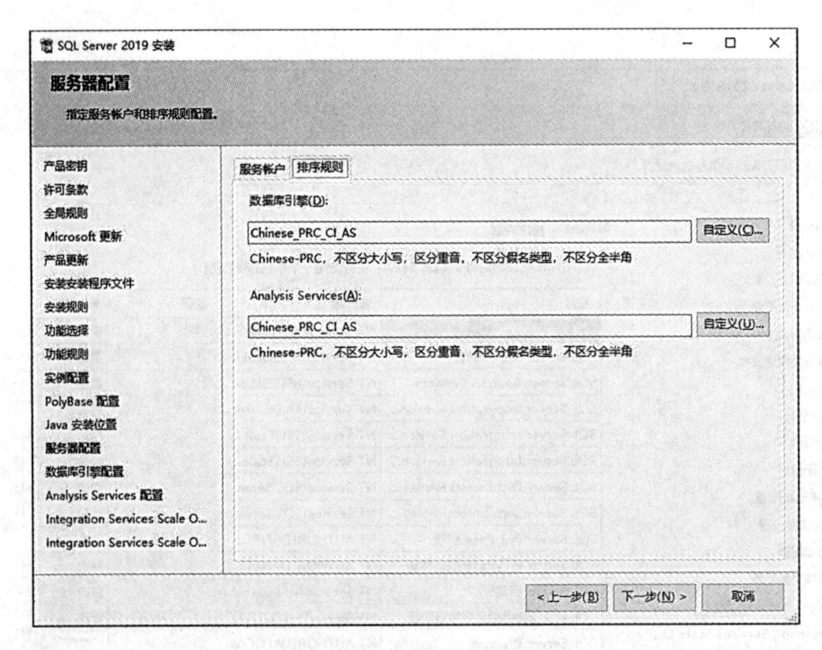

图 1-16 “排序规则”界面

(16)单击“下一步”按钮，弹出“数据库引擎配置”界面，“身份验证模式”推荐使用混合模式进行验证，在“指定 SQL Server 管理员”中选择“添加当前用户”即可，如图 1-17 所示。

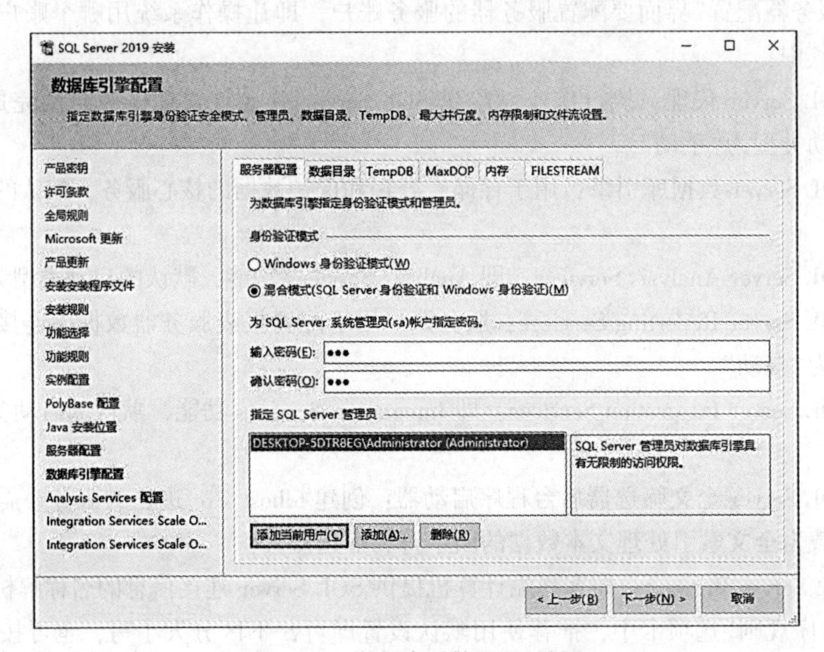

图 1-17 “数据库引擎配置”界面

在“服务器设置”选项卡中，主要设置 SQL 登录验证模式及账户密码。

在 Windows 身份验证模式中，用户通过 Microsoft Windows 用户账户连接时，SQL Server 使用 Windows 操作系统中的信息验证账户名和密码。

在混合模式中，允许用户使用 Windows 身份验证或 SQL Server 身份验证进行连接。当连接建立之后，系统的安全机制对于 Windows 身份验证模式和混合模式都是一样的。

如果选择“Windows 身份验证模式”，用户对 SQL Server 访问的控制由 Windows 账号或用户组完成，当进行连接时，用户不需要提供 SQL Server 登录账号。

如果选择“混合模式(Windows 身份验证和 SQL Server 身份验证)”，请输入并确认系统管理员(sa)登录名，并设置密码。密码是抵御入侵者的第一道防线，因此设置强密码对于系统安全是绝对必要的。切记，不要设置空密码或弱密码。这里，选择“混合模式(Windows 身份验证和 SQL Server 身份验证)”，同时为系统管理员账户设置强密码，密码可以由用户任意指定。SQL Server 2019 中对系统管理员账户的密码强度要求相对比较高，需要由大小写字母、数字及符号组成，否则将不允许继续安装。

(17)单击“下一步”按钮，将弹出“Analysis Services 配置”界面，单击“添加当前用户”按钮，将系统管理员作为“Analysis Services 配置”管理员即可，如图 1-18 所示。

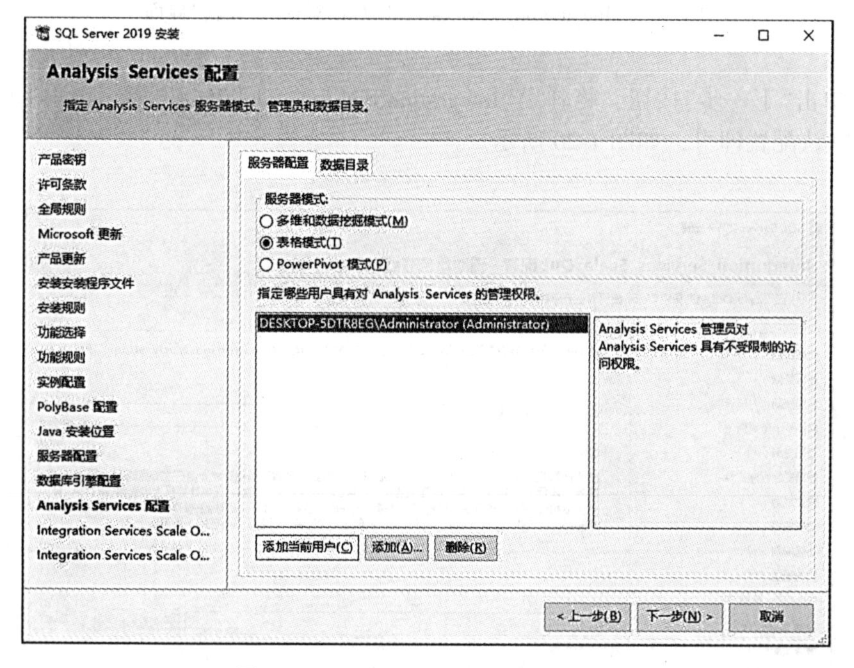

图 1-18　“Analysis Services 配置”界面

注意：在服务器上安装 SQL Server 时，为安全起见，应建立独立的用户进行管理。

(18)单击“下一步”按钮，将弹出“Integration Services Scale Out 配置-主节点”界面，选择默认配置即可，如图 1-19 所示。

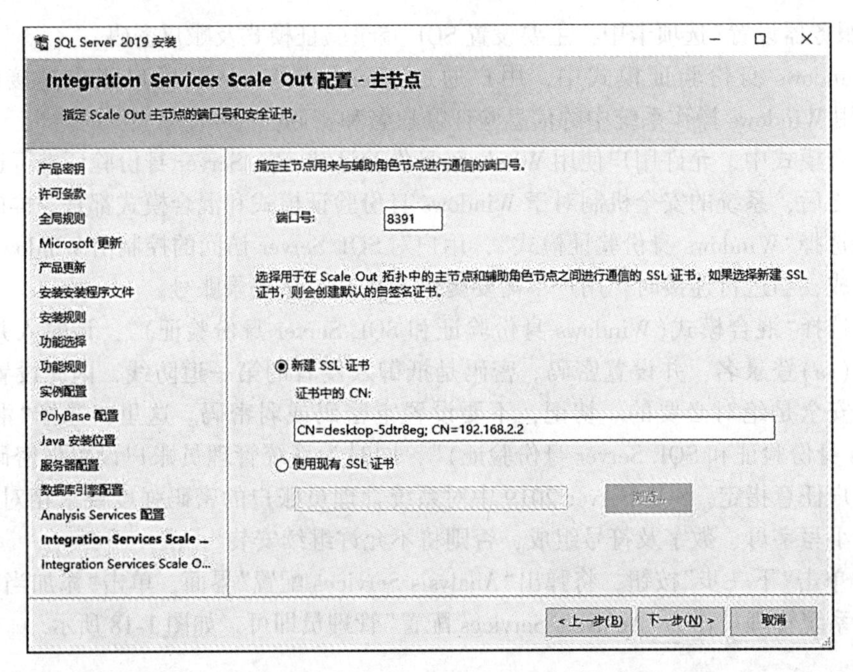

图 1-19 “Integration Services Scale Out 配置-主节点”界面

(19)单击“下一步”按钮，将弹出“Integration Services Scale Out 配置-辅助角色节点”界面，选择默认配置即可，如图 1-20 所示。

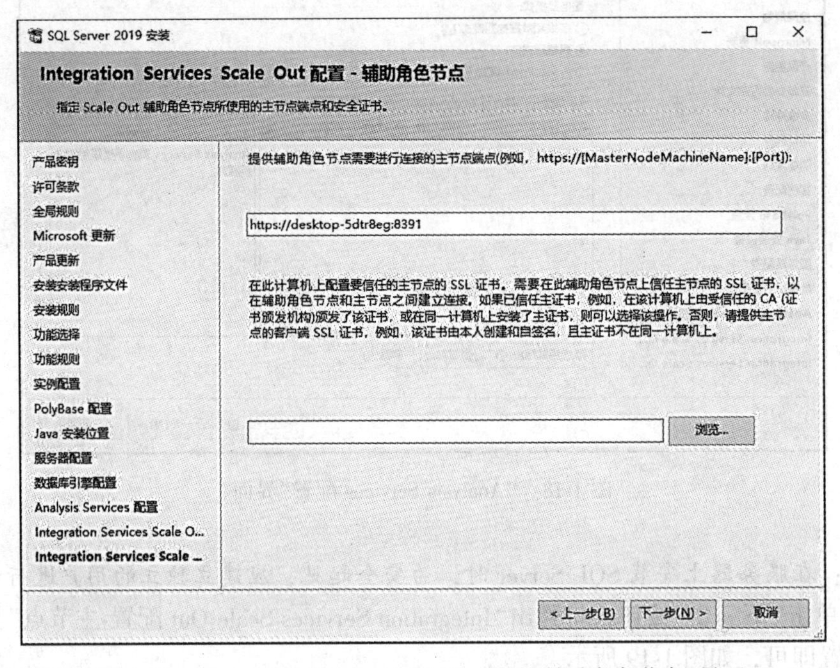

图 1-20 “Integration Services Scale Out 配置-辅助角色节点”界面

(20)单击“下一步”按钮，将弹出“Distributed Replay 控制器”界面，如图 1-21 所示。

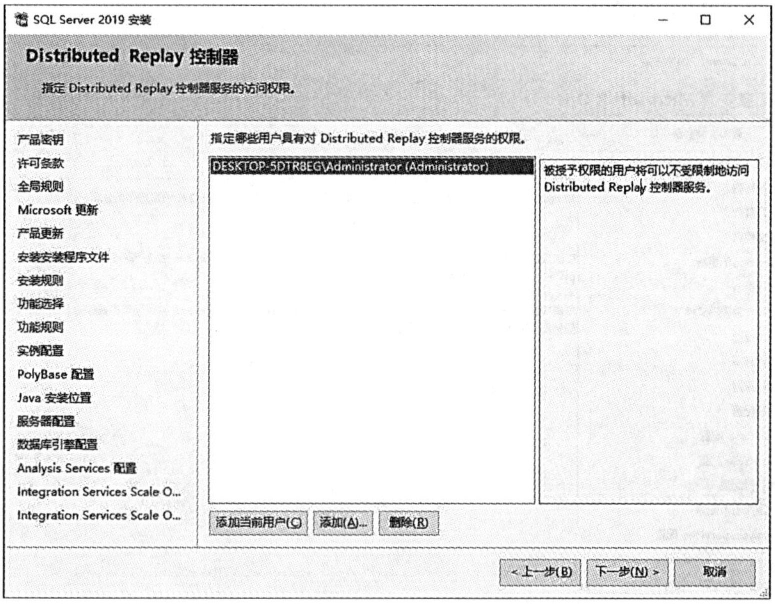

SQL Server 2019 安装

Distributed Replay 控制器

指定 Distributed Replay 控制器服务的访问权限。

产品密钥
许可条款
全局规则
Microsoft 更新
产品更新
安装安装程序文件
安装规则
功能选择
功能规则
实例配置
PolyBase 配置
Java 安装位置
服务器配置
数据库引擎配置
Analysis Services 配置
Integration Services Scale O...
Integration Services Scale O...

指定哪些用户具有对 Distributed Replay 控制器服务的权限。

DESKTOP-5DTR8EG\Administrator (Administrator)

被授予权限的用户将可以不受限制地访问 Distributed Replay 控制器服务。

添加当前用户(C)　添加(A)...　删除(R)

< 上一步(B)　下一步(N) >　取消

图 1-21　“Distributed Replay 控制器”界面

(21)单击“下一步”按钮，将弹出“Distributed Replay 客户端”界面，如图 1-22 所示。

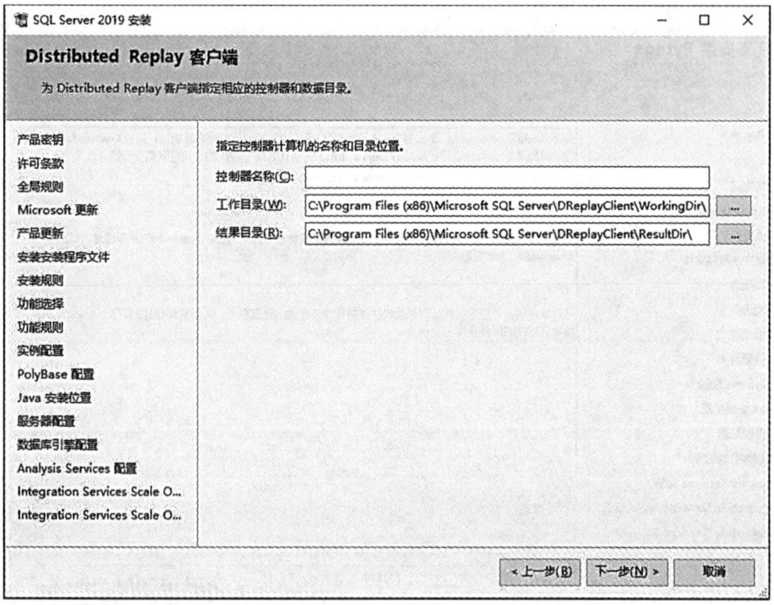

SQL Server 2019 安装

Distributed Replay 客户端

为 Distributed Replay 客户端指定相应的控制器和数据目录。

产品密钥
许可条款
全局规则
Microsoft 更新
产品更新
安装安装程序文件
安装规则
功能选择
功能规则
实例配置
PolyBase 配置
Java 安装位置
服务器配置
数据库引擎配置
Analysis Services 配置
Integration Services Scale O...
Integration Services Scale O...

指定控制器计算机的名称和目录位置。

控制器名称(C):

工作目录(W): C:\Program Files (x86)\Microsoft SQL Server\DReplayClient\WorkingDir\ ...

结果目录(R): C:\Program Files (x86)\Microsoft SQL Server\DReplayClient\ResultDir\ ...

< 上一步(B)　下一步(N) >　取消

图 1-22　“Distributed Replay 客户端”界面

(22)单击“下一步”按钮，将弹出“同意安装 Microsoft R Open”界面，如图 1-23 所示；选择“接受”按钮，单击“下一步”按钮，将弹出“同意安装 Python”界面，如图 1-24 所示。

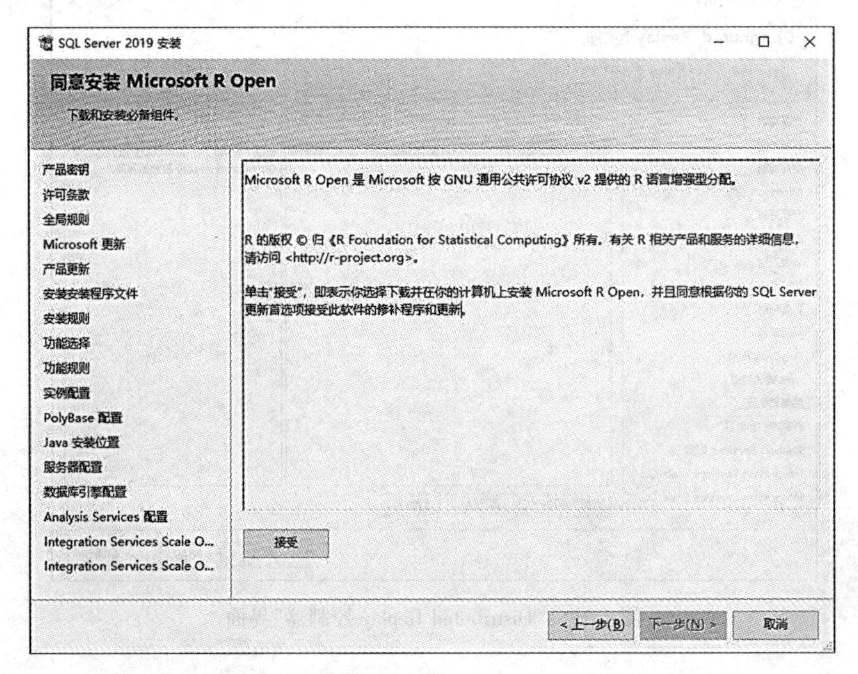

图 1-23　“同意安装 Microsoft R Open”界面

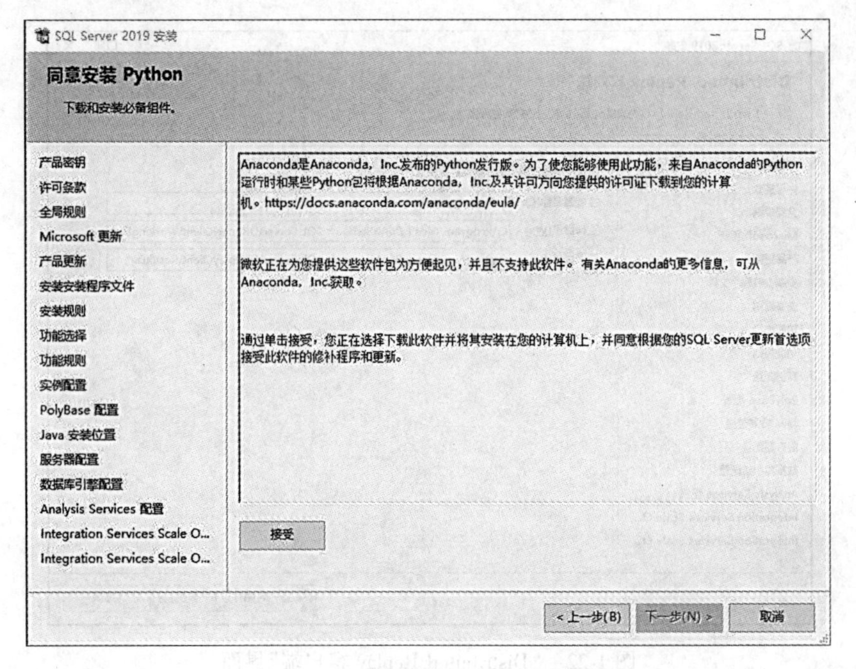

图 1-24　“同意安装 Python”界面

(23)单击“下一步”按钮，将弹出“准备安装”界面，环境检查通过之后，软件将会列出所有的配置信息，最后一次确认安装，如图 1-25 所示。

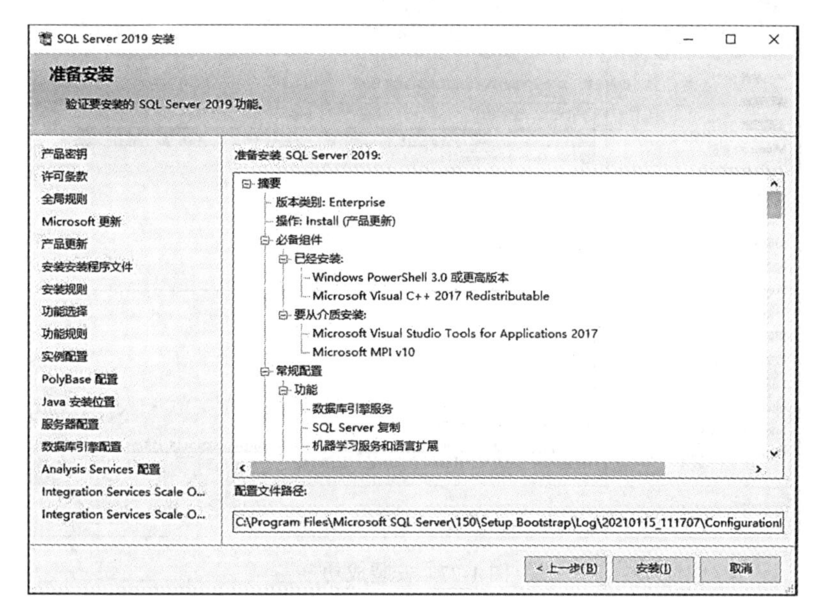

图 1-25　“准备安装”界面

(24)单击“安装”按钮，进入“安装进度”界面，如图 1-26 所示，开始 SQL Server 2019 的安装，直到安装成功，如图 1-27 所示。

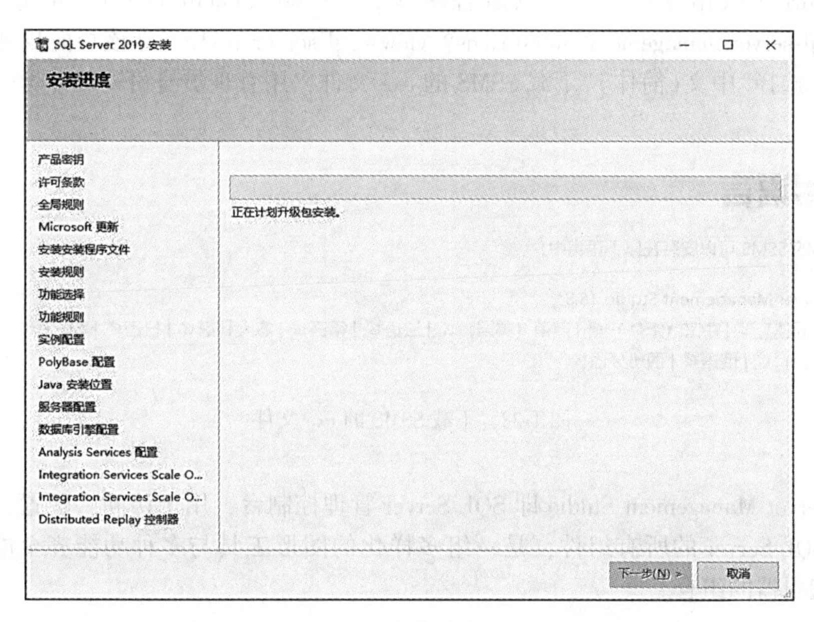

图 1-26　“安装进度”界面

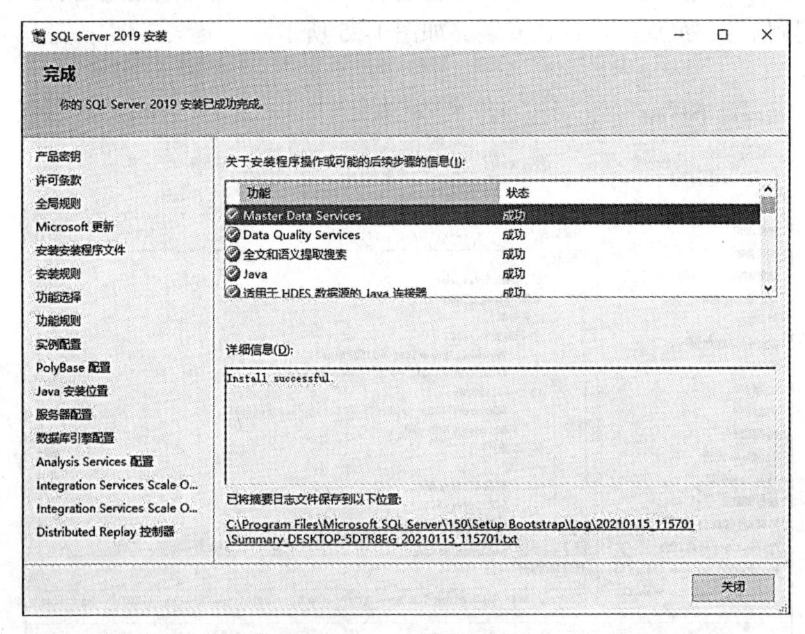

图 1-27　安装成功

二、使用 SQL Server Management Studio

以上对 SQL Server 2019 实例进行了安装，只有实例还不够，还需要在微软官网下载并安装 SSMS 对数据进行管理。点击官网 https：//docs. microsoft. com/zh-cn/sql/ ssms/download-sql-server-management-studio-ssms？ view=sql-server-ver15，在该页面找到如图 1-28 所示部分，选择“中文(简体)”下载 SSMS 的 exe 文件，用管理员身份安装即可。

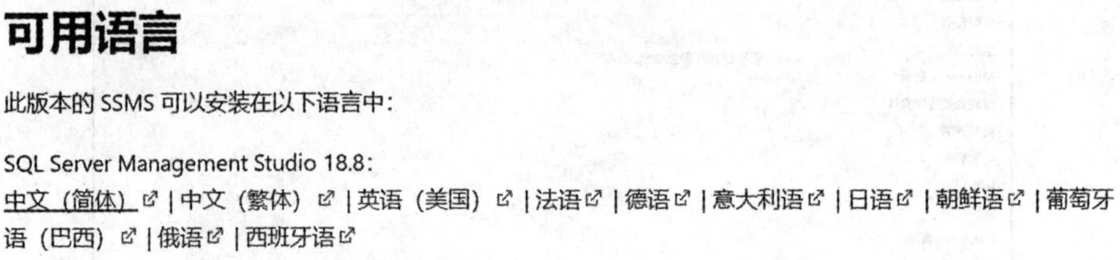

可用语言

此版本的 SSMS 可以安装在以下语言中：

SQL Server Management Studio 18.8：
中文（简体）| 中文（繁体）| 英语（美国）| 法语 | 德语 | 意大利语 | 日语 | 朝鲜语 | 葡萄牙语（巴西）| 俄语 | 西班牙语

图 1-28　下载 SSMS 的 exe 文件

SQL Server Management Studio 即 SQL Server 管理控制台，用于访问、配置、控制、管理和开发 SQL Server 的所有组件，是一组多样化的图形工具与多种功能齐全的 Transact-SQL 语句编辑器的组合。

1. 启动 SQL Server Management Studio

(1)单击“开始”菜单，在打开的列表中选择“所有程序”|“Microsoft SQL Server 2019”，再单击“Microsoft SQL Server Management Studio”，如图 1-29 所示。

启动 SQL Server Management Studio 之后，将会弹出“连接到服务器”界面，如图 1-30 所示。

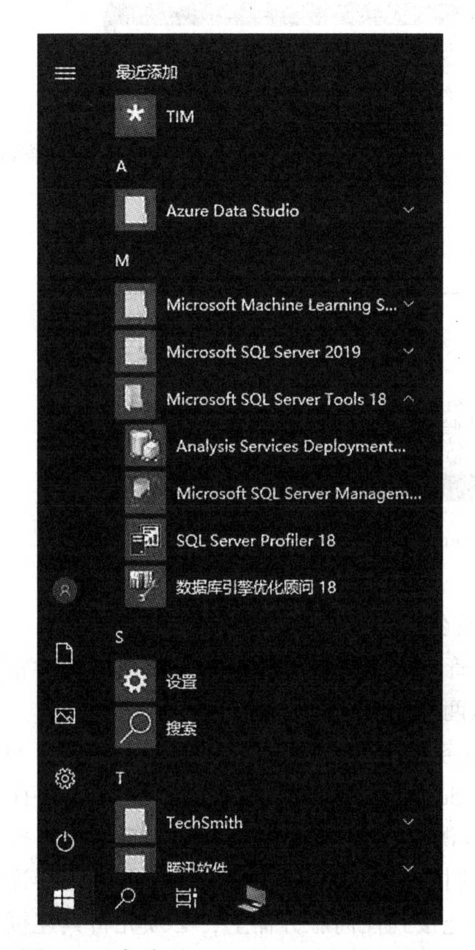

图 1-29 启动 SQL Server Management Studio

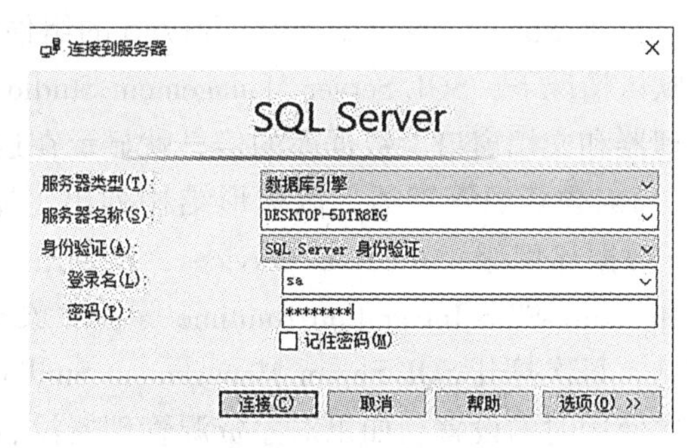

图 1-30 “连接到服务器”界面

在“连接到服务器”界面中，选择服务器类型(数据库引擎)、服务器名称(选择默认即可)和身份验证后，再单击“连接(C)”按钮，就可以进入 SQL Server Management Studio 的管理界面，如图 1-31 所示。

注意：

(1)在“服务器名称”文本框中输入的是安装 SQL Server 2019 的计算机的名称。

(2)安装时选择的是混合验证模式，所以这里既可以选择 Windows 身份验证，也可以选择 SQL Server 身份验证，如果选择 SQL Server 身份验证，那么连接服务器之前，还必须输入安装时所设置的系统管理员账户的密码，然后再单击“连接”按钮，否则无法连接到服务器上。

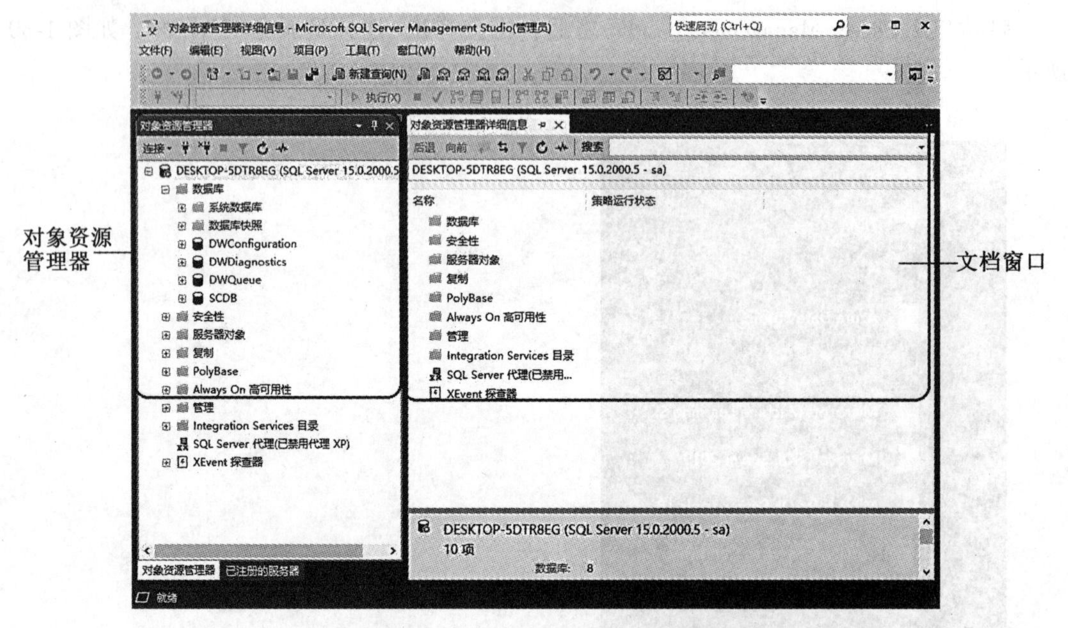

图 1-31　SQL Server Management Studio 管理界面

2. SQL Server Management Studio 的组件介绍

默认情况下，SQL Server Management Studio 管理界面中将显示两个组件窗口：对象资源管理器和文档窗口。数据库的信息就显示在这两个组件窗口中。

(1)对象资源管理器，以树形结构列出了服务器中所有数据库对象，其中包括 SQL Server 数据库引擎、Analysis Services、Reporting Services、Integration Services、Azure 存储系统和 Azure-SSIS Integration Runtime 等。对象资源管理器内包含与其连接的所有服务器的信息。每次打开 SQL Server Management Studio 时，系统都会提示将对象资源管理器连接到上次使用时的设置。如果对象资源管理器没有连接到任何服务器上，必须先将其连接到服务器上之后，才能够使用对象资源管理器。单击对象资源管理器工具栏上的“连接”按钮，并从下拉列表中选择服务器的类型，比如选择“数据库引擎”，程序将打开“连接到服务器”窗口。在该窗口中，输入服务器名称和正确的身份验证信息，单击“连接”按钮，就可以将对象资源管理器连接到服务器。

(2)文档窗口，它是 SQL Server Management Studio 中的最大部分。文档窗口可能包含查询编辑器和浏览器窗口。默认情况下，将显示已与当前计算机上的数据库引擎实例连接的“对象资源管理器详细信息”页。SQL Server Management Studio 可以为对象资源管理器中选定的每个对象显示一个报表，该报表称为“对象资源管理器详细信息”页，“对象资源管理器详细信息”页会在对象资源管理器的每一层提供我们最需要的对象信息。

(3)已注册的服务器。在“视图”菜单中，选择“已注册的服务器(R)”命令，“已注册的服务器”窗口将显示在界面的左侧，即原对象资源管理器的位置上，可以通过左下角的选项卡与“对象资源管理器”窗口进行切换，如图 1-32 所示。

图 1-32　“已注册的服务器”窗口

“已注册的服务器”窗口列出的是经常管理的服务器，可以在此列表中添加和删除服务器。如果计算机上以前安装了 SQL Server 老版本的企业管理器，则系统将提示用户导入已注册服务器的列表。否则，列出的服务器中仅包含运行 SQL Server Management Studio 的计算机上的 SQL Server 实例。如果没有显示所需的服务器，请在“已注册的服务器”中右击“数据库引擎”，在弹出的快捷菜单中选择“刷新”命令。

注意：“已注册的服务器”组件的工具栏中包含用于数据库引擎、Analysis Services、Reporting Services、SQL Server Compact 和 Integration Services 的按钮。可以在“已注册的服务器”组件中注册上述的一个或多个服务器类型，以便于管理。

在“已注册的服务器”中，如果 SQL Server 实例的名称中有绿色的点并在名称旁边有白色箭头，则表示数据库引擎正在运行，无须执行其他操作，如图 1-33 所示。

如果 SQL Server 实例的名称中有红色的点并在名称旁边有白色正方形，则表示数据库引擎已停止。右击数据库引擎的名称，在弹出的快捷菜单中选择“服务控制” | “启动”命令，如图 1-34 所示，弹出确认对话框之后，单击“是”按钮，数据库引擎将被启动。

(4)查询编辑器。它是代码和文本编辑器的一种，根据其处理的内容，分为查询编辑器和文本编辑器，如果只包含文本而不包含与语言相关联的源代码，称为文本编辑器；如果包含与语言相关联的源代码，称为查询编辑器。

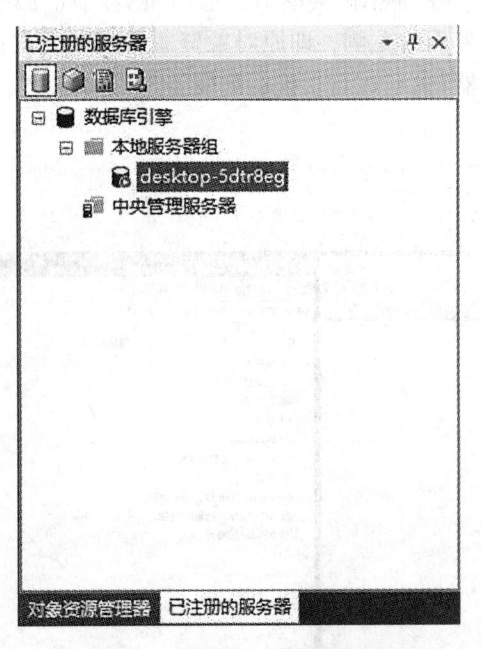

图 1-33　数据库引擎正在运行

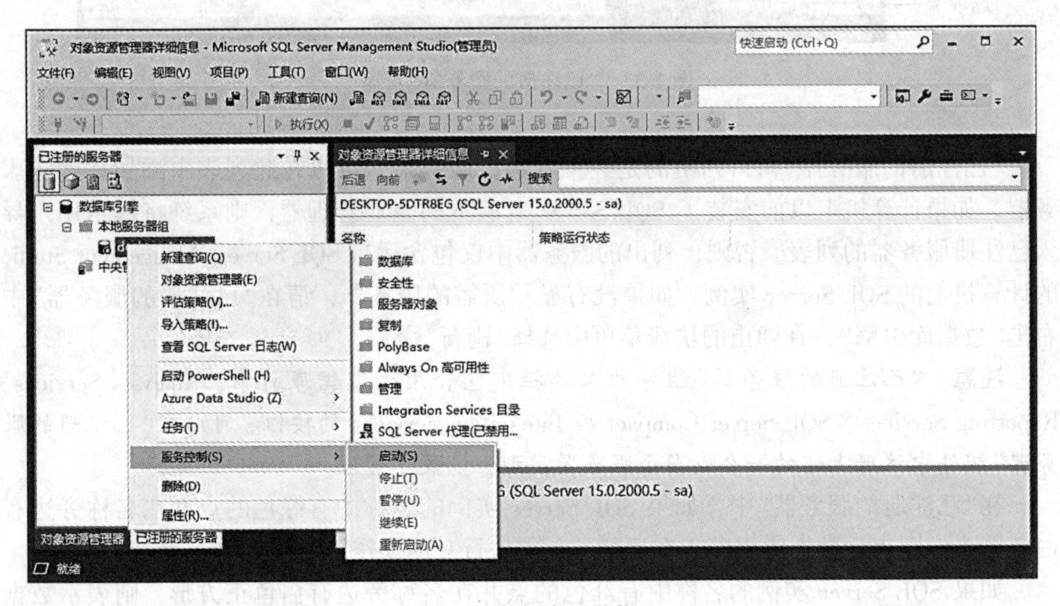

图 1-34　数据库引擎停止

① 打开查询编辑器。单击“标准”工具栏上的“新建查询”按钮，打开一个当前所连接服务的查询编辑器，如果连接的是数据库引擎，则打开 SQL 编辑器，如果是 Analysis Server，则打开 MDX 编辑器，如图 1-35 所示。

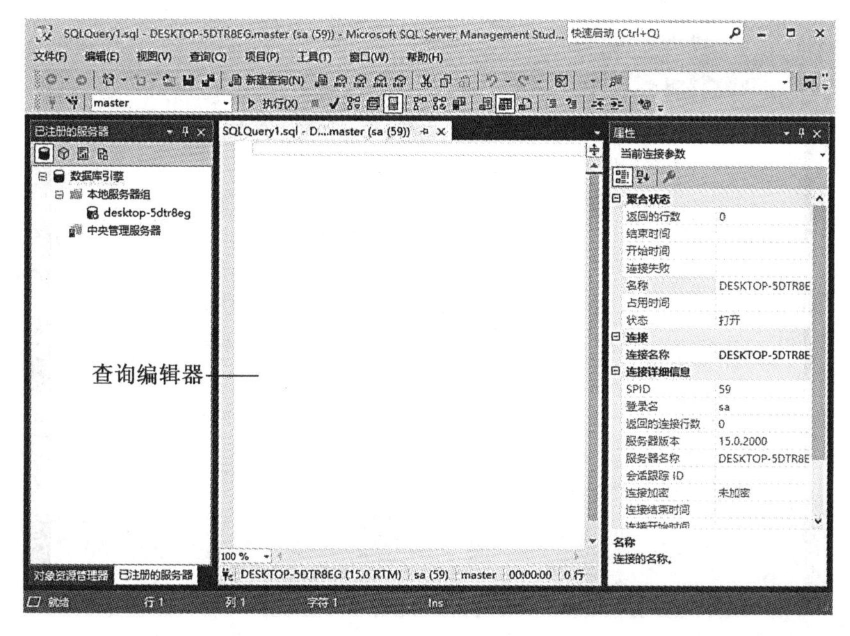

图 1-35　查询编辑器

② 分析和执行代码。假设在打开的“查询编辑器”窗口中，编写了完成某一任务的代码。在代码输入完成后，按【Ctrl+F5】组合键或单击工具栏上的“分析”按钮，对输入的代码进行分析查询，检查通过后，按【F5】键或单击工具栏上的“执行”按钮，来执行代码。

③ 最大化查询编辑器窗口。如果编写代码时需要较多的代码空间，可以最大化窗口，使“查询编辑器”全屏显示。最大化“查询编辑器”窗口的方法是：单击“查询编辑器”窗口中的任意位置，然后按【Shift+Alt+Enter】组合键，就可以使“查询编辑器”窗口在全屏显示模式和常规显示模式之间进行切换。

此外，使查询编辑器窗口变大，也可以通过隐藏其他窗口的方法实现，其方法是：单击“查询编辑器”窗口中的任意位置，在“窗口”菜单中，单击“自动全部隐藏”菜单项，其他窗口将以标签的形式显示在 SQL Server Management Studio 管理器的左侧，如图 1-36 所示；如果要还原窗口，先单击以标签形式显示的窗口，再单击“窗口”菜单中的“自动隐藏”菜单项即可。

(5)“模板资源管理器”，它提供多种模板，可以利用这些模板在“查询编辑器”中快速构造代码。“模板资源管理器”中的模板是按照要创建的代码类型进行分组的。

(6)“解决方案资源管理器”，用于在解决方案或项目中查看和管理项，以及执行项管理任务。通过“解决方案资源管理器”组件，可以使用 SQL Server Management Studio 编辑器将相关脚本组织并存储为项目的一个部分。

(7)“属性窗口”，通过“属性窗口”可以查看所选对象的属性，除此之外，还可以查看文件、项目和解决方案的属性。在“属性窗口”中可以根据特定属性的需要显示不同类

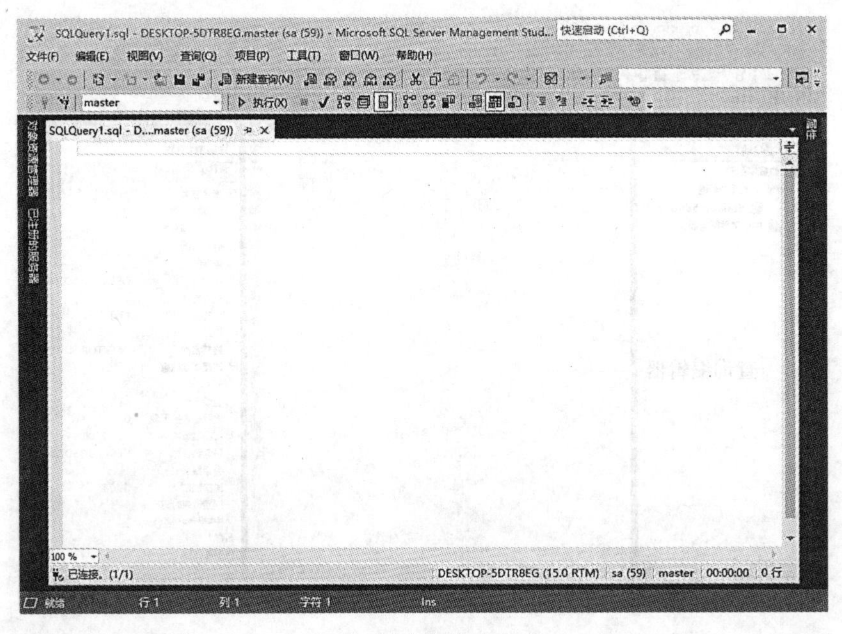

图1-36 隐藏其他窗口

型的编辑字段，其中显示为灰色的属性为只读属性。

三、注册服务器

1. 注册服务器

通过在 SQL Server Management Studio 的已注册的服务器组件中注册服务器，可以保存经常访问的服务器的连接信息。可以在“已注册的服务器”窗口中注册服务器。

(1)如果“已注册的服务器”窗口没有显示在 SQL Server Management Studio 中，请在“视图”菜单中，单击“已注册的服务器”菜单项，将会出现“已注册的服务器”窗口。

(2)展开“数据库引擎”，右击“本地服务器组”，在弹出的快捷菜单中，选择“新建服务器注册”命令，将会弹出“新建服务器注册”对话框，如图 1-37 和图 1-38 所示。

(3)在“新建服务器注册”对话框中，单击“常规”选项卡。在“服务器名称”文本框中，输入要注册的服务器的名称。

(4)在“身份验证”组合框中，选择默认设置“Windows 身份验证”，或者单击“SQL Server 身份验证”并填写连接时所需的用户名和密码。出于安全考虑，不推荐选中“记住密码”复选框。

(5)“已注册的服务器名称”文本框将用“服务器名称”文本框中的名称自动填充。如果需要，可以使用其他名称替换默认名称，以便于记住注册的服务器，还可以在“已注册的服务器说明”文本框中输入服务器相应的说明信息。

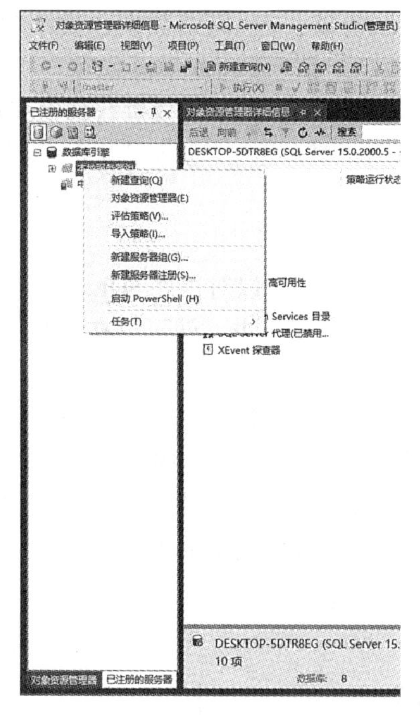

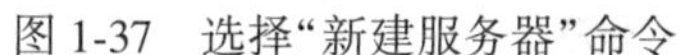
图 1-37　选择“新建服务器”命令

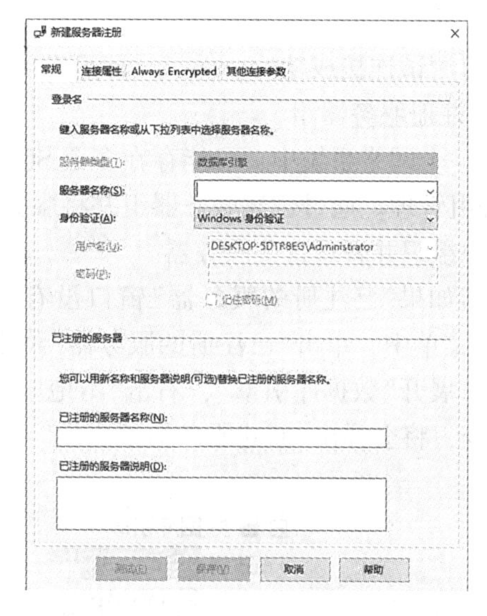

图 1-38　“新建服务器注册”对话框

(6)如果需要更改默认连接属性，请单击“连接属性”选项卡。在“连接到数据库”下拉列表中，输入要连接的数据库的名称，或者选择“浏览服务器”以获取可用数据库的列表，然后单击所需数据库，如图 1-39 所示。

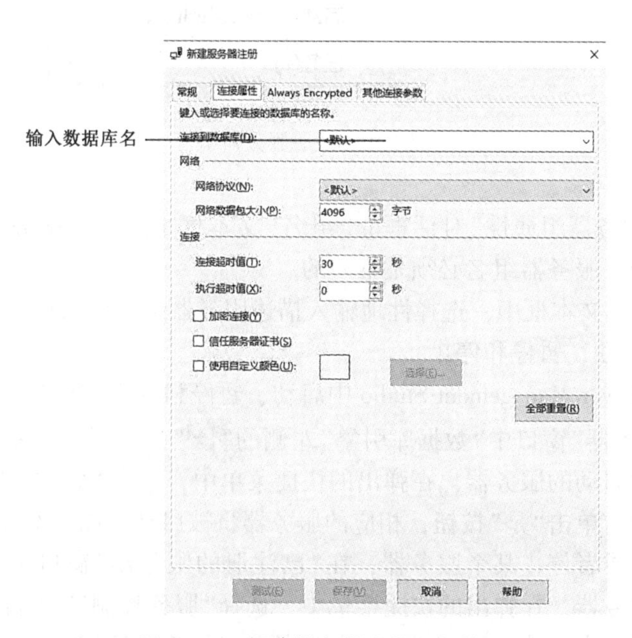

图 1-39　“新建服务器注册”对话框

(7)在“网络协议”下拉列表框中选择使用的网络协议；在“网络数据包大小”微调框中设置客户机和服务器网络数据包的大小；在“连接超时值”微调框中设置客户机的程序在服务器上的执行超时时间，如果网速慢，可以设置较大值；如果需要进行加密连接，可以选中“加密连接”复选框。

(8)测试连接成功后，保存，即可完成服务器注册。

2. 注册服务器组

在一个网络系统中，可能存在多个 SQL Server 服务器，可以对这些 SQL Server 服务器进行分组管理。通过创建服务器组并将服务器放置在服务器组中，就可以在“已注册的服务器”中组织并管理这些服务器。

(1)如果“已注册的服务器”窗口没有显示在 SQL Server Management Studio 中，请在“视图”菜单中，单击“已注册的服务器”菜单项，将会出现“已注册的服务器”窗口。

(2)展开“数据库引擎”，右击“本地服务器组”，在弹出的菜单中，选择“新建服务器组”命令，将会弹出“新建服务器组属性”对话框，如图 1-40 和图 1-41 所示。

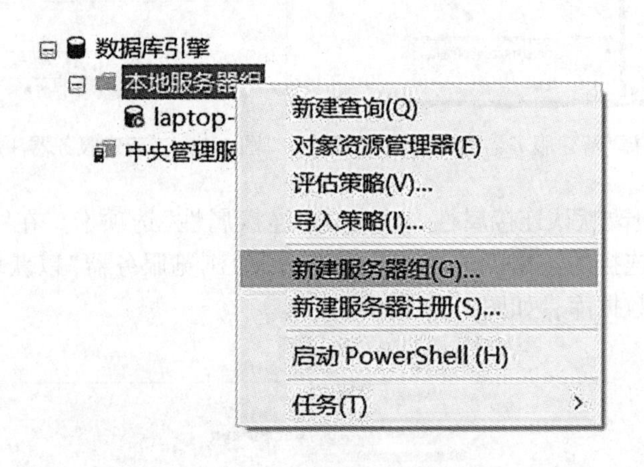

图 1-40　注册服务器组

(3)在“新建服务器组属性”对话框的“组名”文本框中，输入服务器组的名称。在已注册的服务器组中，服务器组名必须是唯一的。

(4)在“组说明”文本框中，选择性地输入描述服务器组属性的相关说明。

3. 服务器的启动、暂停和停止

可以在 SQL Server Management Studio 中启动、暂停和停止 SQL Server 2019 的服务器。单击“已注册的服务器”窗口中“数据库引擎”左侧的“+”，展开数据库引擎树形结构，右击树形结构中需要启动的服务器，在弹出的快捷菜单中，选择“服务控制”|“启动”命令，在弹出的对话框中，单击“是”按钮，相应的服务器将被启动，如图 1-42 所示。

如果需要暂停或者停止某个服务器，在“已注册的服务器”窗口中，右击数据库引擎树形结构中的该服务器，在弹出的快捷菜单中，选择“服务控制”|“暂停”或者“停止”命令，在弹出的对话框中，选择“是”按钮，相应的服务器将被暂停或停止。

新建服务器组属性
指定该服务器组的名称和说明。
组名(N):
组说明(D):
确定 取消 帮助

图 1-41 “新建服务器组属性”对话框

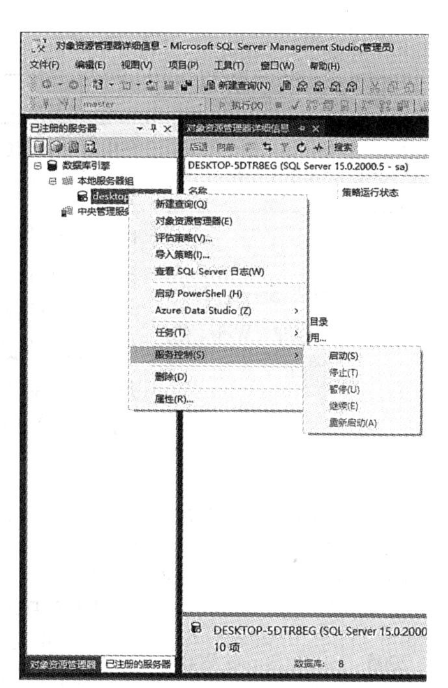

图 1-42 启动服务器

知识拓展

一、SQL Server 发展简史

SQL Server 是 Microsoft 公司的一个关系数据库管理系统，它从 20 世纪 80 年代后期开始被开发，最早起源于 1987 年的 Sybase SQL Server，到今天，SQL Server 已经经历了多个产品的演化。表 1-4 概述了这一发展历程。

表 1-4 SQL Server 发展历程

年份	版本	说明
1988	SQL Server	与 Sybase 共同开发的、运行于 OS/2 上的联合应用程序
1993	SQL Server 4.2，一种桌面数据库	一种功能较少的桌面数据库，能够满足小部门数据存储和处理的需求。数据库与 Windows 集成，界面易于使用并广受欢迎
1994		微软与 Sybase 终止合作关系
1995	SQL Server 6.05，一种小型商业数据库	对核心数据库引擎做了重大的改写。这是首次“意义非凡”的发布，性能得以提升，重要的特性得到增强。在性能和特性上，尽管以后的版本还有很长的路要走，但这一版本的 SQL Server 具备了处理小型电子商务和内联网应用程序的能力，而在花费上却少于同类的其他产品

续表

年份	版本	说　明
1996	SQL Server 6.5	SQL Server 逐渐突显实力，以至于 Oracle 推出了运行于 NT 平台上的 7.1 版本与其直接竞争
1998	SQL Server 7.0，一种 Web 数据库	再一次对核心数据库引擎进行了重大改写。这是相当强大的、具有丰富特性的数据库产品的明确发布，该数据库介于基本的桌面数据库(如 MS Access)与高端企业级数据库(如 Oracle 和 DB2)之间(价格上亦如此)，为中小型企业提供了切实可行(并且廉价)的可选方案。该版本易于使用，并提供了对于其他竞争数据库来说需要额外附加的昂贵的重要商业工具(例如，分析服务、数据转换服务)，因此获得了良好的声誉
2000	SQL Server 2000	包括企业版、标准版、开发版、个人版四个版本。从 SQL Server 7.0 到 SQL Server 2000 的变化是渐进的，没有从 6.5 版本到 7.0 版本变化那么大，只是在 SQL Server 7.0 的基础上进行了增强
2005	SQL Server 2005	对 SQL Server 的许多地方进行了改写，例如通过名为集成服务(Integration Service)的工具来加载数据，不过，SQL Server 2005 最伟大的进步是引入了.NET Framework。引入.NET Framework 将允许构建.NET SQL Server 专有对象，从而使 SQL Server 具有灵活的功能
2008	SQL Server 2008	基于 SQL Server 2005，并提供加强了数据库镜像的、更可靠的平台。它推出了许多新的特性和关键的改进
2012	SQL Server 2012	SQL Server 2012 延续 SQL Server 2008 数据平台的强大能力，全面支持云技术与平台，并且能够快速构建相应的解决方案实现私有云与公有云之间数据的扩展与应用的迁移
2014	SQL Server 2014	SQL Server 2014 采用最新的内存技术将处理速度平均提高了 10 倍，开始了混合云搭建的数据一致管理
2016	SQL Server 2016	SQL Server 2016 提供了更快的查询速度、更安全的行级保护和引入 R 语言等功能
2017	SQL Server 2017	SQL Server 2017 开始提供跨平台服务，可运行在 Windows、Linux 或者 Mac OS 等操作系统上，并且开始融合人工智能使数据传输智能化，同时提供机器学习功能，除了已有的 R 语言之外，还开始使用 Python 语言
2019	SQL Server 2019	SQL Server 2019 提供了更强大的大数据和手机智能数据库开发功能

二、数据库系统的基本概念

数据、数据库、数据库系统、数据库管理系统是数据库技术中常用的术语，下面予以简单介绍。

(1)数据(Data)，所谓数据就是描述事物的符号。在我们的日常生活中，数据无所不在，数字、文字、图表、图像、声音、学生的档案记录、货物的运输情况等，这些都是数据。人们通过数据来认识世界，交流信息。数据有多种表现形式，它们都可以经过数字化处理后存入计算机，是数据库中存储的基本对象。

(2)数据库(DataBase，DB)，顾名思义，就是数据存放的地方。所谓数据库是长期存储在计算机中的、有组织的、可共享的数据集合。数据库中的数据按一定的数据模型组织、描述和存储，具有较高的数据独立性和易扩展性，并可为各种用户共享。

(3)数据库管理系统(DataBase Management System，DBMS)，是用于管理数据的计算机软件。数据库管理系统使用户能方便地定义和操纵数据，维护数据的安全性和完整性，以及进行多用户下的并发控制和恢复数据库。

(4)数据库系统(DataBase System，DBS)，是指在计算机系统中引入数据库后的系统，狭义地讲是由数据库、数据库管理系统和用户构成，广义地讲是由计算机硬件、操作系统、数据库管理系统以及在它支持下建立起来的数据库、应用程序、用户和维护人员组成的一个整体。

任务小结

本工作任务详细介绍了安装 SQL Server 2019 的过程以及对 SQL Server 2019 的简单使用，通过本任务的具体实施，应熟练掌握安装 SQL Server 2019 的方法，并学会如何初步使用 SQL Server 2019。

实训练习

实训一　SQL Server 2019 的安装

【实训目的】

1. 掌握 SQL Server 2019 安装时的不同要求。
2. 掌握 SQL Server 2019 不同版本的区别。
3. 掌握 SQL Server 2019 的安装方法。
4. 了解 SQL Server 2019 的基本使用方法。

【实训准备】

1. 认真阅读本实训内容。
2. 认真学习并掌握 SQL Server 2019 各个版本的安装特点、SQL Server 2019 安装所需要的软件和硬件要求、SQL Server 2019 安装不同版本所需要的操作系统要求。
3. 实训过程中注意做好相关记录。

【实训内容】

1. 数据库管理技术经历了 3 个阶段，分别是________，________和________阶段。
2. 安装 SQL Server 2019 标准版，完成以下内容：

(1)请查看个人 PC 或笔记本式计算机的软硬件配置，填写下表：

名　称	配置信息
处理器	
内存	
硬盘空间大小	
操作系统版本	

(2)SQL Server 2019 的安装路径是：________________。

(3)在“身份验证模式”安装界面是否选择了“混合模式”？________(是/否)，“是”的话，指定的“sa 登录密码”是________________。

(4)SQL Server 2019 安装完成后，选择“开始”|“所有程序”|“Microsoft SQL Server 2019”命令，可以看到哪些菜单项：________。

3. 启动 SQL Server 2019，完成以下内容：

(1)选择“开始”|“所有程序”|“Microsoft SQL Server 2019”|“Microsoft SQL Server Management Studio”，在“身份验证”选择“Windows 身份验证”是否可以连接成功？________(是/否)。

(2)选择“开始”|“所有程序”|“Microsoft SQL Server Tools”|“Microsoft SQL Server Management Studio”，在“身份验证”选择“SQL Server 身份验证”，在“登录名”选项条选择“sa”，在“密码”框输入自己在安装过程设置的密码，是否可以连接成功？________(是/否)。

4. 思考：如果第一次安装 SQL Server 2019 失败需要重新安装，在重新安装之前需要做什么工作？如何操作？

【实训报告要求】

1. 将实训过程中所进行的各项工作和步骤记录在实训报告上。
2. 在实训过程中遇到的问题记录下来。
3. 结合具体的操作写出实训的心得体会。

任务二　创建与管理 SCDB 数据库

任务引入

学生选课系统是学校进行信息化建设的重要部分，主要完成学校教师申请授课、学生选择课程、学生选择教师、课程成绩填报、课程教学评价及学生和课程信息的维护等功能。本任务通过分析学生选课系统的需求，结合数据库设计理论，使用数据库设计、创建的方法，介绍学生选课系统的数据库设计及创建过程。

任务目标

- 了解关系模型的概念。

- 了解数据库中常见的对象、数据的完整性以及范式的要求。
- 掌握数据库的基本知识。
- 掌握创建数据库的多种方法。

必备知识

一、认识关系数据库

1. 关系模型的概念

关系模型是目前数据库系统普遍采用的数据模型，也是应用最为广泛的数据模型。大多数使用的数据库软件是基于关系模型的关系数据库管理系统。

关系模型把世界看作由实体(Entity)和联系(Relationship)构成的。

所谓实体就是指现实世界中具有区分与其他事物的特征或属性，并与其他实体有联系的对象。在关系模型中实体通常是以表的形式来表现的。表的每一行描述实体的一个实例，表的每一列描述实体的一个特征或属性。

所谓联系就是指实体之间的关系，即实体之间的对应关系。联系可以分为 3 种：

- 1∶1 的联系。如：一个学生只属于某一个班，学生与班级之间为一对一的联系。
- 1∶n 的联系。如：一个班级有多名学生，班级与学生之间为一对多的联系。
- m∶n 的联系。如：一名教师在多个班级上课，并且一个班级有多名教师上课，教师与班级之间为多对多的联系。

通过联系就可以用一个实体的信息来查找另一个实体的信息，关系模型把所有的数据都组织到表中。通过表中的数据来表示两个实体之间的联系。表是由行和列组成的，行表示数据的记录，列表示记录中的域。表反映的是现实世界中的事实和值。可以通俗地说，关系就是一个具有下列特点的二维表：

(1)表格中的每一列都是不可再分的基本数据项。

(2)每列的名字不同，同一列的数据类型相同。

(3)行的顺序无关紧要。

(4)列的顺序无关紧要。

(5)表中不允许有完全相同的两行存在。

例如，表 1-5 就不是关系模型，因为基本情况还可以再细分为性别、年龄和生源地 3 列。

表 1-5　学生信息一览表

学　号	名　字	班　级	基本情况		
			性别	年龄	生源地
2019001	何国英	20190101	女	17	湖北荆门
2019002	方振	20190101	男	16	湖北荆门
…	…	…	…	…	…

2. 关系数据库

所谓关系数据库就是基于关系模型的数据库。

(1)关系数据库管理系统(RDBMS)。关系数据库管理系统就是管理关系数据库的计算机软件。

(2)关键字(Key)。关键字是关系模型中的一个重要概念，它是逻辑结构，不是数据库的物理部分，它是用来唯一标识表中每一行的属性或属性的组合，也可以将其称为关键码、码或键。

① 候选关键字(Candidate Key)。如果一个属性集能唯一地标识表中的一行而不含多余的属性，那么称这个属性集为候选关键字。

② 主关键字(Primary Key)。主关键字是被挑选出来，作为表中行的唯一标识的候选关键字。一个表中只能有一个主关键字，主关键字又可以称为主键或主码。主关键字的值必须是唯一的并且不允许为空值(NULL，不输入的值即未知值)。

例如表 1-6 中的关键字有 ID、学号和课程编号等，它们都能够唯一标识表 1-6 中的每一行，那么，ID、学号和课程编号都是候选关键字。可以指定 ID、学号或者课程编号中的任意一个属性作为主关键字。

表 1-6 学生选课表

ID	学 号	课程编号	课程名称	任课教师	课程所属类别
1	2019001	30106	计算机应用基础	胡灵	计算机
2	2019002	30107	计算机组装与维护	盛立	计算机
3	2019003	30108	电工电子技术	吴孝红	计算机
4	2019004	30214	数据库技术及应用	曾飞燕	计算机
…	…	…	…	…	…

③ 公共关键字(Common Key)。在关系数据库中，关系之间的联系是通过相容或相同的属性或属性集来表示的。如果两个关系中具有相容或相同的属性或属性集，那么这个属性或属性集被称为这两个关系的公共关键字。如表 1-7 和表 1-8 所示，班级表和院系表通过院系编号进行联系，它就是这两张表的公共属性，就可以称院系编号是班级表和院系表的公共关键字。

表 1-7 班级表

班级编号	院系编号	班级名称	班 长
20190312	2	多媒体 20190312	方汝滔
20190101	2	计算机应用 20190101	王 波
20190102	2	计算机网络 20190102	颜俊俊

续表

班级编号	院系编号	班级名称	班　长
20190103	2	电子商务 20190103	刘雪琼
20190302	1	桥梁 20190302	胡晓奕
20190201	3	物流 20190201	王莉莉
…	…	…	…

表 1-8　院系表

院系编号	院系名称	院系办公室	办公电话	系 主 任
1	道桥系	A0503	4973	包卫丽
2	计算机系	A1001	4989	吴可鹏
3	管理系	B0306	4955	於炉冰
…	…	…	…	

④ 外关键字(Foreign Key)。如果公共关键字在一个关系中是主关键字，那么这个公共关键字被称为另一个关系的外关键字。由此可见，外关键字表示了两个关系之间的联系。外关键字也可以称为外键。

表 1-8 院系表中的主关键字是院系编号，因为院系编号的具体意义在表 1-8 中就能够体现出来。表 1-7 班级表中的院系编号是外关键字，该属性的具体意义必须通过表 1-8 才能够体现出来。

注意：一个表不一定有外关键字，而且外关键字的值也不一定是唯一的，它允许有重复值，也允许为空值(NULL)。

⑤ 主表与从表。主关键字所在的表被称为主表，外关键字所在的表被称为从表。

二、SCDB 数据库设计的方法

数据库设计方法通常分为 4 类，即直观设计法、规范化设计法、计算机辅助设计法和自动化设计法。

1. 直观设计法

直观设计法又称为手工试凑法，它是最早使用的数据库设计方法。这种数据库设计方法依赖于设计者对整个系统的了解和认识，以及平时所积累的经验和设计技巧，其设计的质量很难保证，常常是数据库运行一段时间后又发现各种问题，这样只能再重新进行修改，增加了系统维护的代价。而且，这种方法带有很大的主观性和非规范性。

直观设计法具有周期短、效率高、操作简便、易于实现等优点。这种方法主要应用于简单的小型系统，但对于数据库设计尤其是大型数据库系统的设计，由于其信息结构复杂、应用需求全面等系统化综合性的要求，通常需要成员组的共同努力、相互协调、综合多种知识，在具有丰富经验和设计技巧的前提下，以严格的科学理论和软件设计原则为依托，才能够完成数据库设计的全过程。

2. 规范化设计法

规范化设计法将数据库设计分为若干阶段，明确规定各阶段的任务，采用“自顶向下、分层实现、逐步求精”的设计原则，结合数据库理论和软件工程设计方法，实现设计过程的每一细节，最终完成整个设计任务。

规范化设计法主要起源于 New Orleans(新奥尔良)方法。1978 年 10 月，来自三十多个国家的数据库专家在美国新奥尔良市专门讨论了数据库设计问题，他们运用软件工程的思想和方法，提出了数据库设计的规范，这就是著名的新奥尔良法。新奥尔良法将数据库设计分为 4 个阶段，即需求分析(分析用户需求)、概念设计(信息分析和定义)、逻辑设计(设计实现)和物理设计(物理数据库设计)。目前，常用的规范设计方法大多起源于新奥尔良法，并在设计的每一阶段采用一些辅助方法来具体实现。从本质上来说，规范化设计法仍然是手工设计方法，其基本思想是过程迭代和逐步求精。

下面简单介绍几种常用的规范设计方法：

(1)基于 E-R 模型的数据库设计方法。基于 E-R 模型的数据库设计方法是由 Peter P. S. Chen 于 1976 年提出的数据库设计方法，其基本思想是在需求分析的基础上，用 E-R(实体-联系)图构造一个反映现实世界实体之间联系的组织模式，然后再将此组织模式转换成基于某一特定的 DBMS 的数据模式。这是一种常用的方法。

(2)基于 3NF 的数据库设计方法。基于 3NF 的数据库设计方法是由 S. Atre 提出的结构化设计方法，其基本思想是在需求分析的基础上，确定数据库模式中的全部属性和属性间的依赖关系，将它们组织在一个单一的关系模式中，然后再分析模式中不符合 3NF 的约束条件，将其进行投影分解，规范成若干个 3NF 关系模式的集合。

其具体设计步骤分为以下 5 个阶段：

① 设计组织模式，利用规范化得到的 3NF 关系模式画出组织模式。

② 设计数据库的数据模式，把组织模式转换成 DBMS 所能接受的数据模式，并根据数据模式导出各个应用的外模式。

③ 设计数据库的物理模式(存储模式)。

④ 对物理模式进行评价。

⑤ 实现数据库。

(3)基于视图的数据库设计方法。基于视图的数据库设计方法是先从分析各个应用的数据着手，其基本思想是为每个应用建立自己的视图，然后再把这些视图汇总起来合并成整个数据库的概念模式。合并过程中要解决以下问题：

① 消除命名冲突。

② 消除冗余的实体和联系。

③ 进行模式重构，在消除了命名冲突和冗余后，需要对整个汇总模式进行调整，使其满足全部完整性约束条件。

除了以上 3 种方法外，规范化设计方法还有实体分析法、属性分析法和基于抽象语义的设计方法等，这里不再详细介绍。

3. 计算机辅助设计法

计算机辅助设计法是指在数据库设计的某些过程中，利用计算机和一些辅助设计工具，模拟某一规范设计方法，并以人的知识或经验为主导，通过人机交互方式实现设计中的某些部分。

目前许多计算机辅助软件工程(Computer Aided Software Engineering, CASE)工具可以自动或辅助设计人员完成数据库设计过程中的很多任务，比如 SYSBASE 公司的 PowerDesigner 和 Oracle 公司的 Design 2000。例如在需求分析完成后，可以使用 Power Designer 或 Design 2000 等辅助工具产生 E-R 图，并将 E-R 图转换为关系数据模型，生成数据库结构，再编制相应的应用程序，从而缩短数据库设计周期。对于当今世界数据信息不断更新、数据需求不断改变的时代，用户对计算机的软件设计往往要求周期短、速度快，计算机辅助设计法不失为一种较好的数据库设计途径之一。

4. 自动化设计法

自动化设计法也是缩短数据库设计周期、加快数据库设计速度的一种方法。往往是直接用户，特别是非专业人员在对数据库设计专业知识不太熟悉的情况下，较好地完成数据库设计任务的一种捷径。例如，设计人员只要熟悉某种 MIS 辅助设计软件的使用，通过人机会话，输入原始数据和有关要求，无须人工干预，就可以由计算机系统自动生成数据库结构及相符的应用程序。

三、数据库设计的步骤

通过分析、比较与综合各种常用的数据库规范设计方法，我们将数据库设计分为如下 4 个阶段，即需求分析阶段、概念结构设计阶段、逻辑结构设计阶段和物理设计阶段。

数据库设计中需求分析阶段综合各个用户的应用需求(现实世界的需求)，在概念结构设计阶段形成独立于机器特点、独立于各个 DBMS 产品的概念模式(信息世界模型)，用 E-R 图来描述。在逻辑结构设计阶段将 E-R 图转换成具体的数据库产品支持的数据模型(如关系模型)，形成数据库逻辑模式，然后根据用户处理的要求和安全性的考虑，在表的基础上再建立必要的视图(View)形成数据的外模式。在物理设计阶段根据 DBMS 特点和处理的需要，进行物理存储安排，设计索引，形成数据库内模式。

1. 需求分析阶段

需求分析阶段是整个数据库设计过程的基础，要收集数据库所有用户的信息内容和处理要求，并加以规格化和分析。这是最费时、最复杂的一步，但也是最重要的一步，相当于待构建的数据库大厦的地基，它决定了以后各步设计的速度与质量。需求分析做得不好，可能会导致整个数据库设计返工重做。需求分析的结果是否准确地反映了用户的实际要求，将直接影响到后面各个阶段的设计，并影响到设计结果是否合理和实用。所以在分析用户需求时，要确保用户目标的一致性。

从数据库设计的角度来看，需求分析阶段的任务是：对现实世界要处理的对象(组织、部门、企业)等进行详细的调查，通过对原系统的了解，收集支持新系统的基础数据并对其进行处理，在此基础上确定新系统的功能。

调查的重点是“数据”和“处理”，通过调查、收集与分析，获得用户对数据库的如下要求：

(1)信息要求，是指用户需要从数据库中获得信息的内容与性质。由信息要求可以导出数据要求，即在数据库中需要存储哪些数据。

(2)处理需求，是指用户要完成什么处理功能，是为了得到需求的信息而对数据进行的加工处理，包括对某种处理功能的响应时间、处理的方式(批处理或联机处理)等。

(3)安全性和完整性的需求。在定义信息需求和处理需求的同时必须相应确定安全性和完整性约束，以实现数据的完整性和保密性。

在需求分析阶段，需要强调两点：

(1)需求分析阶段的一个重要而困难的任务是收集未来应用所涉及的数据，设计人员应该充分考虑到可能的扩充和改变，使设计易于更改，系统易于扩充。

(2)必须强调用户的参与。数据库的应用和广大的用户有密切的联系，许多人要使用数据库，数据库的设计和建立又可能对更多人的工作环境产生重要的影响。因此，用户的参与是数据库设计不可分割的一部分。

2. 概念结构设计阶段

将需求分析阶段得到的用户需求进行综合、归纳与抽象，并转化为概念模型的过程就是概念结构设计。

概念模型是一种独立于计算机系统，用于建立信息世界的数据模型，概念模型能够真实、准确地反映现实系统中的有用信息，它是现实世界的第一层抽象概念，是用户和数据库设计人员之间的交流工具。

概念模型作为概念结构设计的表达工具，为数据库提供一个说明性结构，是设计数据库逻辑结构即逻辑模型的基础。概念模型具备以下特点：

(1)语义表达能力丰富。概念模型要能真实、充分反映现实世界，包括事物和事物之间的联系、用户对数据的处理要求，它是现实世界的一个真实模型。

(2)易于理解。概念模型要表达自然、直观和容易理解，从而数据库设计人员可以用它和不熟悉计算机的用户交换意见，用户的积极参与是保证数据库设计和成功的关键。

(3)易于更改。概念模型要能灵活地加以改变，以适应用户需求和应用环境的变化。

(4)易于向各种数据模型转换。概念模型独立于数据库管理系统，因而更加稳定，能方便地向关系、网状或层次等各种数据模型转换。

人们提出了许多概念模型，其中最著名、最实用的一种是 E-R 模型，它将现实世界的信息结构统一用属性、实体以及它们之间的联系来描述。

① 实体。实体是现实世界中能够区分的客观对象或抽象概念。在 E-R 图中，实体用矩形框表示，并在矩形框内写明实体名。例如，在 SCDB 数据库中，主要的客观对象有学生、课程、院系、班级 4 个实体。

② 属性。属性是实体或者联系所具有的特征或性质。在 E-R 图中，属性用椭圆形表示，并通过无向边将其与相应的实体连接起来。例如，学生实体具有学号、姓名、性别、

年龄、系统登录密码、生源地等属性，用 E-R 图表示如图 1-43 所示。表 1-9 为 SCDB 数据库中的实体属性表。

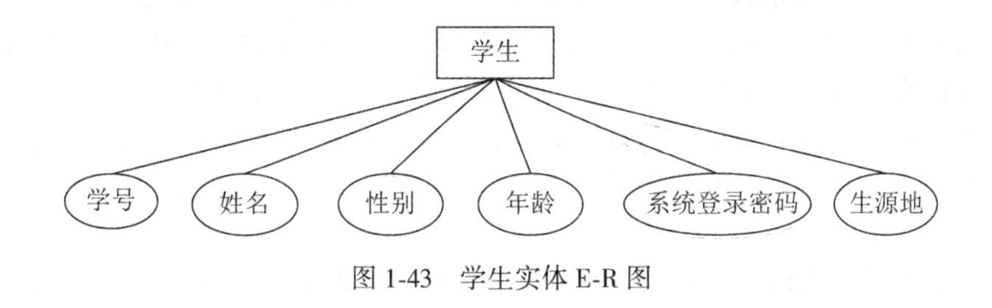

图 1-43　学生实体 E-R 图

表 1-9　SCDB 数据库中的实体属性表

实　体	属　性
学生	学号、姓名、性别、年龄、(班级编号)、系统登录密码、生源地
课程	课程编号、课程名称、任课教师、课程所属类别、上课时间、最低限制开班人数、报名人数
班级	班级编号、班级名称、班长
院系	院系编号、院系名称、院系办公室、办公电话、系主任

注：表中带括号的“属性”均不是实体的本质属性，而是实体之间的联系。

③联系。联系是指不同实体之间的关系。在 E-R 图中，联系用菱形框表示，菱形框内写明联系名，并用无向边分别与有关实体连接起来，同时在无向边旁标注联系的类型（1∶1、1∶n 或 m∶n）。需要注意的是：如果一个联系具有属性，则这些属性也要用无向边与该联系连接起来。例如，在 SCDB 数据库中，学生和课程之间存在“选课”的联系，其属性有：学号、课程编号、成绩等。“选课”联系的 E-R 图如图 1-44 所示。

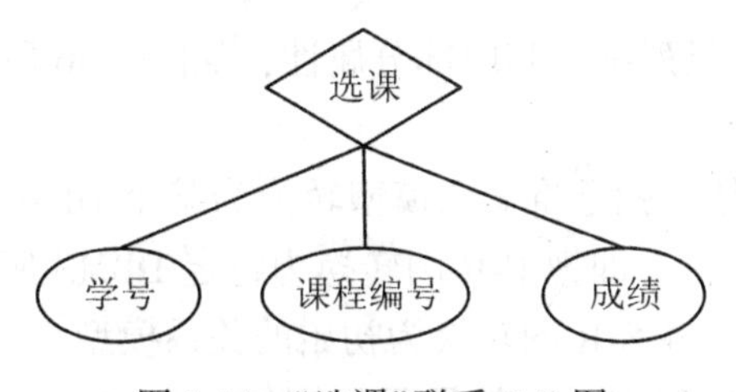

图 1-44　“选课”联系 E-R 图

采用 E-R 模型来描述现实世界有两点优势：一是它接近于人的思维模式，很容易被人所理解；二是它独立于计算机，也和具体的 DBMS 所支持的数据模型无关，用户更容易接受。

概念结构是对现实世界的一种抽象，即对实际的人、物、事和概念进行人为处理，抽取所关心的特性，并把这些特性用各种概念准确地描述出来。我们采用自底向上策略来实现E-R模型的设计，首先根据需求分析的结果对现实世界的数据进行抽象，设计各个局部的E-R图。每个实体都设计一个局部的E-R图。局部E-R图设计完成之后，下一步就是集成各局部E-R图，形成全局E-R图。在形成全局E-R图的过程中，可以一次性将多个局部E-R图合并为一个全局E-R图，也可以采取逐步集成累加的方法，首先集成两个重要的局部E-R图，以后用累加的方法逐步将一个新的局部E-R图集成进来，直到最后集成为一个全局E-R图。一般情况下，采用逐步集成的方法，即每次只综合两个局部E-R图，这样可降低难度。

注意：由于各个局部应用不同，通常由不同的设计人员进行局部E-R图设计，因此，各局部E-R图不可避免地会存在许多不一致的地方，我们称之为冲突。

合并局部E-R图时并不能简单地将各个E-R图画到一起，而必须消除各个局部E-R图中的不一致，使合并后的全局E-R图不仅支持所有的局部E-R图，而且必须是一个能为全系统中所有用户共同理解和接受的完整的概念模型。

SCDB数据库概念结构设计

① 局部E-R图如图1-45所示。

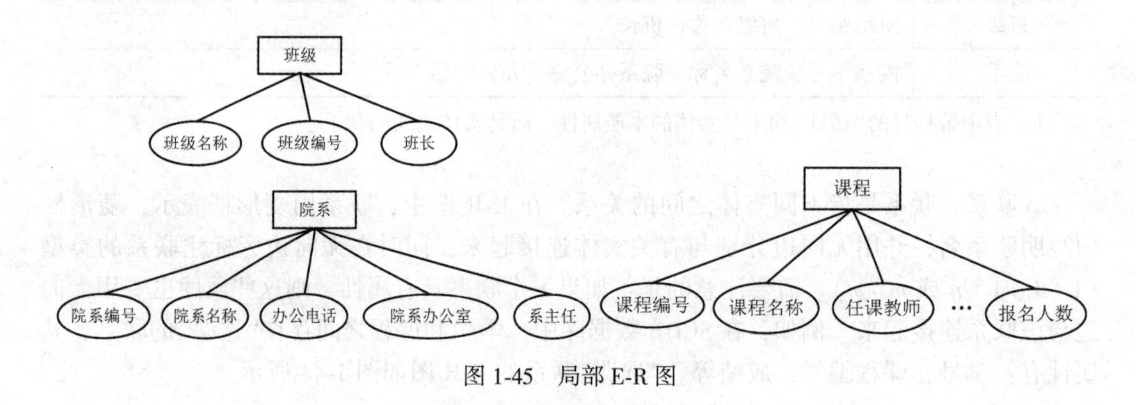

图1-45 局部E-R图

② 集成E-R图，这里只列出了其中部分属性，如图1-46所示。

3. 逻辑结构设计阶段

逻辑结构设计阶段的任务就是将概念模型转换为某个DBMS所支持的数据模型(例如关系模型)，并对其进行优化。即把E-R图转换为特定DBMS所支持的数据模型。逻辑结构设计一般包含两个步骤：将E-R图转换为初始的关系模型；对关系模型进行优化处理。

将E-R图转换为关系模型实际上就是要将实体、实体的属性和实体之间的联系转换为关系模式，这种转换一般遵循如下原则：

(1)一个实体转换为一个关系模式。实体的属性就是关系的属性。实体的关键字就是关系的关键字。

首先分析各实体的属性，从中确定其主关键字，然后分别用关系模式表示。

例如，以图1-47至图1-49的E-R图为例，3个实体分别转换成3个关系模式：

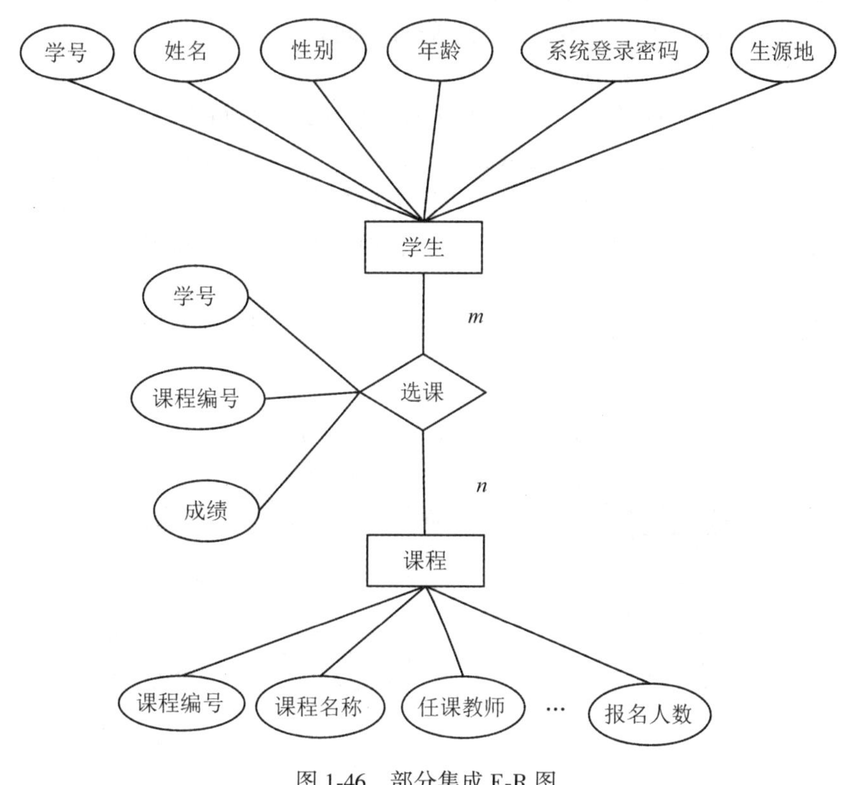

图 1-46　部分集成 E-R 图

班级(<u>班级编号</u>, 班级名称, 班长)

院系(<u>院系编号</u>, 院系名称, 办公室电话, 院系办公室, 系主任)

课程(<u>课程编号</u>, 课程名称, 任课教师……报名人数)

其中, 有下划线者表示是主关键字。

在把每一个联系转换为关系模式的过程中, 就需要根据 1∶1、1∶n、m∶n 3 种不同情况做不同的处理。

(2)一个 1∶1 联系可以转换为一个独立的关系模式, 也可以与任意一端对应的关系模式合并。如果转换为一个独立的关系模式, 则与该联系下相连的各实体的关键字以及联系本身的属性均转换为关系的属性, 每个实体的关键字均是该关系的关键字。如果是与某一端实体对应的关系模式合并, 则需要在该关系模式的属性中加入另一个关系模式的关键字和联系本身的属性。

例如: 班长和班级之间存在 1: 1 的联系, 其 E-R 图如图 1-47 所示。

① "管理"联系转换为一个独立的关系模式:

- 班级(班级名称、班级编号)
- 班长(学号、姓名、性别、年龄)
- 管理(班级名称、姓名(班长)、管理时间)

② “管理”联系与“班级”实体合并：

- 班级(班级名称、班级编号、姓名、管理时间)
- 班长(学号、姓名、性别、年龄)

(3)一个 1∶n 联系可以转换为一个独立的关系模式，也可以与 n 端对应的关系模式合并。如果转换为一个独立的关系模式，则与该联系相连的各实体的关键字以及联系本身的属性均转换为关系的属性，而关系的关键字为 n 端实体的关键字。如果与 n 端对应的关系模式合并，则在 n 端实体转换为关系模式中，加入 1 端实体转换成的关系模式的关键字和联系的属性。

例如：院系和教师之间存在 1∶n 的联系，其 E-R 图如图 1-48 所示。

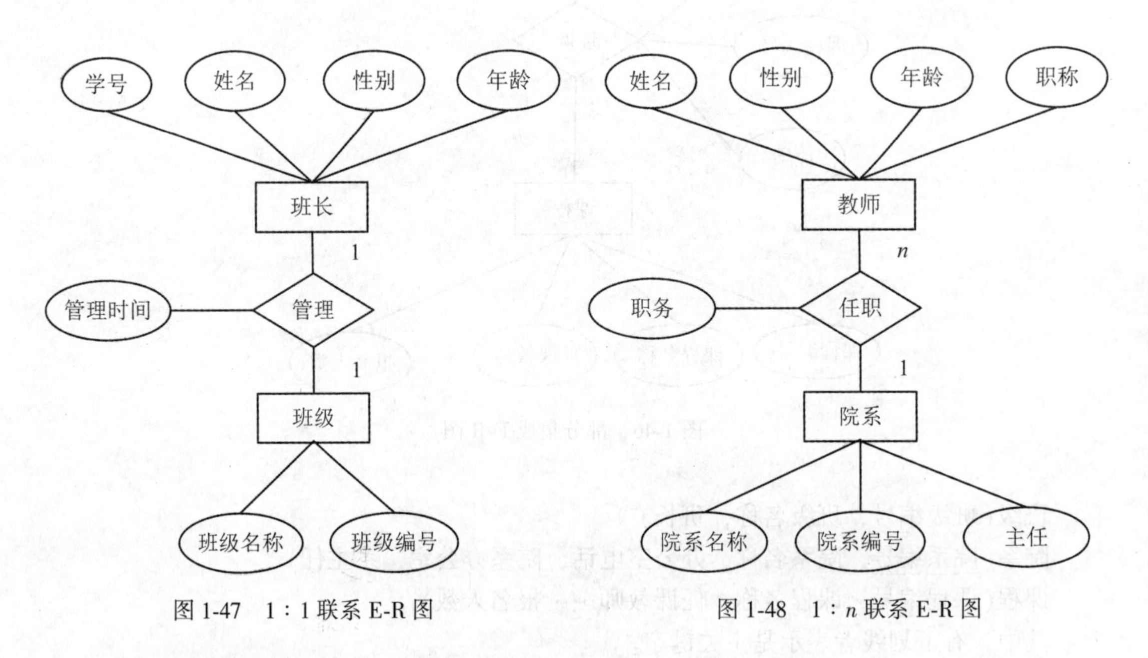

图 1-47　1∶1 联系 E-R 图　　　图 1-48　1∶n 联系 E-R 图

① “任职”联系转换为一个独立的关系模式：

- 教师(姓名、性别、年龄、职称)
- 院系(院系编号、院系名称、院系主任)
- 任职(姓名(教师)、院系名称、职务)

② “任职”联系与 n 端实体合并：

- 教师(姓名、性别、年龄、职称、院系名称、职务)
- 院系(院系编号、院系名称、院系主任)

(4)一个 m∶n 联系转换为一个关系模式。与该联系相连的各实体的关键字以及联系本身的属性，均转换为关系的属性，而关系的关键字为两端实体关键字的组合。

例如：学生与课程间存在 m∶n 的联系，其 E-R 图如图 1-49 所示。

转换为 3 个关系模式：

① 学生(学号、姓名、性别、年龄)

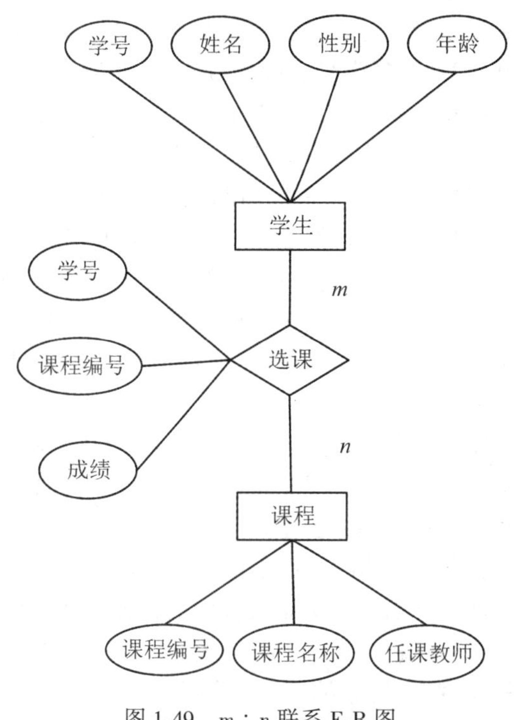

图 1-49　$m:n$ 联系 E-R 图

② 课程(课程编号、课程名称、任课教师)

③ 选课(学号、课程编号、成绩)

经过对 E-R 图的转换而得到关系模式之后，应使用关系的规范化处理对上述操作产生的关系模式进行初步优化，以减少乃至消除关系模式中存在的各种异常，改善完整性、一致性和存储效率。

所谓关系的规范化，是指将一个低级别范式的关系模式，通过投影运算，转化为更高级别范式的关系模式的集合过程。一个规范化的关系至少要能够满足第三范式(3NF)的要求。关系规范化的基本思想就是，逐步消除数据依赖中不合适的部分，使关系模式达到一定程度的分离，使概念单一化，即让一个关系描述一个概念、一个实体或者实体间的一种关系。下面通过两个例子，来简单说明一下关系的规范化。

【例 1.2.1】存在选课关系 SC1(学号、课程号、成绩、学分)。该关系中关键字为组合关键字(学号、课程号)。在这个关系模式中有关键字，所以满足第一范式(1NF)，但是仍然存在以下几个问题：

① 数据冗余，假设同一门课有 40 个学生选修，那么学分将重复 40 次。

② 更新异常，若调整了某课程的学分，相应的每条记录的学分值都需要更新，否则，有可能会出现同一门课学分不同的情况。

③ 插入异常，比如计划开设一门新课，由于没人选修，没有学号关键字，无法在数

据库中建立相应的信息，只能等到有人选修才能把课程和学分存入。

这几个问题存在的主要原因就是，非关键字属性“学分”仅函数依赖于课程号，也就是说学分是部分依赖于组合关键字(学号、课程号)而不是完全依赖。

根据第二范式(2NF)要求，实体的属性要完全依赖于主关键字。解决此问题的方法就是消除关系中的部分依赖，所以上述关系模式，可以分成两个关系模式 SC1(学号、课程号、成绩)和 C2(课程号、学分)。新关系包括两个关系模式，它们之间通过 SC1 中的外关键字课程号相联系，需要时再进行自然连接，恢复原有的关系。

【例 1.2.2】存在关系模式 S1(学号、姓名、院系编号、院系名称、院系办公室)。关键字学号决定各个属性。由于是单个关键字，所以没有部分依赖的问题，肯定满足第二范式(2NF)。但这关系中肯定有大量的冗余存在，和学生有关的属性——院系名称、院系办公室将重复存储。

这个问题存在的主要原因是关系中存在传递依赖造成的，即学号决定院系编号，而院系编号决定院系办公室。因此关键字学号决定院系办公室，是通过传递依赖实现的。也就是说，学号不直接决定非主属性院系办公室。

根据第三范式(3NF)要求，实体的属性不依赖于其他非主属性。也就是说，想要消除这个关系中的数据冗余，就必须消除该关系模式中的传递依赖。所以将上述关系模式分为两个关系 S(学号、姓名、院系编号)和 D(院系编号、院系名称、院系办公室)。它们之间通过 S 关系模式中的外关键字“院系编号”相联系。

4. 物理设计阶段

数据库最终要存储在物理设备上。对于给定的逻辑数据模型，选取一个最适合应用环境的物理结构的过程，称为数据库物理设计。物理设计的任务是为了有效地实现逻辑模式，确定所采取的存储策略。此阶段是以逻辑设计的结果作为输入，结合具体 DBMS 的特点与存储设备特性进行设计，选定数据库在物理设备上的存储结构和存取方法。这里我们选择 SQL Server 2019 作为数据库系统，下面列举出来的是选课数据库 SCDB 中各个表格的设计结果(见表 1-10~表 1-14)。每个表格表示在数据库中的一个表。

表 1-10　学生信息表

属性名	类型	长度	是否允许为空	描述
StudentID	Varchar	10	否	学号
Name	Varchar	10	是	姓名
Sex	Varchar	2	是	性别
Password	Varchar	20	否	系统登录密码(默认值 123)
Age	Int	4	是	年龄
ClassID	Int	10	否	班级编号
Address	Varchar	50	是	生源地

表 1-11　课程表

属 性 名	类　型	长　度	是否允许为空	描　述
CourseID	Varchar	10	否	课程编号
CourseName	Varchar	40	是	课程名称
Teacher	Varchar	20	是	任课教师
Kind	Varchar	20	是	课程所属类别
CourseTime	Varchar	20	是	上课时间
LimitedNum	Int	4	否	最低限制开班人数
RegisterNum	Int	4	否	报名人数(默认值为0)

表 1-12　院系表

属 性 名	类　型	长　度	是否允许为空	描　述
DepartID	Varchar	10	否	院系编号
DepartName	Varchar	20	是	院系名称
Office	Varchar	40	是	院系办公室
Telephone	Varchar	20	是	办公电话
Chairman	Varchar	20	是	系主任

表 1-13　班级表

属 性 名	类　型	长　度	是否允许为空	描　述
ClassID	Varchar	10	否	班级编号
DepartID	Varchar	10	否	院系编号
ClassName	Varchar	20	是	班级名称
ClassMonitor	Varchar	20	是	班长

表 1-14　学生选课表

属 性 名	类　型	长　度	是否允许为空	描　述
StudentID	Varchar	10	否	学号
CourseID	Varchar	10	否	课程编号
Grade	Float	4	是	成绩

5. 数据库实施阶段

运用 SQL Server 2019 提供的数据语言——Transact-SQL，根据逻辑结构设计和物理设计的结果建立数据库，组织数据入库，并进行试运行。数据库实施主要包括以下工作：用数据库模式定义语言定义数据库结构、组织数据入库以及数据库试运行，具体实现方法将在后续章节中介绍。

6. 数据库运行和维护阶段

数据库应用系统经过试运行后即可投入正式运行。在数据库系统运行过程中必须不断地对其进行评价、调整与修改，包括数据库的转储和恢复，数据库的安全性、完整性控制，数据库性能的监督、分析和改进，数据库的重组织和重构造。具体实现方法将在后续章节中介绍。

四、数据库基础知识

1. 数据库的文件组成

在 Microsoft SQL Server 2019 中用于数据存储的实用工具是数据库。数据库的物理表现是操作系统文件，即在物理上一个数据库由一个或多个磁盘上的文件组成。这种物理表现只对数据库管理员可见，而对用户是透明的。逻辑上，一个数据库由若干个用户可视的组件构成，如表、视图、角色等，这些组件被称为数据库对象。用户可以利用这些逻辑数据库的数据库对象存储或读取数据库中的数据，也可以直接或间接地利用这些对象在不同应用程序中完成存储、操作和检索等工作。逻辑数据库的数据库对象可以从企业管理器中查看。

每个 SQL Server 2019 数据库(无论是系统数据库还是用户数据库)在物理上都由至少一个数据文件和至少一个日志文件组成。出于分配和管理目的，可以将数据库文件分成不同的文件组。

(1)数据文件。数据文件分为主要数据文件和次要数据文件两种形式。每个数据库都有且只有一个主要数据文件。主要数据文件的默认文件扩展名是 . mdf。它将数据存储在表和索引中，包含数据库的启动信息，还包含一些系统表，这些表记载数据库对象及其他文件的位置信息。次要数据文件包含除主要数据文件外的所有数据文件。有些数据库可能没有次要数据文件，而有些数据库则有多个次要数据文件。次要数据文件的默认文件扩展名是 . ndf。

(2)日志文件。SQL Server 2019 具有事务功能，以保证数据库操作的一致性和完整性。所谓事务就是一个单元的工作，该单元的工作要么全部完成，要么全部不完成。日志文件用来记录数据库中已发生的所有修改和执行每次修改的事务。SQL Server 2019 是遵守先写日志再执行数据库修改的数据库系统，因此如果出现数据库系统崩溃，数据库管理员(DBA)可以通过日志文件完成数据库的修复与重建。每个数据库必须至少有一个日志文件。日志文件的默认文件扩展名是 . ldf。建立数据库时，SQL Server 2019 会自动建立数据库的日志文件。

(3)文件组。一些系统可以通过控制在特定磁盘驱动器上放置的数据和索引来提高自身的性能。文件组可以对此进程提供帮助。系统管理员可以为每个磁盘驱动器创建文件组，然后将特定的表、索引或表中的 text、ntext 或 image 数据指派给特定的文件组。

SQL Server 2019 有两种类型的文件组：主文件组和用户定义文件组。主文件组包含主要数据文件和任何没有明确指派给其他文件组的文件，系统表的所有页均分配在主文件组中；用户定义文件组是在 CREATE DATABASE 或 ALTER DATABASE 语句中，使用 FILEGROUP 关键字指定的文件组。SQL Server 2019 在没有文件组时也能有效地工作，因此许多系统不需要指定用户定义文件组。在这种情况下，所有文件都包含在主文件组中，而且 SQL Server 2019 可以在数据库内的任何位置分配数据。

每个数据库中都有一个文件组作为默认文件组运行。一次只能有一个文件组作为默认文件组。如果没有指定默认的文件组，主文件组则成为默认的文件组。

图 1-50　SQL Server 2019 中的系统数据库

2. 系统数据库

安装 SQL Server 2019 时，系统自动创建了 Master、Model、Msdb、Tempdb 这些系统数据库，如图 1-50 所示。这些数据库中记录了一些 SQL Server 2019 必需的信息，用户不能直接修改这些系统数据库，也不能在系统数据库的表上定义触发器。

若要隐藏 SQL Server Management Studio 中的系统数据库，可以使用以下步骤：

(1)在 SQL Server Management Studio 窗口中，选择“工具”|“选项”菜单命令。

(2)弹出【选项】对话框，如图 1-51 所示，在左侧的树中选择“环境”|“常规”命令，然后在弹出的对话框中选中“在对象资源管理器中隐藏系统对象”复选框，并单击“确定”按钮。

(3)出现警告对话框，提示 SQL Server Management Studio 必须重新启动更改才会有效，单击“确定”按钮。

(4)关闭并重新启动 SQL Server Management Studio，系统数据库已被隐藏。

下面对系统自动创建的数据库进行简要介绍：

(1)Master 数据库。Master 数据库是 SQL Server 2019 中的总控数据库，它是最重要的系统数据库，记录系统中所有系统级的信息。它对其他的数据库实施管理和控制的功能，同时该数据库还保存了用于 SQL Server 2019 管理的许多系统级信息，包括登录账户信息、所有的系统配置设置信息、其他数据库的存储信息和 SQL Server 的初始化信息，一旦 Master 数据库被破坏，将无法启动 SQL Server 2019 系统。Master 始终有一个可用的最新 Master 数据库备份。

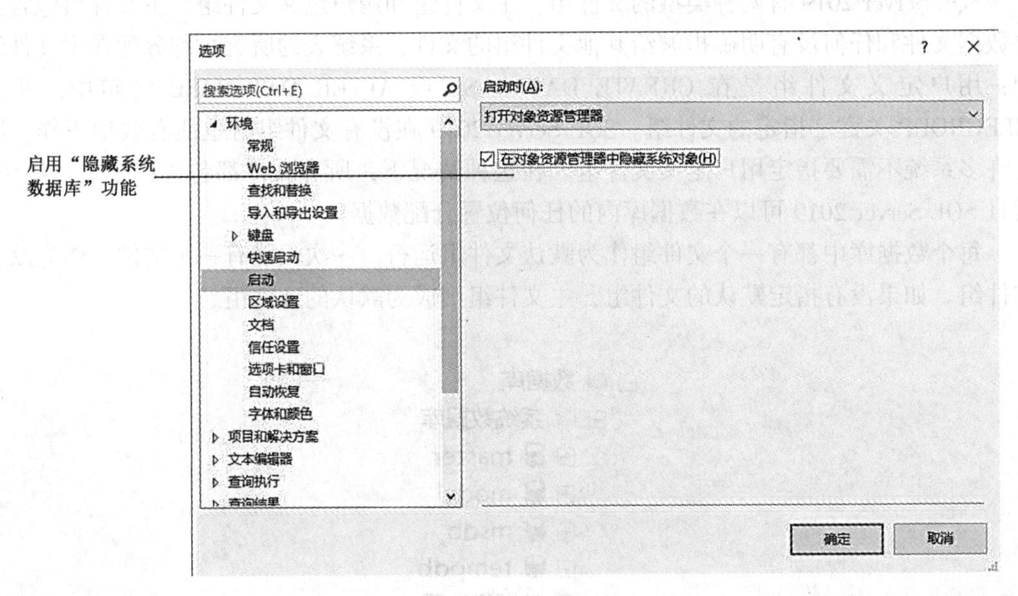

图 1-51 “选项”对话框

由此可知，如果在计算机上安装了一个 SQL Server 2019 数据库系统，那么系统首先会建立一个 Master 数据库来记录系统的有关登录账户、系统配置、数据库文件等初始化信息；如果用户在这个 SQL Server 2019 数据库系统中建立一个用户数据库(如 SCDB 数据库)，系统马上将用户数据库的有关用户管理、文件配置、数据库属性等信息写入 Master 数据库。系统正是根据 Master 数据库中的信息来管理系统和其他数据库。因此，如果 Master 数据库信息被破坏，整个 SQL Server 2019 数据库系统将受到影响，用户数据库将不能被使用。

(2) Model 数据库。Model 数据库是所有数据库的一个模板，当使用 CREATE DATABASE 语句时，新数据库的最初部分是复制 Model 数据库的内容，然后剩下的部分以空页面填充。因此，如果更改了 Model 数据库，所有创建的数据库也会随之更改。

(3) Msdb 数据库。Msdb 数据库供 SQL Server 2019 数据库系统代理程序调度警报作业以及记录操作时使用。当很多用户在使用一个数据库时，经常会出现多个用户对同一个数据的修改而造成数据不一致的现象，或是用户对某些数据和对象的非法操作等。为了防止上述现象的发生，SQL Server 2019 数据库系统中有一套代理程序能够按照系统管理员的设定监控上述现象的发生，及时向系统管理员发出警报。那么当代理程序调度警报作业、记录操作时，系统要用到或实时产生许多相关信息，这些信息一般存储在 Msdb 数据库中。

(4) Tempdb 数据库。使用 SQL Server 2019 数据库系统时，经常会产生一些临时表和临时数据库对象，如用户在数据库中修改表的某一行数据时，在修改数据库这一事务没有被提交的情况下，系统内就会有该数据的新、旧版本之分，往往修改后的数据表构成了临时表。所以系统要提供一个空间来存储这些临时对象。Tempdb 系统数据库保存所有的临时表和临时存储过程。

Tempdb 系统数据库是数据库实例的全局资源，用来保存所有的临时表和临时存储过程，也保存一些 SQL Server 2019 数据库系统产生的临时结果。它在 SQL Server 2019 数据库系统重新启动时会重建一个新的空数据库。因为临时表和临时存储过程会在断开连接时自动丢弃，系统关闭时不会有活动的连接，因此不会有会话的任何内容保存在 Tempdb 数据库里而被复制到另外一个连接上。

Tempdb 数据库的存储内容包括以下方面：

- 显示创建时的临时对象：表、存储过程、表变量或游标等。
- 当快照隔离激活时，所有更新的数据信息。
- 由 SQL Server 2019 数据库系统创建的内部工作表。
- 创建或重建索引时产生的临时排序结果。

Tempdb 数据库有个特性，即它是临时的，Tempdb 数据库在 SQL Server 2019 数据库系统每次启动时都被重新创建，因此该数据库在系统启动时总是空的，上一次的临时数据库都被清除掉了。临时表和存储过程在连接断开时自动清除，而且当系统关闭后将没有任何连接处于活动状态，因此 Tempdb 数据库中没有任何内容会从 SQL Server 2019 数据库系统的一个启动工作保存到另一个启动工作之中。

默认情况下，在 SQL Server 2019 数据库系统运行时，Tempdb 数据库会根据需要自动增长。不过，与其他数据库不同，每次启动数据库引擎时，它会重置初始大小。

此外，SQL Server 2019 数据库系统还提供了两个示例数据库：Pubs 和 Northwind。Pubs 数据库记录了一个虚构的出版公司的数据信息，而 Northwind 数据库则保存了一个虚构的贸易公司的数据信息。

3. 设计数据库

设计数据库要求了解构建该数据库的企业业务和业务数据的内容和特征。合理地为企业业务设计数据库非常重要，因为数据库一旦实现，重新设计会非常浪费资源。一个设计合理的数据库，会拥有良好的性能，因此设计数据库时应当考虑以下几点：

- 根据构建数据库的目标，制订合理的设计规划。
- 使用数据库规范化规则设计数据库，以减少设计错误。
- 保持数据库中数据的完整性，合理设计数据库中的数据表。
- 关注数据库安全需求和用户访问权限。
- 关注应用系统对数据库的相应需求。要充分发挥 SQL Server 2019 的优势，合理地平衡数据库大小和硬件配置，使数据库性能保持最优。
- 考虑数据库的维护。
- 合理估计要创建的数据库的大小。

设计数据库的主要步骤如下：

(1)数据库规划。设计数据库的第一步是制订一个数据库规划，它是指导实现数据库的准则，也是衡量所实现的数据库性能的标准。数据库规划的复杂性和详细性与数据库应用规模和用户多少相关。

数据库应用的复杂性决定了数据库规划过程宜采取灵活多变的策略。个人使用的数据库可以设计得相对简单，而对于大型企业，如有成千上万名客户的银行系统，就需要设计庞大而复杂的数据库。本书所选用的数据库 SCDB 为一个中等应用型数据库，涉及的基本表有 5 个，分别为学生表(Student)、课程表(Course)、院系表(Department)、班级表(Class)和选课表(SC)，而涉及的属性就相对比较多，特别是表与表之间的关系，因而需要对数据库进行详细的规划。

规划数据库时，需要考虑数据库的规模和复杂性，具体步骤如下：

① 收集信息。在创建数据库前，必须很好地了解数据库的功能和性能要求。调查数据库用户，清楚每一个用户的需求，确定数据库功能和设计难点、局限性和系统瓶颈。因此，就需要收集用户需求信息、调查用户应用需求情况、了解不同用户的操作需求，真正做到以用户需求为目的，满足用户实际应用需求为目标，如在创建 SCDB 数据库之前，应该先去调查该数据库的使用者，如教师、学生以及其他使用的相关人员，了解他们对该数据库的需求情况。为了方便调查，可用设计需求调查表、设计数据库应用的可用性文档等。

② 确定对象。在收集信息的过程中，首先必须确定关键对象和数据库管理实体。对象可以是具体的，如人或者产品，也可以是非具体的，如业务、企业部门等。通常有些是关键对象，确定了它们，其他的相关对象也就显而易见了。每一个对象在数据库里应该有一个相关的表。在 SCDB 数据库中的对象有课程、学生、院系等。

③ 数据建模。确定了系统对象后，下一步就要可视化地表示它们，这就需要为它们建立数据库模型，这些模型是实现数据库的参照物。可以通过建模工具实现数据建模，以方便数据模型的修改。

④确定对象属性类型。确定了需要在数据库中建模的数据对象后，下一步就要确定需要在表中保存的数据对象的各个属性以及数据类型，即表中的每一列的信息类型。在确定属性时要注意保证数据的完整性。在 SCDB 数据库中，如学生对象，要完整反映出学生的基本信息，需要的最基本属性应该包括学号(StudentID)、姓名(Name)、性别(Sex)、登录数据库应用系统的密码(Password)、年龄(Age)、所在班级编号(ClassID)和生源地(Address)等，这里面的每一个属性都必须满足数据的完整性约束条件，同时还要确定好每个属性所属的数据类型，在 SQL Server 2019 数据库系统中自带有一些数据类型，此外它还允许用户根据自己的需求自定义数据类型。

⑤ 确定对象之间的关系。关系数据库的一个强项就是可以表示不同对象之间的关系。每个数据库表中保存有一个数据对象的信息，当需要的时候可以通过数据库建立对象之间的关系。在设计过程中确定对象之间的关系时需要清楚它们的逻辑关系，并在建立联系的表中加入关系列。如 SCDB 数据库中的学生表(Student)和班级表(Class)之间存在关系，

每一个学生只能属于一个班级，而一个班级却包括多个学生，那么它们之间的关系是 1：n，即一对多的关系。

（2）确定数据库的应用。数据库应用通常有两种类型：联机事务处理（OLTP）和决策支持。不同的数据库应用类型也影响着数据库的设计规划。

① 联机事务处理。联机事务处理适合于管理变化的数据，通常有大量的用户同时提交事务并实时修改数据，如机票管理系统和银行交易系统。这类应用的特性就是并发性和原子性。数据库的并发控制可以确保两个用户不能同时修改同一个数据。原子性可以保证一个事务中的所有步骤成组完成，如果有一步失败，其他步骤也会取消执行。

联机事务处理应用数据库在设计中要注意以下几点：

- 良好的数据存取。
- 缩小事务处理规模，提高并发性。
- 在线实时备份。
- 规范化数据库。
- 减少历史数据存储。
- 慎重使用索引。
- 优化硬件设置，提高响应速度。

② 决策支持。决策支持性应用适合于很少变化的数据。例如，一个公司可能周期性地核算员工的日工资、销售额、生产率和库存信息，用来分析企业的运作状况。为了作出合理的商业决策，销售人员可能需要通过数据库中的信息得到销售产品的市场需求倾向，但是他们不需要修改数据库。在决策支持性数据库中通常会使用大量的索引，来完成对数据不同应用的处理。因为用户不会经常改变数据，并发性和原子性问题通常会很少予以考虑，数据值可能周期性地更新，大量的数据更新一般是在非工作期间完成，不会影响数据库的使用。

决策支持应用数据库在设计中要注意以下几点：

- 使用大量索引，以加快查找速度。
- 反向规格化数据库，引入聚集和组合数据以满足共同数据查询需求，提高响应速度。
- 使用 star（星形）或 snowflake（雪花形）机制组织数据。

在 SCDB 数据库的应用中，根据实际应用的需求及数据库规划阶段采集的用户信息，可确定该数据库中的数据是否会经常变化，同时需要实时进行联机处理，如课程表（Course）就需要插入新的课程、修改任课教师及学生在线选课，统计实际选课人数以决定是否开课；学生表（Student）中如果学生调换专业也要进行修改调整；选课表（SC）要经常被学生进行实时联机查询，以查看考试成绩。所以通过对用户应用需求进行分析，可以确定 SCDB 数据库的应用类型为联机事务处理型数据库。

（3）保证数据库的应用性能需求。

① 数据安全性需求。数据库系统的目标之一就是保证用户数据的安全性，防止非法访问和修改。在 SQL Server 2019 中，系统安全用于控制用户访问数据和控制用户权限，以保证数据库的正常工作。在 SCDB 数据库中，通过构建角色和权限来保证数据库应用的安全性，这部分内容将在后面的任务中详细讲述。

② 数据库性能需求。在设计数据库时，必须保证数据库能够正确、迅速地实现所有的重要功能。一些性能问题可以在数据库使用中解决，但是有些性能问题是由于数据库设计造成的，只有改变数据库的结构和设计才能解决。因此，在数据库设计阶段，必须考虑充分，比如用户的规模、潜在用户的规模等因素，从而在最大程度上避免数据库设计的不合理性。在 SCDB 数据库中用户量非常大，包括教师、学生，尤其是学生，每年都有增加，为此在数据库的设计阶段，得将这些需求充分考虑进去，以保证数据库的正常使用与运行。

③ 估计数据库规模。为满足应用系统对数据库性能的要求，并保证有充足的磁盘空间存储数据和索引，在数据库设计阶段就需要大致地确定数据库系统对硬件配置的要求。这就需要合理地设计数据库的规模，并且可以通过估计数据库规模来确定数据库设计是否合理。

为了估计数据库的规模，我们需要估计数据库中每一个表的大小，然后所有表的总和就等于数据库规模大小。而表的大小除了由数据的特性决定外，还由表中是否有索引，以及索引的类型来决定。所以在估计数据库的规模前，必须对数据库进行一个全面的建模，分析数据库的功能及数据来源，了解数据量的大小及变化情况，科学合理地估算数据库的大致的规模。例如在构建 SCDB 数据库时，需要了解每年学校的招生情况、每学期课程的开设情况、院系的设置情况、班级的设置情况等，根据这些信息来估算数据库中表的大小，由此再来估算 SCDB 数据库的大小，为接下来创建数据库打下基础。

任务实施

一、创建 SCDB 数据库

在 SQL Server 2019 中可以使用 Microsoft SQL Server Management Studio 向导创建数据库。虽然 SQL Server 的实例可以支持多个数据库，但最多不能超过 32767 个。

使用对象资源管理器创建数据库。在 Microsoft SQL Server Management Studio 中，可以使用图形工具创建数据库，下面以创建 SCDB 数据库为例，讲述数据库的创建步骤，具体的操作步骤如下：

(1) 从个人计算机的桌面依次选择“开始”|“所有程序”|“Microsoft SQL Server 2019”|“SQL Server Management Studio”，打开“连接到服务器”对话框，如图 1-52 所示，设置好“服务器类型”、“服务器名称”、“身份验证”模式、“用户名”和“密码”，单击“连接”按钮，连接到目标服务器。

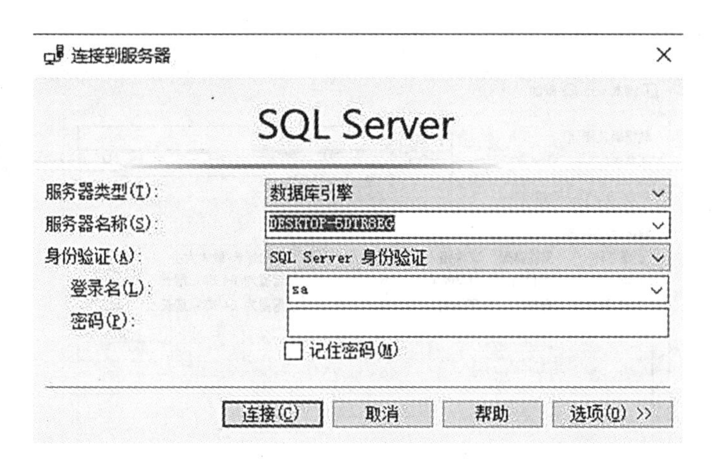

图 1-52　“连接到服务器”对话框

(2)连接到目标服务器后，在“对象资源管理器”窗格中选中“数据库”选项，右击，弹出快捷菜单，选择“新建数据库”命令，如图 1-53 所示。

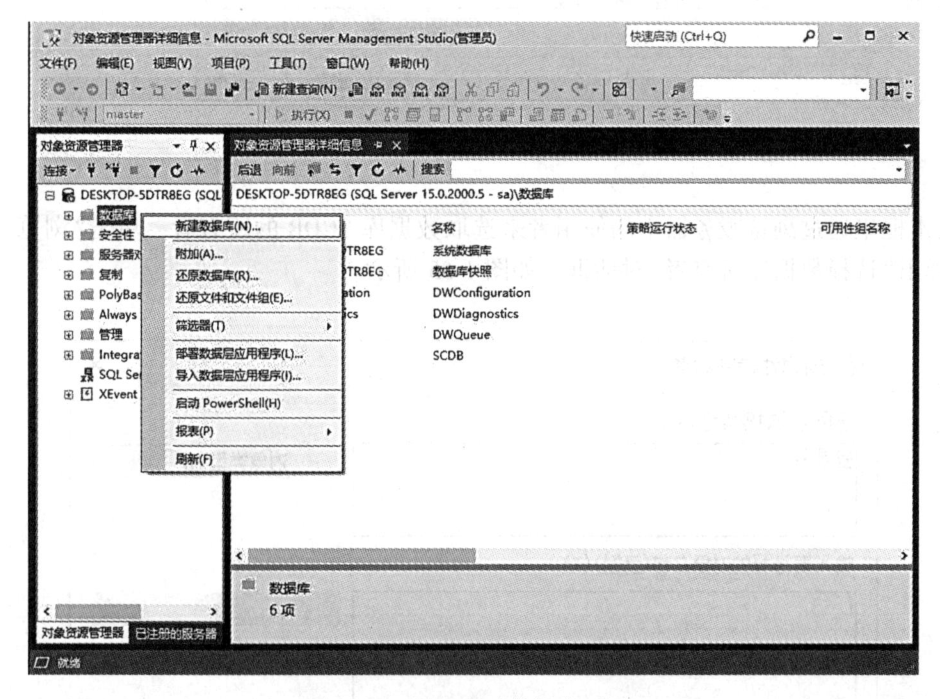

图 1-53　选择“新建数据库”命令

(3)弹出“新建数据库”窗口，在该窗口中选择“选择页”窗格下的“常规”选项页，在“数据库名称”文本框里输入要创建的数据库的名称“SCDB”，如图 1-54 所示，在“所有

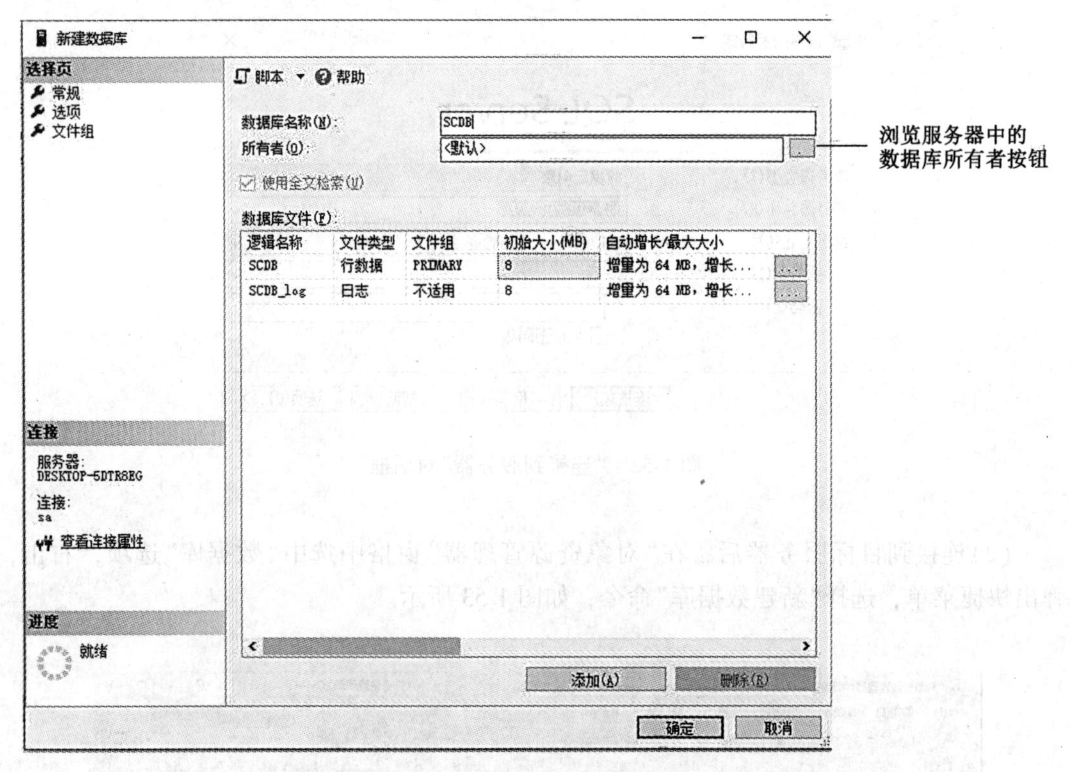

图 1-54　输入数据库名称并选择所有者

者”文本框里通过浏览服务器中的使用者来选取数据库 SCDB 的所有者，单击“浏览”按钮后，弹出“选择数据库所有者”对话框，如图 1-55 所示。

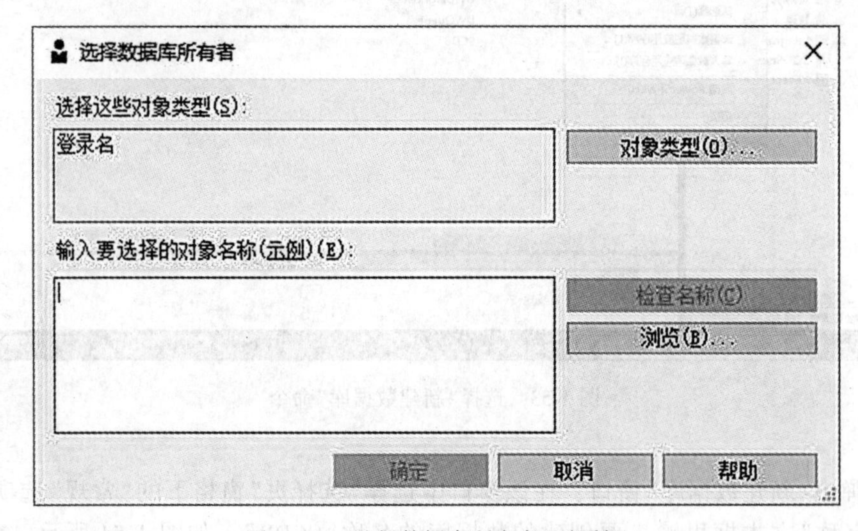

图 1-55　“选择数据库所有者”对话框

(4)在弹出的“选择数据库所有者”对话框中，选择对象类型为“登录名”，然后在“输入要选择的对象名称(示例)”区域中通过单击“浏览”按钮，弹出“查找对象”对话框，选取对象名称“sa”，单击“确定”按钮即可，如图 1-56 所示，选取数据库 SCDB 的使用者为“sa”。

(5)在“数据库文件”区域内的“逻辑名称”列输入文件名，一般情况下选择默认的名称；在“初始大小”列设置数据库初始值大小，如图 1-57 所示。

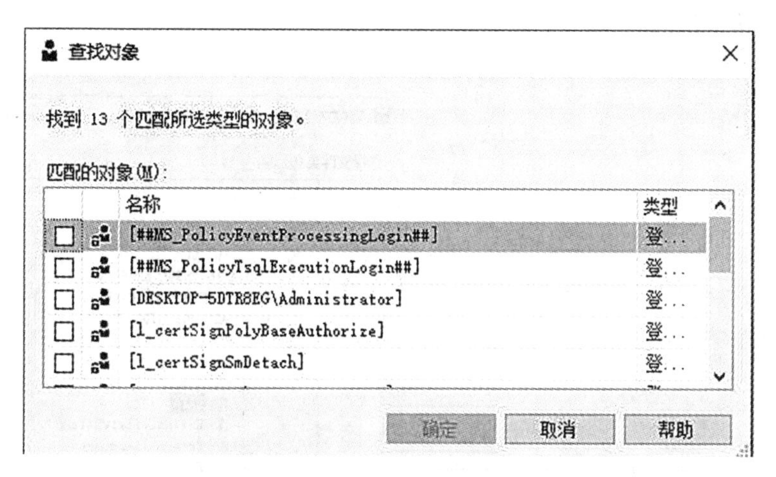

图 1-56 “查找对象”对话框

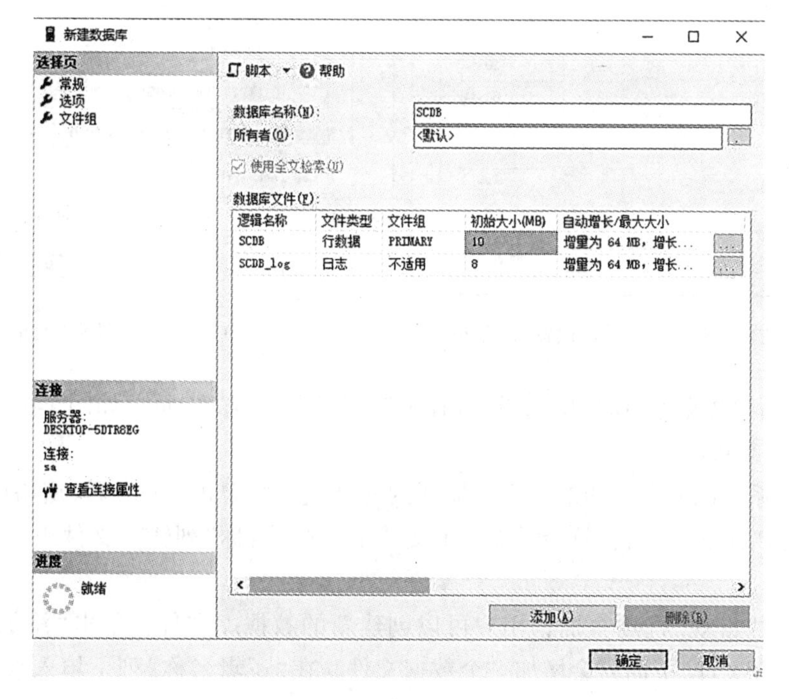

图 1-57 设置数据库数据文件和日志文件的初始值大小

(6) 在“自动增长”列设置自动增长值大小(当数据文件或日志文件满时，会根据设定的初始值自动地增大文件的容量)，单击自动增长列值后面的更改按钮[...]，弹出“更改SCDB的自动增长设置”对话框，在该对话框中设置数据库中文件的增长方式和增长大小，以及数据库的最大文件大小，如图1-58所示。

(7) 在“路径”列设置文件的保存路径，单击“路径”列后为浏览按钮[...]，弹出“定位文件夹”对话框，选择保存文件的路径，如图1-59所示。如果不需要改变以上各列的设置，可以保持其默认值。

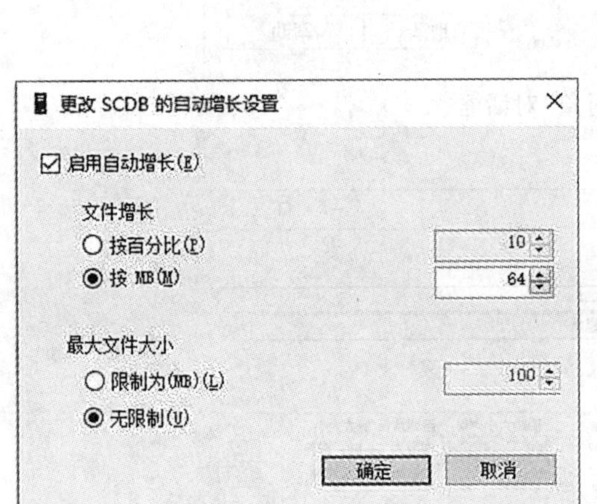

图 1-58 “更改SCDB的自动增长设置”对话框

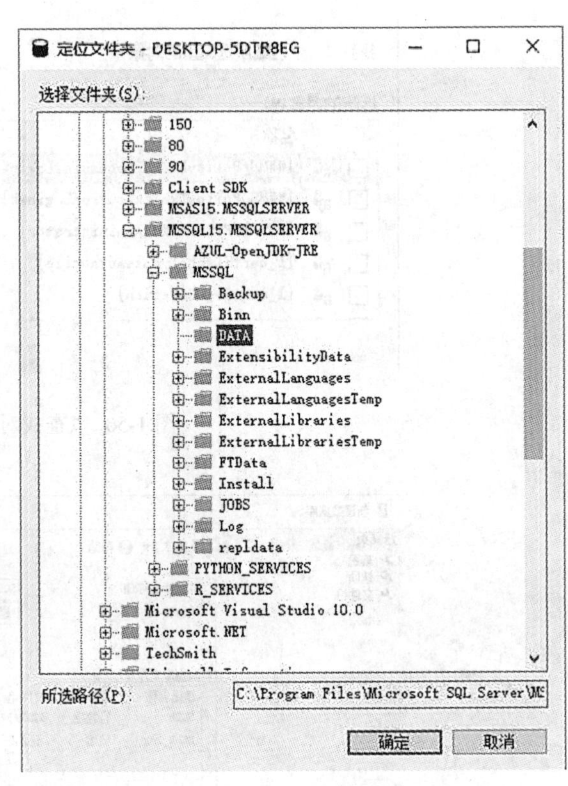

图 1-59 “定位文件夹”对话框

(8) 在“新建数据库”窗口中选择“选择页”窗格下的“选项”页，如图1-60所示，设置数据库的配置参数。

(9) 根据系统的要求，如果需要添加新的文件组，则单击“选项页”窗格的“文件组”选项页，单击“添加”按钮，就会增加一个文件组，在“名称”列输入文件组的名称，如图1-61所示。

(10) 回到“常规”选项页面，用户可以创建新的数据库文件，单击“添加文件组”按钮，在“数据库文件”下面就会增加一个数据文件。在“逻辑名称”列下填入数据文件的名称。单击“文件组”列的空白处，就会出现文件组选项，如图1-62所示，选择新建数据文

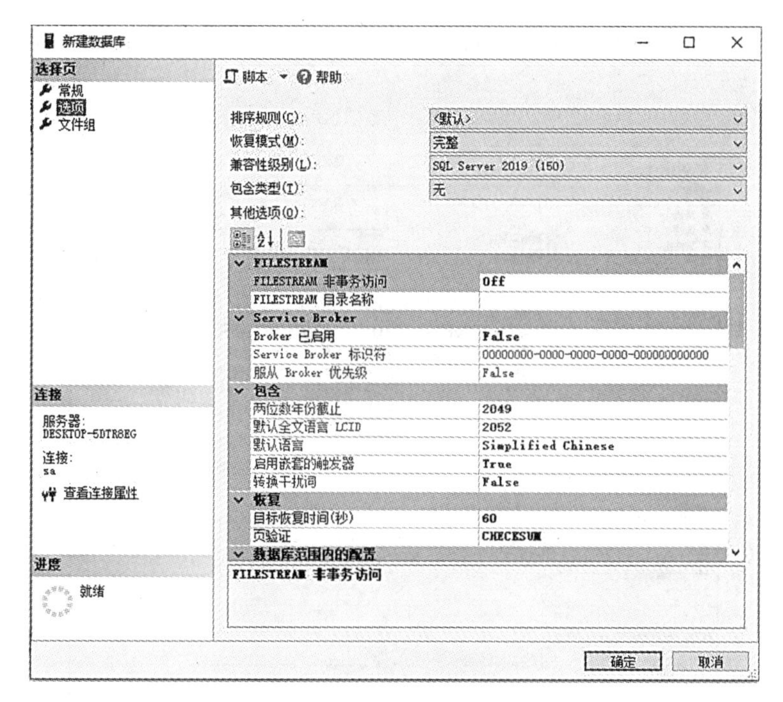

图 1-60 “选项”页

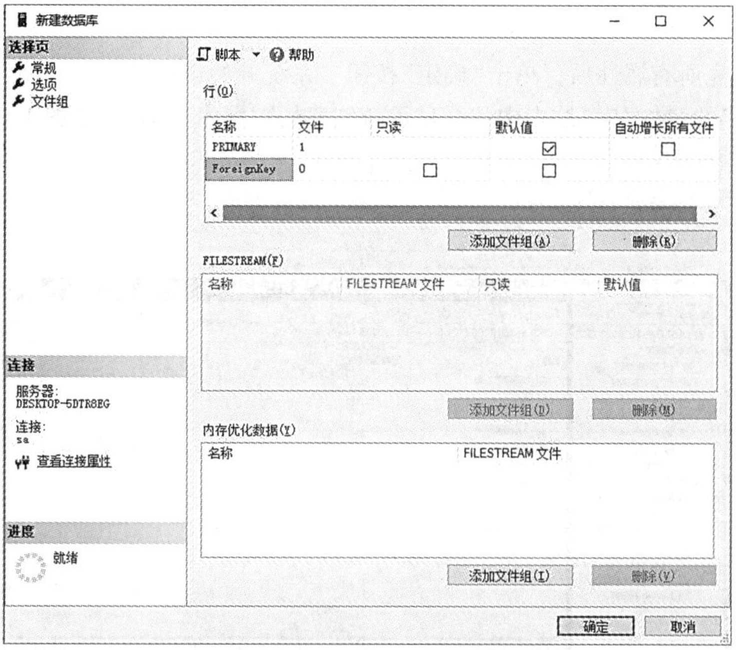

图 1-61 “文件组”界面添加新文件

件要加入的文件组，默认值为主要文件组。其他列的设置与前面设置数据库文件的步骤相同。

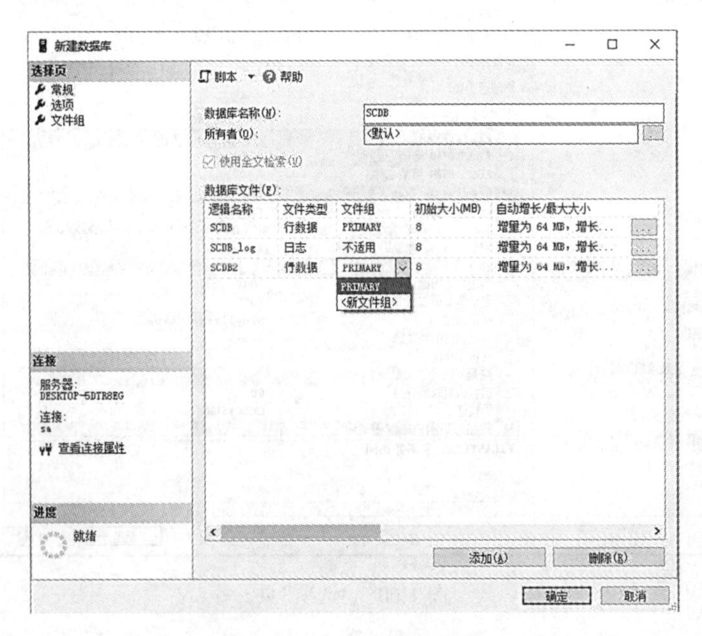

图 1-62 “常规”选项页

(11)设置完所有属性后，单击“确定”按钮。系统开始创建数据库，创建成功后在“对象资源管理器”的“数据库”结点中就会显示新创建的数据库 SCDB，如图 1-63 所示。

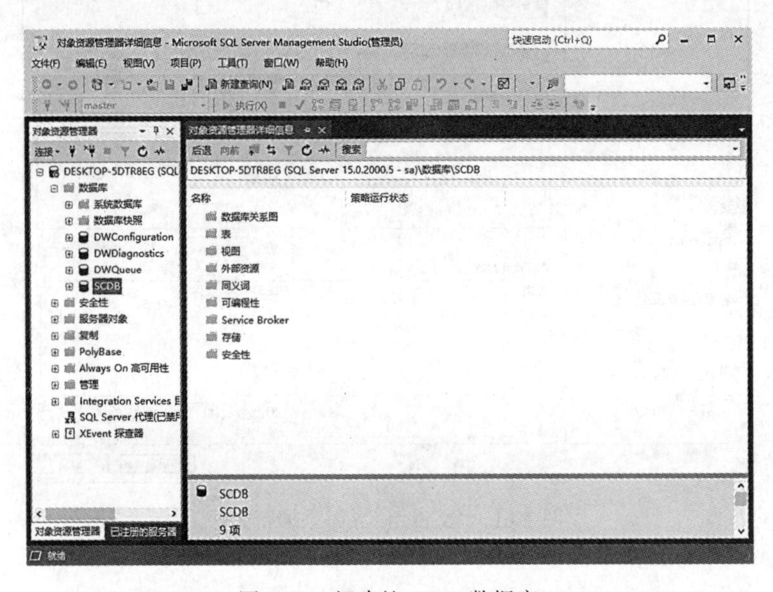

图 1-63 新建的 SCDB 数据库

二、管理 SCDB 数据库

1. 打开数据库

用户登录 SQL Server 2019 数据库服务器，连接 SQL Server 2019 后，用户需要连接 SQL Server 2019 数据库服务器中的一个数据库，才能使用该数据库中的数据。如果用户没有预先指定连接哪个数据库，SQL Server 2019 数据库系统将自动替用户连上 master 系统数据库。因此，用户需要指定连接 SQL Server 2019 数据库服务器中的具体哪一个数据库或者从一个数据库切换至另一个数据库。

在 SQL Server 2019 中可以直接通过使用 SQL Server Management Studio 窗口来打开或切换不同的数据库，具体的操作步骤如下：

(1)从个人计算机的桌面依次选择“开始”|“所有程序”|“Microsoft SQL Server 2019”|“SQL Server Management Studio”，打开 Microsoft SQL Server Management Studio 窗口，并连接到指定的目标服务器。

(2)在 Microsoft SQL Server Management Studio 的“对象资源管理器”窗口中展开“数据库”选项，直接选择要使用的数据库 SCDB，如图 1-64 所示。

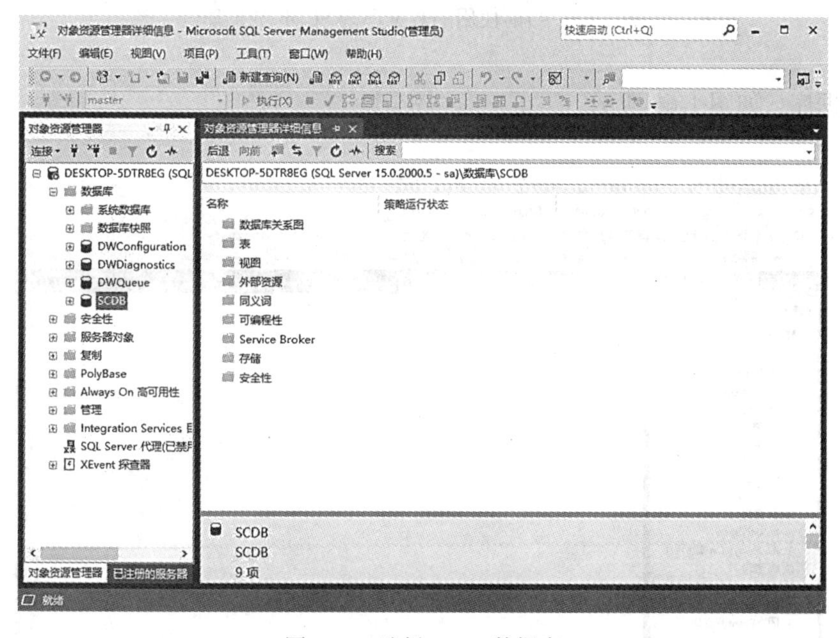

图 1-64　选择 SCDB 数据库

(3)在 SQL Server Management Studio 窗口中，选择“新建查询”命令，打开 SQL Server Management Studio 查询编辑器，此时可以发现当前使用的数据库为 SCDB 数据库，而不是默认打开的 master 数据库，如图 1-65 所示。

(4)如果用户此时要使用其他的数据库，则可以在可用数据库下拉选项中直接选择要

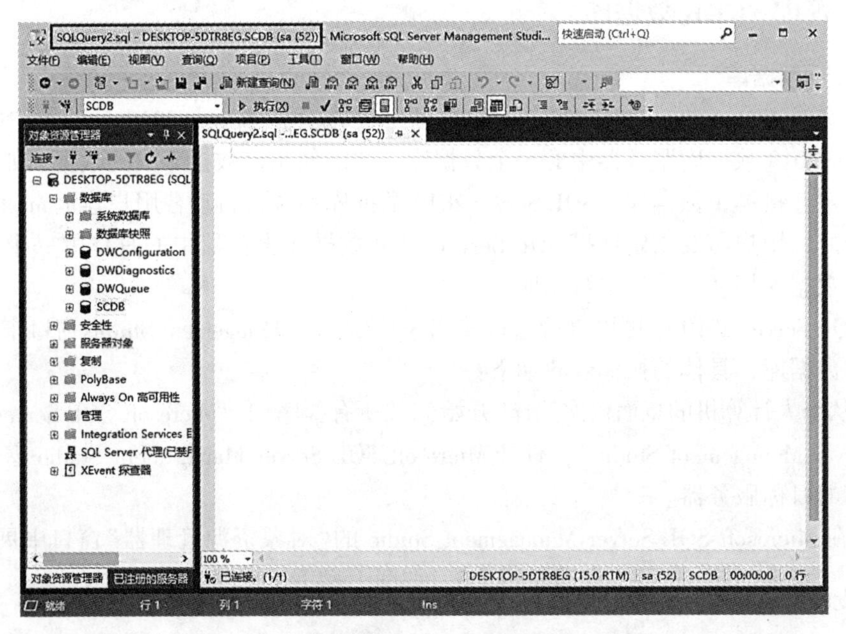

图 1-65　当前使用的数据库为 SCDB 数据库

更换的数据库，如图 1-66 所示。

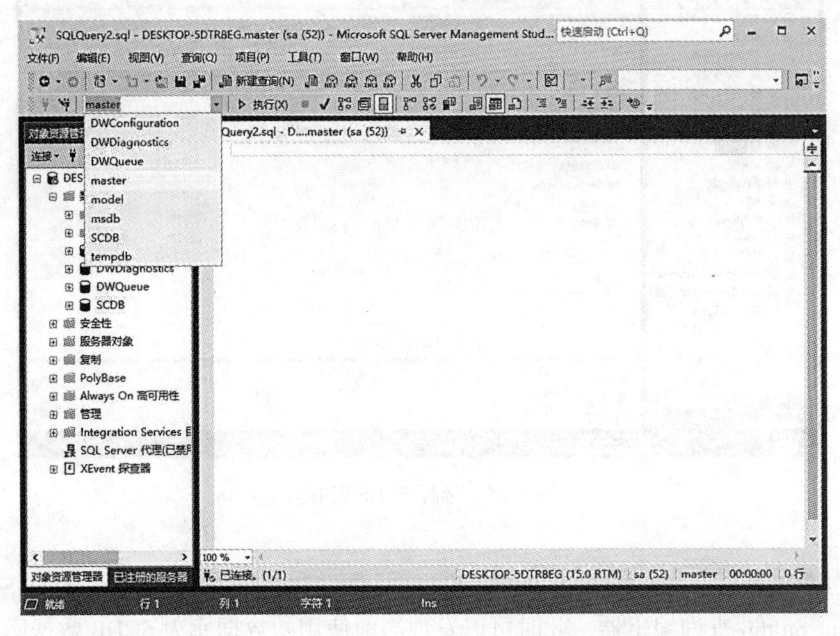

图 1-66　将当前使用的数据库更换为 master

2. 设置数据库选项

任一新创建的数据库都是 model 数据库的副本。也就是说，所有新数据库都有一组控制其行为的标准选项，这些选项可能需要根据数据库的用途进行修改，如 SCDB 数据库就是用户因特定的使用需求而创建的数据库，为此创建该数据库后，还需要用户根据实际需求重新设置该数据库的选项。

设置数据库选项可以控制数据库是单用户使用模式还是 db_owner 模式，以及此数据库是否仅可读取等，同时还可以设置此数据库是否自动关闭、自动收缩和数据库的兼容等级选项。

在 SQL Server 2019 中，通过 Microsoft SQL Server Management Studio 的“对象资源管理器”可以重新设置数据库的选项。重新设置数据库 SCDB 的选项的具体操作步骤如下：

（1）从个人计算机的桌面依次选择“开始”|“所有程序”|“Microsoft SQL Server 2019”|“SQL Server Management Studio”，打开 Microsoft SQL Server Management Studio 窗口，并连接到数据库 SCDB 所在的目标服务器。

（2）在 Microsoft SQL Server Management Studio 的“对象资源管理器”窗口中展开“数据库”选项，选择要重新设置数据库选项的数据库“SCDB”，右击，在弹出的快捷命令菜单中选择“属性”命令，如图 1-67 所示。

（3）在弹出的“数据库属性-SCDB”窗口中选择“选项页”下的“选项”选项页，在这里可以直接查看和修改数据库选项，如图 1-68 所示。

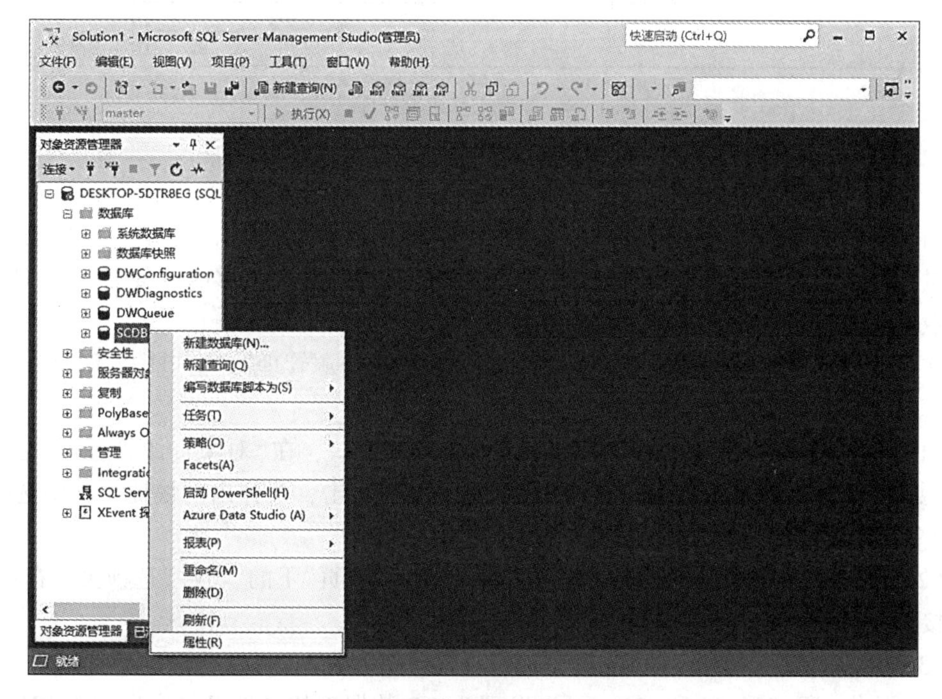

图 1-67　查看数据库“SCDB”的属性

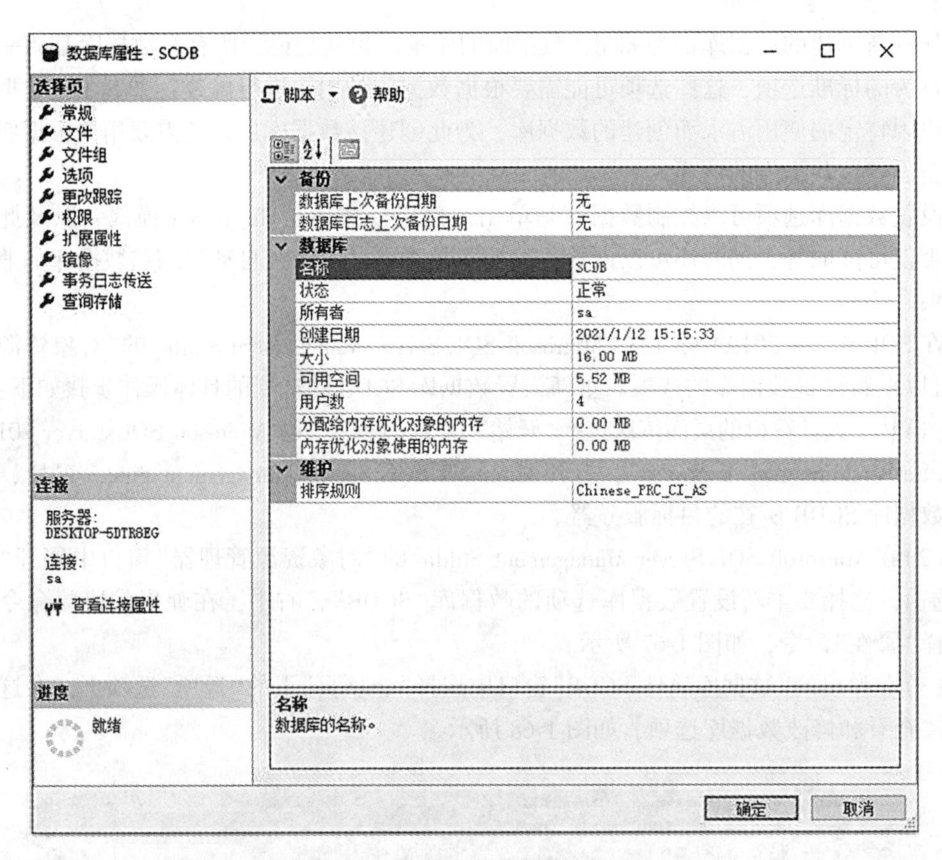

图 1-68　查看或修改数据库选项

3. 修改数据库的大小

当数据库的数据增长到要超过它的使用空间时，必须加大数据库的容量。增加数据库的容量就是给它提供额外的设备空间，而如果指派给某数据库过多的设备空间，可以通过缩减数据库容量来减少设备空间的浪费。

在 Microsoft SQL Server Management Studio 的“对象资源管理器”窗口中，可以直接修改数据库的大小，具体的操作步骤如下：

(1)进入 Microsoft SQL Server Management Studio 窗口，在“对象资源管理器”窗口中，展开“数据库”选项，选择要修改的数据库“SCDB”，右击，在弹出的快捷菜单中选择“属性”命令，如图 1-69 所示。

(2)在弹出的“数据库属性-SCDB”窗口中选择“选项页”下的“文件”选项页，在这里可以直接修改数据库的大小，如图 1-70 所示。

(3)修改成功后，单击“确定”按钮，修改数据库生效。

(4)再次执行步骤(1)和(2)，可以发现 SCDB 数据库的文件已经由原来的 8MB 修改为 40MB，如图 1-71 所示。

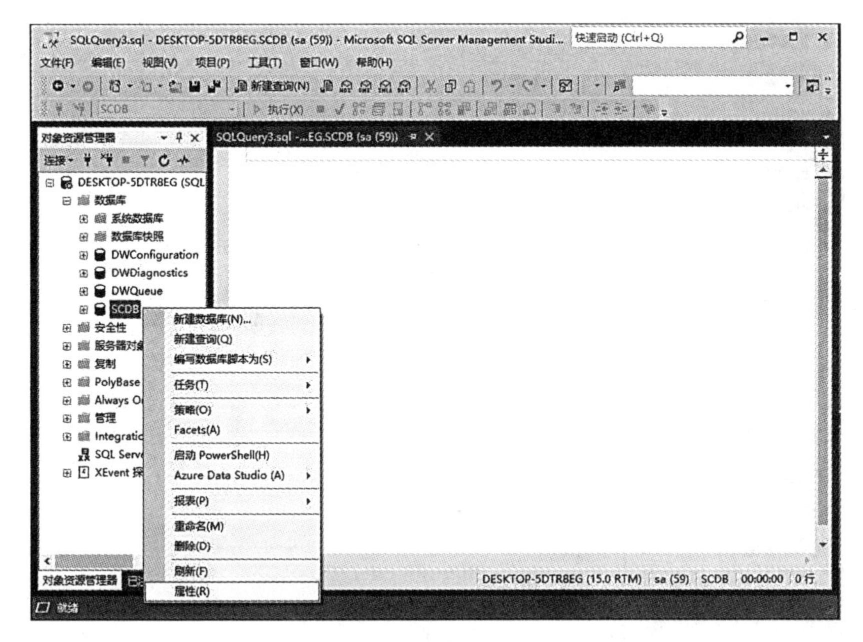

图 1-69　选择“属性”命令

图 1-70　修改数据库的大小

图 1-71　检查修改后的数据库大小

4. 重命名数据库

通常情况下在一个应用程序的开发过程中往往需要改变数据库的名称，但是在 SQL Server 中更改数据库名称并不像在 Windows 中那样简单，要改变名称的那个数据库很可能正被其他用户使用，所以变更数据库名称的操作必须在单用户模式下方可进行。

将数据库 SCDB 更名为 XKDB，可按下列步骤进行操作：

将 SCDB 数据库设置为单用户模式。打开 Microsoft SQL Server Management Studio 的“对象资源管理器”窗口，展开“数据库”选项，选择数据库“SCDB”选项，右击，在弹出的快捷菜单中，选择“属性”命令，弹出“数据库属性-SCDB”对话框，选择“选项页”下的“选项”选项页，在“选项”选项页中选取项目“状态”下的“限制访问”选项，选择“单用户”选项，单击“确定”按钮，如图 1-72 所示。

5. 增加辅助数据文件与事务日志文件

如果数据文件已经将磁盘占满，则可能需要在另一个硬盘上添加辅助数据文件。

给 SCDB 数据库添加一个辅助数据文件，其操作过程如下：

(1)打开 Microsoft SQL Server Management Studio 的“对象资源管理器”面板，展开“数据库”选项，选择数据库“SCDB”，右击，在弹出的快捷菜单中选择“属性”命令。

(2)选择“文件”选项页，单击“数据库文件”列表框底部的“添加”按钮。将给该列表添加第 4 行，如图 1-73 所示。

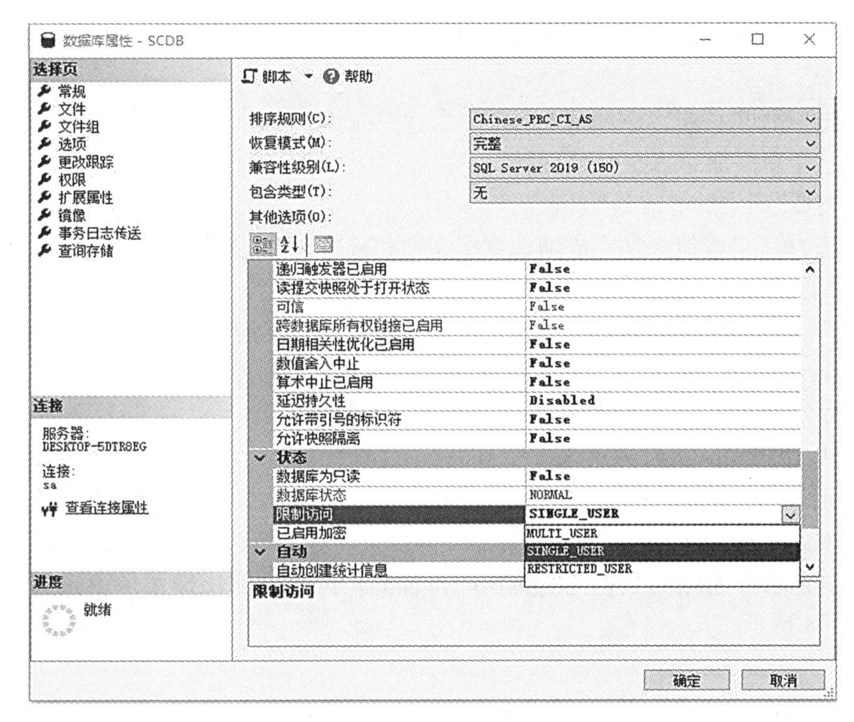

图 1-72　设置数据库为单用户模式

图 1-73　“数据库文件”列表框增加第 4 行

(3)在第 4 行的“逻辑名称”列中输入新创建的辅助数据文件名 SCDB_Data2，其余字段将自动填入。

(4)单击“添加”按钮，添加第 5 行。

(5)在这个新添加的第 5 行的“逻辑名称”列中输入新创建的日志文件名 SCDB_Log2，并将“文件类型”列中的值改为“日志”。

(6)单击“确定”按钮添加完成辅助数据文件和日志文件。

6. 删除数据库

当不再需要数据库时，可以删除它，但是系统数据库不能删除，删除数据库前，最好备份下 master 系统数据库，因为删除操作会更改 master 数据库的内容。

使用 Microsoft SQL Server Management Studio 删除数据库。

用户可以使用 Microsoft SQL Server Management Studio 非常方便地删除数据库。使用 Microsoft SQL Server Management Studio 删除数据库的具体操作步骤如下：

(1)在 Microsoft SQL Server Management Studio 的“对象资源管理器”窗口中，展开“数据库”选项，选取要删除的数据库“XKDB”，右击，在弹出的快捷菜单中选择“删除”命令，如图 1-74 所示。

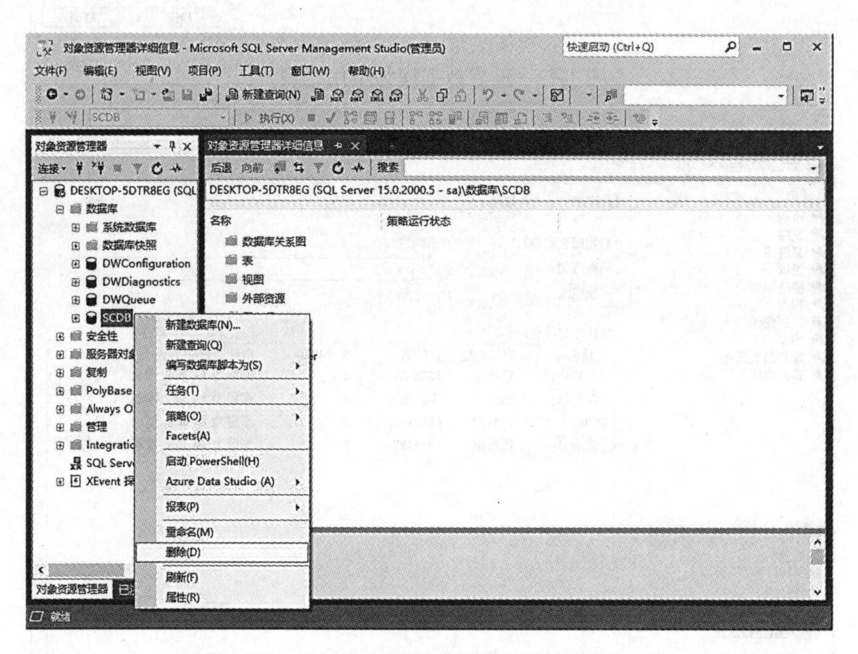

图 1-74 在“对象资源管理器”中删除数据库

(2)弹出“删除对象”窗口，确认是否为目标数据库，并通过选择复选框决定是否要删除备份以及关闭已存在的数据库连接，如图 1-75 所示。

(3)单击“确定”按钮，完成数据库删除操作。

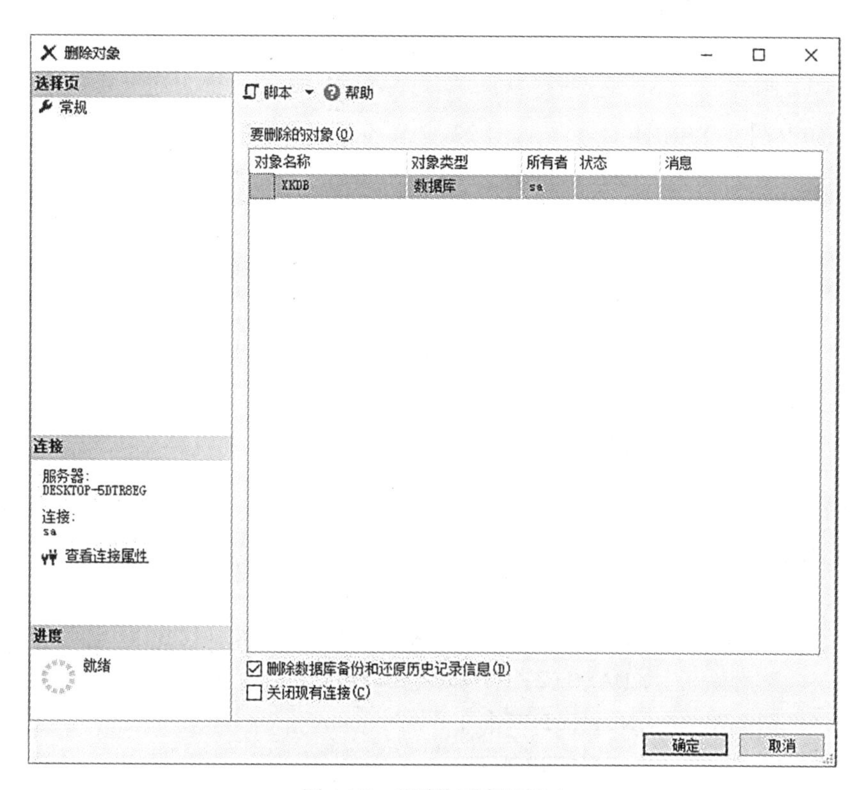

图 1-75　“删除对象”窗口

知识拓展

一、Transact-SQL 简介

Transact-SQL 是 1974 年由 Boyce 和 Chamberlin 提出的。1975—1979 年 IBM 公司 San Jose Research Laboratory 研制的关系数据库管理系统原形系统 System R 实现了这种语言。由于其功能丰富、语言简洁、使用方法灵活，备受用户和计算机业界的青睐，被众多的计算机公司和软件公司采用。经过多年的发展，Transact-SQL 语言已成为关系数据库的标准语言。

Transact-SQL 语言主要由以下几部分组成：

- 数据定义语言(Data Definition Language，DDL)。
- 数据操纵语言(Data Manipulation Language，DML)。
- 数据控制语言(Data Control Language，DCL)。
- 其他语言要素(Additional Language Elements)。

1. 使用 Transact-SQL 语句创建数据库

用户可以在 SQL Server Management Studio 查询编辑器中使用 Transact-SQL 语句创建数

据库，CREATE DATABASE 语法格式如下：

```
CREATE DATABASE database_name
  [ ON
{ [PRIMARY] ( NAME=logical_file_name,
              FILENAME='os_file_name'
               [ , SIZE=size [ KB | MB | GB | TB ] ]
               [, MAXSIZE={max_size [ KB | MB | GB | TB ] |
                UNLIMITED } ]
               [ , FILEGROWTH=growth_increment [ KB | MB | GB |
                TB | % ] ])
               }[ , ...n ]
               ]
[ LOG ON
   {( NAME=logical_file_name ,
               FILENAME='os_file_name'
               [ , SIZE=size [ KB | MB | GB | TB ] ]
               [, MAXSIZE={ max_size [ KB | MB | GB | TB ] |
                UNLIMITED } ]
               [ , FILEGROWTH=growth_increment [ KB | MB | GB |
                TB | % ] ])
               }[ , ...n ]
               ]
```

其中：

- Database_name：新数据库的名称。数据库名称在服务器中必须唯一，并且符合标识符的规则，Database_name 最多可以包含 128 个字符。
- ON：指定用来存储数据库部分的磁盘文件(数据文件)。
- PRIMARY：用来指定 PRIMARY 文件组，这是所有已建文件的默认组，也是唯一能够包含主要数据文件的文件组。
- NAME：用于指定数据库的逻辑文件名称，它是在 SQL Server 2019 数据库系统中使用的名称，是数据库在 SQL Server 2019 数据库系统中的标识。
- FILENAME：用于指定数据库在操作系统下的文件名称和所在路径，该路径必须存在。
- SIZE：用于指定数据库在操作系统中的文件的大小，计量单位可以是 KB、MB、GB、TB，如果没有指定计量单位，系统默认为 MB。数据库文件不能小于 1MB。在默认情况下，数据文件的大小是 3MB，事务日志文件的大小是 1MB。
- MAXSIZE：指定操作系统文件可以增长的最大尺寸。计量单位可以是 KB、MB、GB、TB，如果没有指定计量单位，系统默认为 MB。如果没有给出可以增长的最大尺寸，文件的增长是没有限制的，可以占满整个磁盘空间。

- FILEGROWTH：用于指定文件的增量，该选项指定的数据值为零时，表示文件不能增长。该选项可以使用 KB、MB、GB、TB 和百分比%指定。
- N：占位符，表示可以为新数据库指定多个文件。
- LOG ON：指定日志文件的创建位置和日志文件的大小。如果没有指定 LOG ON，系统将自动创建一个日志文件，该文件使用系统生成的名称，大小为数据库中所有数据文件总大小的 25%。
- Growth_increment：每次需要新的空间时为文件添加的空间大小。指定一个整数，不要包含小数位。0 值表示不增长。该值以 MB、KB、GB、TB 或百分比（%）为单位指定。如果未在数量后面指定 MB、KB 或 %，则默认值为 MB。如果指定 %，则增量大小为发生增长时文件大小的指定百分比。如果没有指定 FILEGROWTH，则默认值为 10%，最小值为 64 KB。指定的大小舍入为最接近的 64 KB 的倍数。

下面给出了一个使用 CREATE DATABASE 命令创建数据库的实例。

【例 1.2.3】在 SQL Server 2019 数据库系统的 SQL Server Management Studio 查询编辑器中，使用 CREATE DATABASE 命令创建一个名为 SCDB 的数据库，该数据库的主数据文件逻辑名称为 SCDB_Data，物理文件名为 SCDB_Data. mdf，存储在 D:\目录下，初始大小为 10MB，最大尺寸为 50MB，增长速度为 5MB；数据库的日志文件逻辑名称为 SCDB_Log，物理文件名为 SCDB_Log. ldf，存储在 D:\目录下，初始大小为 5MB，最大尺寸为 25MB，增长速度为 5MB。

具体的操作步骤如下：

（1）从个人计算机的桌面依次选择“开始”|“所有程序”|“Microsoft SQL Server 2019”|“SQL Server Management Studio”命令，打开“连接到服务器”对话框，如图 1-76 所示，设置好“服务器类型”、“服务器名称”、“身份验证”模式、“用户名”和“密码”，单击“连接”按钮，连接到目标服务器，如图 1-77 所示。

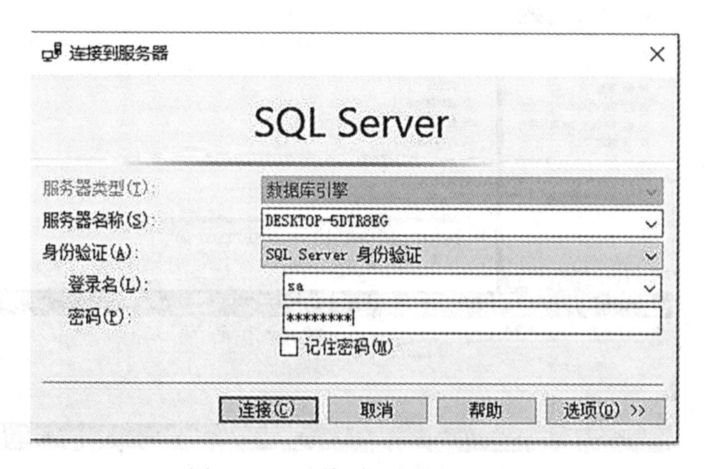

图 1-76　“连接到服务器”对话框

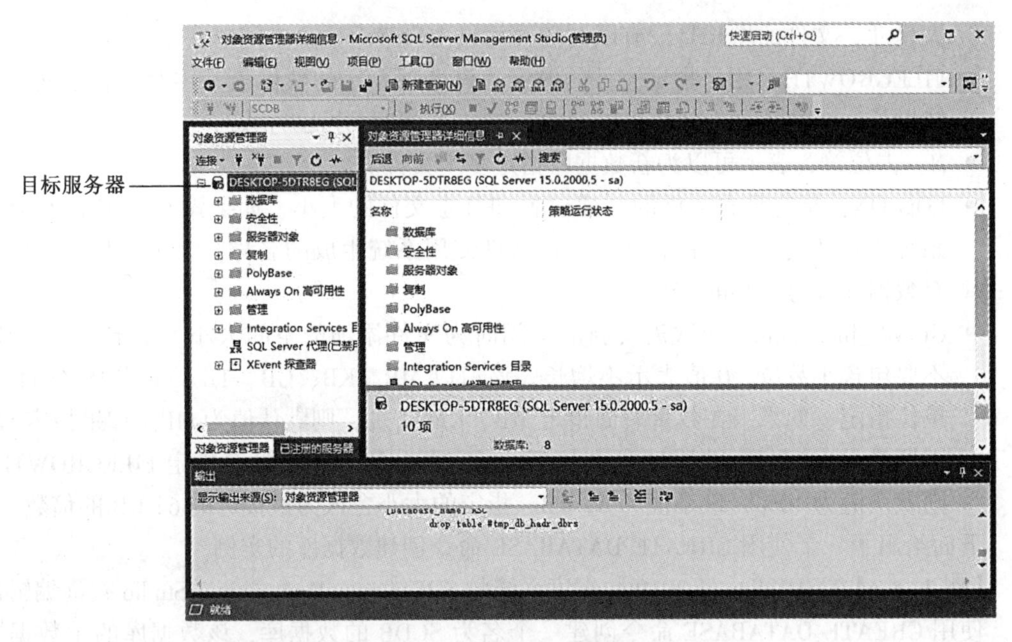

图 1-77　目标服务器界面

(2) 在 SQL Server Management Studio 窗口中，选择“新建查询”命令，如图 1-78 所示，弹出 SQL Server Management Studio 查询编辑器，如图 1-79 所示，在该 SQL Server Management Studio 查询编辑器中直接输入 Transact-SQL 语句：

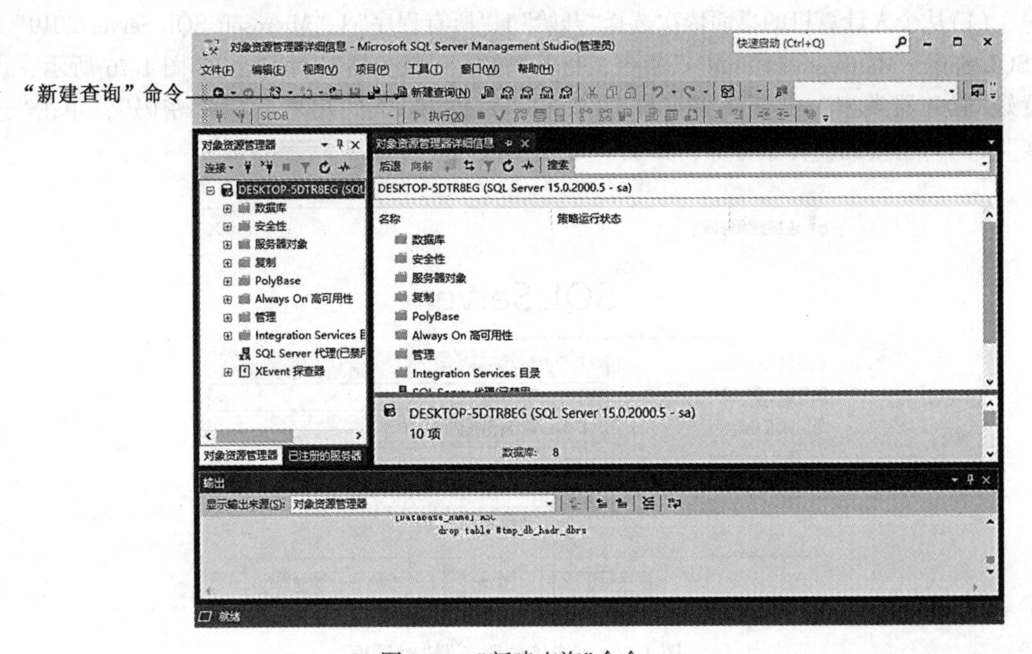

图 1-78　“新建查询”命令

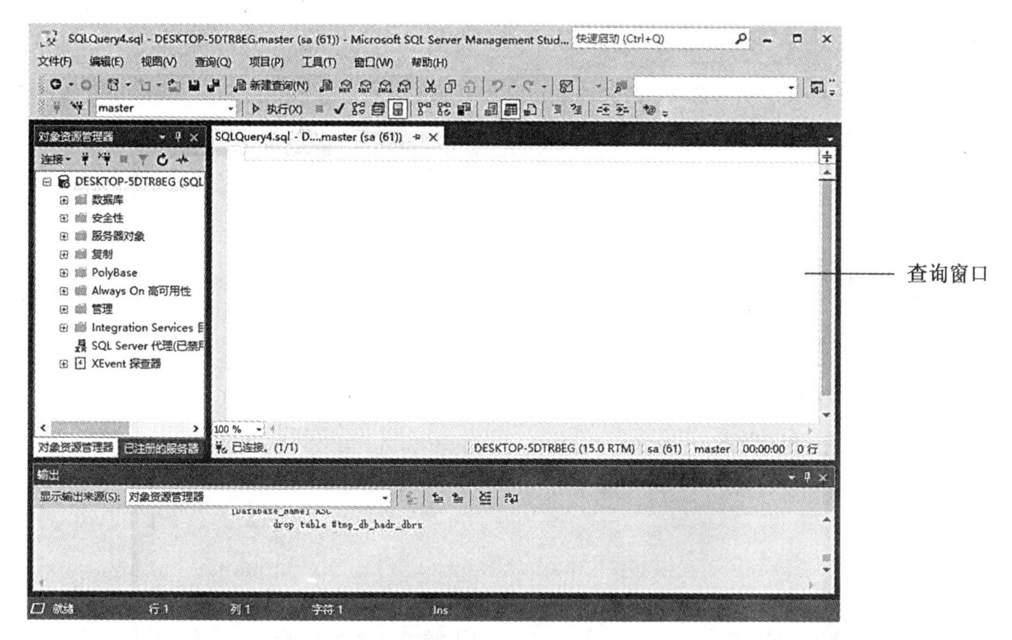

图 1-79　SQL Server Management Studio 查询编辑器窗口

```
USE master
GO
CREATE DATABASE SCDB
ON
( NAME=SCDB_Data,
FILENAME='D:\SCDB_Data.mdf',
SIZE=10MB,
MAXSIZE=50MB,
FILEGROWTH=5MB)
LOG ON
( NAME='SCDB_Log',
FILENAME='D:\SCDB_Log.ldf',
SIZE=5MB,
MAXSIZ=25MB,
FILEGROWTH=5MB )
GO
```

输入完成后，单击 SQL Server Management Studio 查询编辑器中的分析按钮✓，如果 Transact-SQL 语句正确，则在“结果”窗口中出现“命令已成功完成”提示，如图 1-80 所示。

(3)单击 SQL Server Management Studio 查询编辑器中的执行按钮 ! 执行(X)，实施执行

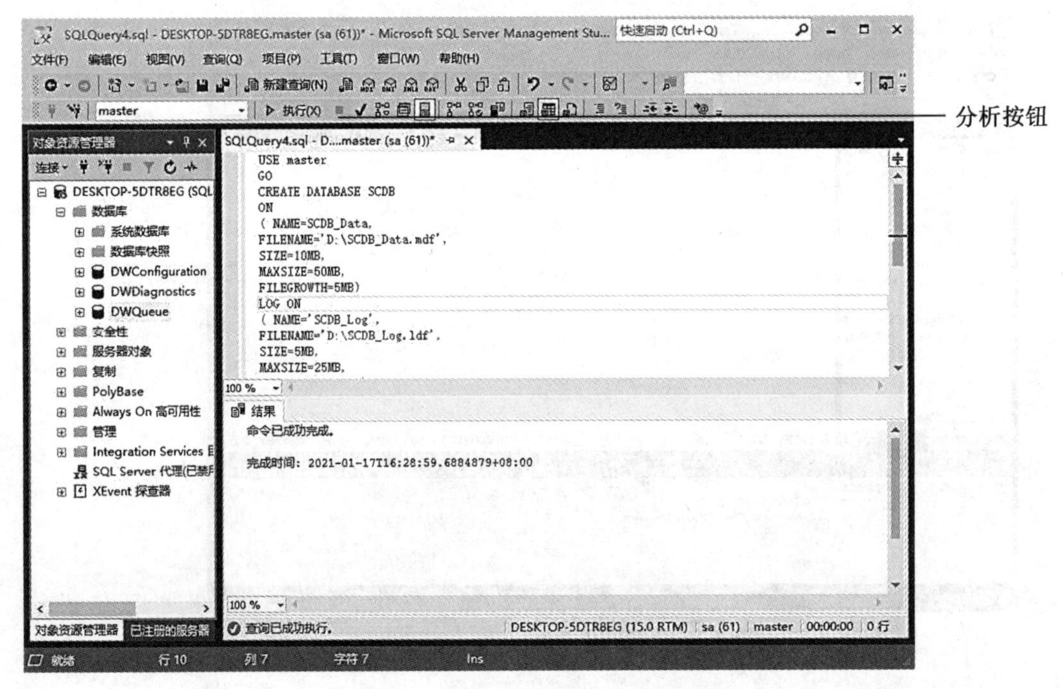

图 1-80 检查 Transact-SQL 语句的正确性

命令，在“结果”窗口提示“命令已成功完成”，即在 SQL Server 2019 数据库系统中创建了数据库 SCDB。在“对象资源管理器”窗口中，选择“数据库”选项，右击，在弹出的快捷菜单中选择“刷新”命令，则可以看到新创建的数据库 SCDB，如图 1-81 所示。

在 CREATE DATABASE 命令中没有指定主文件，SQL Server 2019 数据库系统则默认第一个文件 SCDB_Data. mdf 为主文件。

说明：使用一条 CREATE DATABASE 语句即可创建数据库以及存储该数据库的文件。

SQL Server 分两步实现 CREATE DATABASE 语句。首先，SQL Server 2019 数据库系统使用 model 数据库的副本初始化数据库及其元数据；然后 SQL Server 2019 数据库系统使用空页填充数据库的剩余部分，每个新数据库都从 model 数据库中继承数据库选项设置。

【例 1. 2. 4】创建名为 SCDB2 的数据库，它有尺寸分别为 10MB、8MB、6MB 的 3 个数据文件，其中 SCDB2_Data1. mdf 是主文件，使用 PRIMARY 关键字显式指定。SCDB2_Data2. ndf、SCDB2_Data3. ndf 为次要文件。数据库有两个尺寸分别为 7MB、9MB 的事务日志，名称分别为 SCDB2_Log1. ldf 和 SCDB2_Log2. ldf。数据文件和事务日志文件的最大尺寸均是 20MB，文件增量均为 2MB。

在 SQL Server Management Studio 查询编辑器中输入如下 Transact-SQL 命令：

```
USE master
GO
CREATE DATABASE SCDB2
```

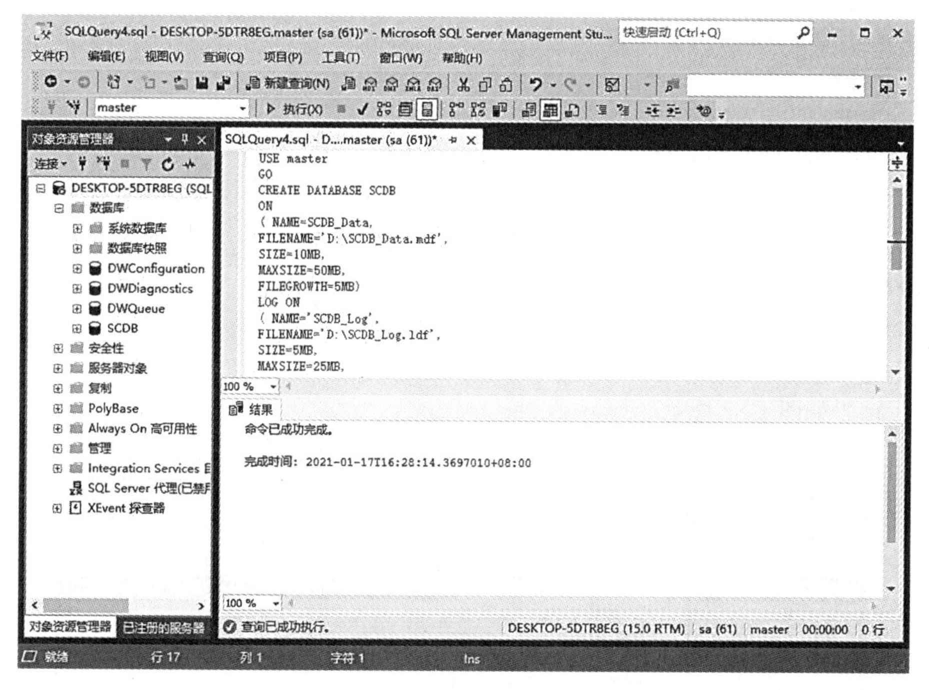

图 1-81　成功创建数据库 SCDB

```
ON
PRIMARY( NAME=SCDB2_Data1,
FILENAME='D:\SCDB2_Data1.mdf',
SIZE=10MB,
MAXSIZE=20 MB,
FILEGROWTH=2 MB),
( NAME=SCDB2_Data2,
FILENAME='D:\SCDB2_Data2.ndf',
SIZE=8MB,
MAXSIZE=20MB,
FILEGROWTH=2MB) ,
( NAME=SCDB2_Data3,
FILENAME='D:\SCDB2_Data3.ndf',
SIZE=6MB,
MAXSIZE=20MB,
FILEGROWTH=2MB)
LOG ON
( NAME='SCDB2_Log1',
```

```
FILENAME='D:\SCDB2_Log1.ldf',
SIZE=7MB,
MAXSIZE=20MB,
FILEGROWTH=2MB ),
( NAME='SCDB2_Log2',
FILENAME='D:\SCDB2_Log2.ldf',
SIZE=9MB,
MAXSIZE=20MB,
FILEGROWTH=2MB )
GO
```

执行结果如图 1-82 所示。

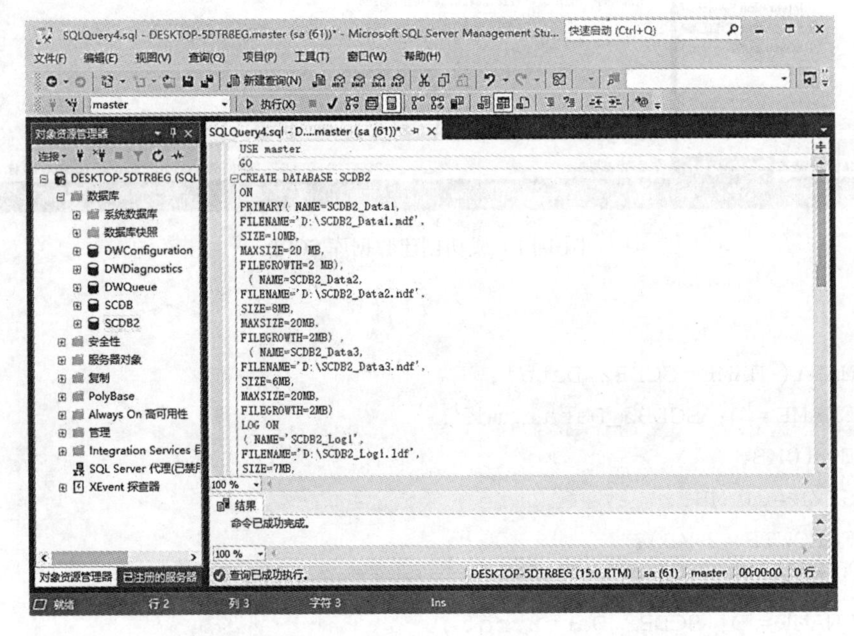

图 1-82　创建含有 3 个数据文件和 2 个日志文件的数据库 SCDB2

创建完成后，在指定的文件路径“D:\”下可以看到数据库 SCDB2 的 3 个数据文件和 2 个日志文件，如图 1-83 所示。

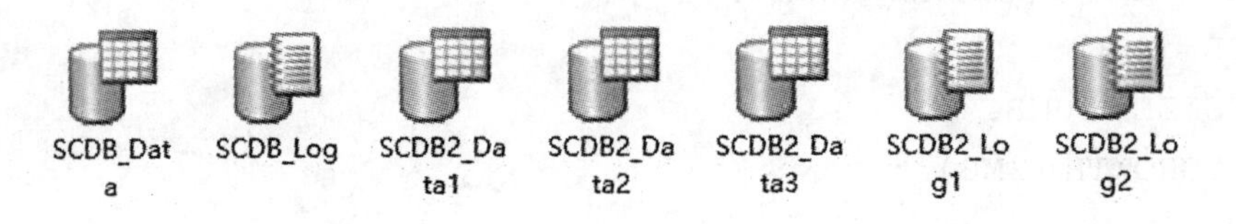

图 1-83　数据库 SCDB2 的 3 个数据文件和 2 个日志文件

二、有关数据库管理的 T-SQL 语句

1. 打开数据库

在 SQL Server 2019 中，还可以在 SQL Server Management Studio 查询编辑器中使用 Transact-SQL 命令来打开或切换不同的数据库。

打开或切换数据库的 Transact-SQL 命令如下：

```
USE database_name
GO
```

其中，database_name 表示需要打开或切换的数据库名称。

【例 1.2.5】打开用户创建的数据库 SCDB。

具体的操作步骤如下：

(1)从个人计算机的桌面依次选择“开始”|“所有程序”|“Microsoft SQL Server 2019”|“SQL Server Management Studio”命令，打开 Microsoft SQL Server Management Studio 窗口，并连接到指定的目标服务器。

(2)在 SQL Server Management Studio 窗口中，选择“新建查询”命令，打开 SQL Server Management Studio 查询编辑器，此时可以发现默认打开的数据库为 master 数据库，如图 1-84所示。

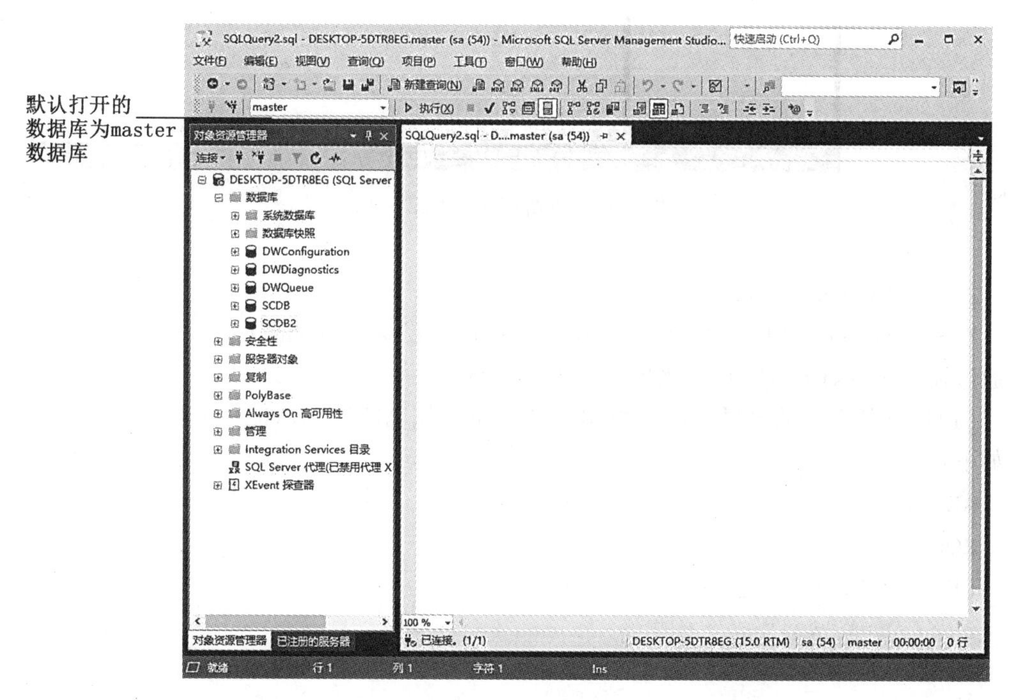

图 1-84　SQL Server Management Studio 查询编辑器窗口

(3) 在 SQL Server Management Studio 查询编辑器中输入如下 CREATE DATABASE 语句：

```
USE SCDB
GO
```

执行结果如图 1-85 所示。

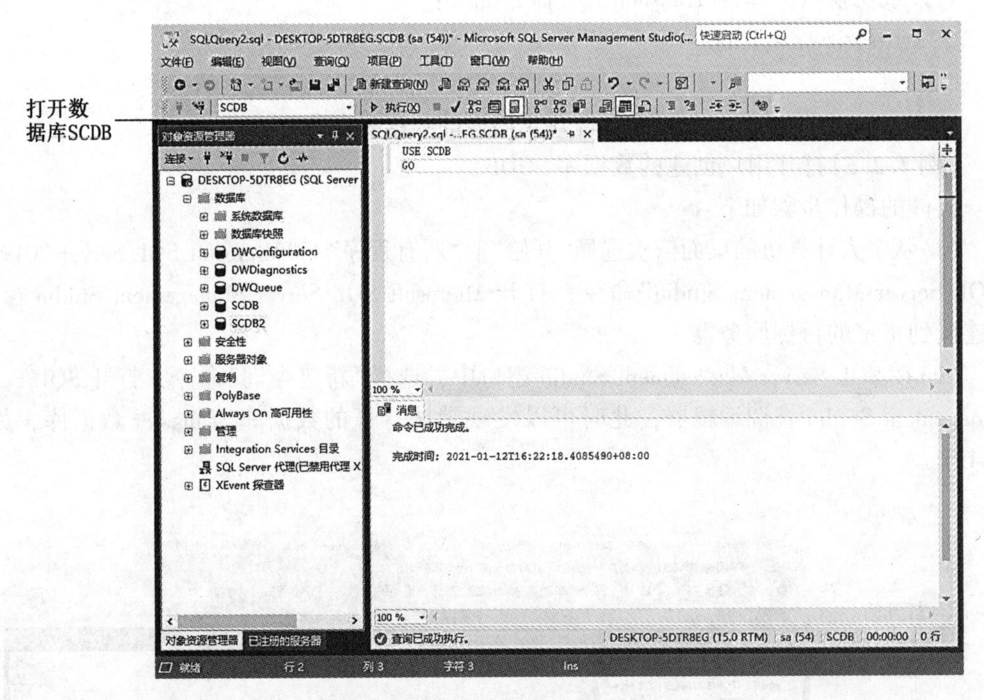

图 1-85　成功打开数据库 SCDB

2. 修改数据库的大小

在 SQL Server 2019 中，用户可以在 Microsoft SQL Server Management Studio 查询编辑器中通过输入 Transact_SQL 语句来增缩数据库容量。

(1) 增加数据库的容量。增加数据库的容量采用 ALTER DATABASE 命令，其语法格式如下：

```
ALTER DATABASE database_name
MODIFY FILE
(FILENAME=file_name,
  SIZE=newsize
)
```

其中：

- database_name：需要扩充容量的数据库名称。
- file_name：需要增加容量的数据库文件。

- newsize：为数据库文件指定新的容量尺寸，该容量必须大于现有数据库的空间。

【例 1.2.6】数据库 SCDB 的数据库文件 SCDB_Data.MDF 的初始分配空间大小为 10MB，现在将其大小扩充到 70MB。

具体的操作步骤如下：

①从个人计算机的桌面依次选择“开始”|“所有程序”|“Microsoft SQL Server 2019”|“SQL Server Management Studio”命令，打开 Microsoft SQL Server Management Studio 窗口，并连接到数据库 SCDB 所在的目标服务器。

②在 SQL Server Management Studio 窗口中，选择“新建查询”命令，弹出 SQL Server Management Studio 查询编辑器，在该窗口中直接输入下列 Transact-SQL 语句：

```
USE SCDB
GO
ALTER DATABASE SCDB
MODIFY FILE
(
NAME='SCDB_Data',
SIZE=70MB
)
GO
```

执行结果如图 1-86 所示。

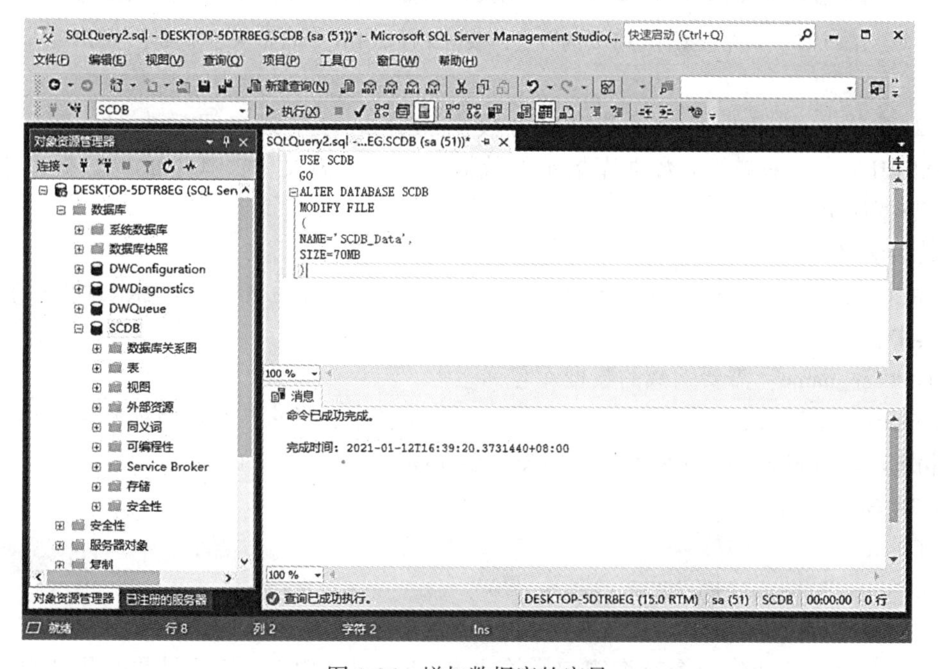

图 1-86　增加数据库的容量

③执行结束后，新建一个查询窗口，在该查询编辑窗口中直接输入如下 Transact-SQL 语句：

```
Sp_helpdb SCDB
```

执行结果如图 1-87 所示，信息显示数据库 SCDB 的 db_size 已经变成 75MB，数据文件 SCDB_Data 的 size 为 71 680KB，即为 70MB。

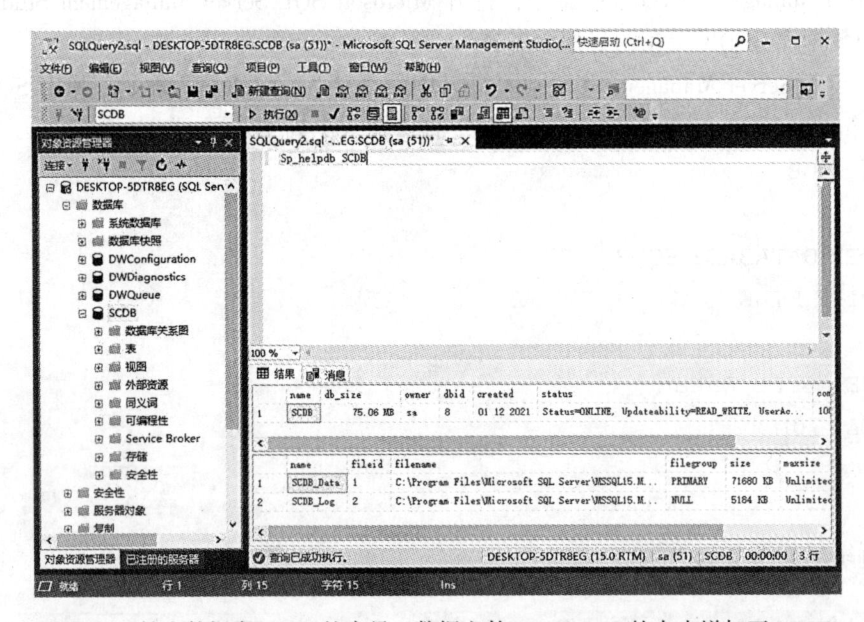

图 1-87　扩充数据库 SCDB 的容量，数据文件 SCDB_Data 的大小增加至 70MB

(2)缩减数据库的容量。当用户为数据库分配的存储空间过大时，使用 DBCC SHRINKFILE 命令缩减相关数据库指定的数据文件和日志文件，其生成的数据库不能比 model 数据库更小。

其语法格式如下：

```
DBCC SHRINKFILE(database_name [, newsize ['MASTEROVERRIDE']])
```

其中：

database_name：需要缩减的数据库名称。

newsize：缩减数据库后剩余多少容量，但如不指定，那么数据库将缩减至最小容量。

【例 1.2.7】将 SCDB 数据库的空间缩减至 50MB。

```
USE SCDB
GO
DBCC SHRINKFILE(SCDB_Data, 50)
GO
```

执行完成后，新建一个查询窗口，输入 Sp_helpdb SCDB，执行结果如图 1-88 所示，信息显示数据库 SCDB 的 db_size 已经变成 55MB，数据文件 SCDB_Data 的 size 为

51200KB，即为50MB。

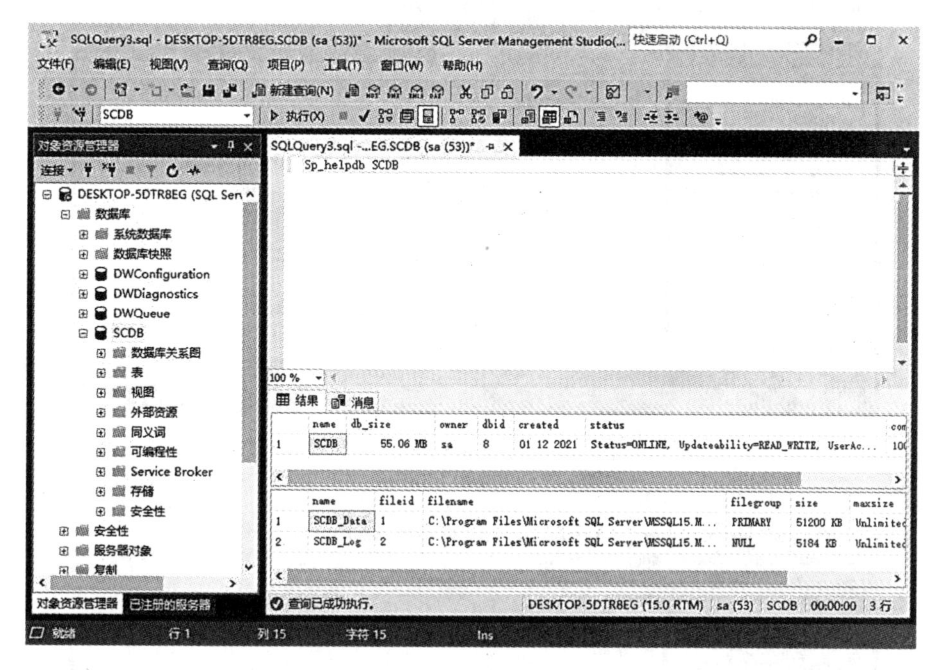

图1-88　缩减数据库SCDB的容量，数据文件SCDB_Data的大小缩减至50MB

除了采用DBCC SHRINKFILE命令缩减数据库外，还可以采用DBCC SHRINKDATABASE命令来缩减数据库。

【例1.2.8】将SCDB数据库的空间缩减至最小容量。

在Microsoft SQL Server Management Studio查询编辑器中输入如下Transact_SQL语句：

```
USE SCDB
GO
DBCC SHRINKDATABASE('SCDB')
GO
```

执行结果如图1-89所示。

执行完成后，新建一个查询窗口，输入Sp_helpdb SCDB，执行结果如图1-90所示，信息显示数据库SCDB的db_size已经变成4MB，数据文件SCDB_Data的size为3136KB，即为3MB。

3. 重命名数据库

需要先将SCDB数据库设置为单用户模式。然后打开Microsoft SQL Server Management Studio查询编辑器，在“编辑”区域输入如下Transact-SQL语句：

```
USE SCDB
GO
```

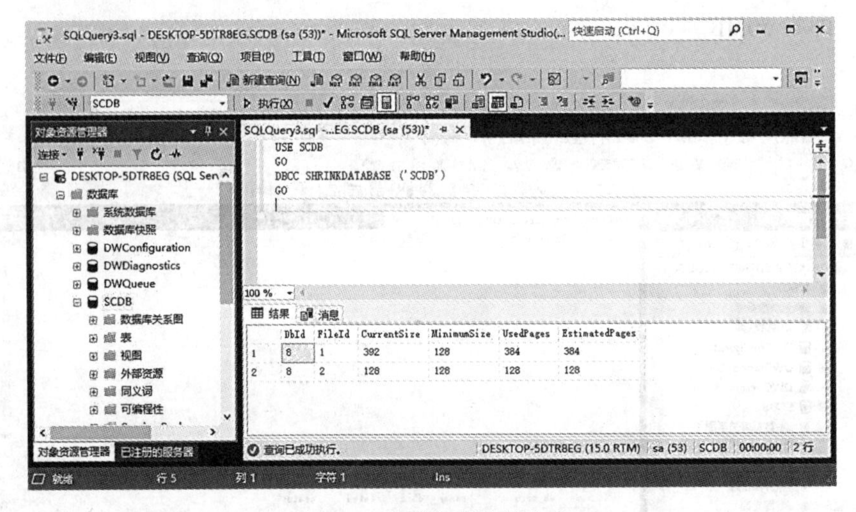

图 1-89 缩减数据库的大小

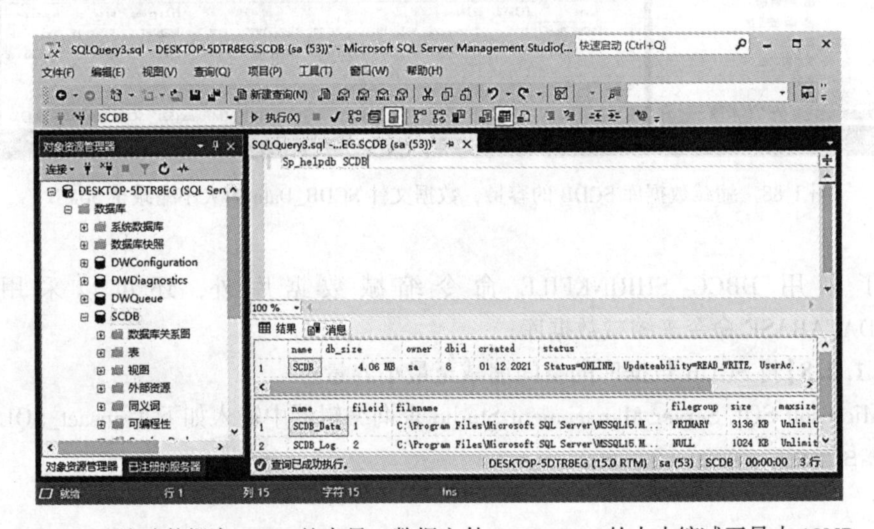

图 1-90 缩减数据库 SCDB 的容量，数据文件 SCDB_Data 的大小缩减至最小 10MB

```
EXEC sp_renamedb 'SCDB', 'XKDB'
GO
```

执行该 SQL 语句，在消息栏将出现新的数据库名已设置的消息，如图 1-91 所示。

4. 删除数据库

用户也可以使用 Transact-SQL 语句删除数据库，使用 Transact-SQL 语句删除数据库的语法结构为：

```
DROP DATABASE(database_name)
```

【例 1.2.9】删除数据库 XKDB。

在 Microsoft SQL Server Management Studio 查询编辑器中输入如下 Transact-SQL 语句：

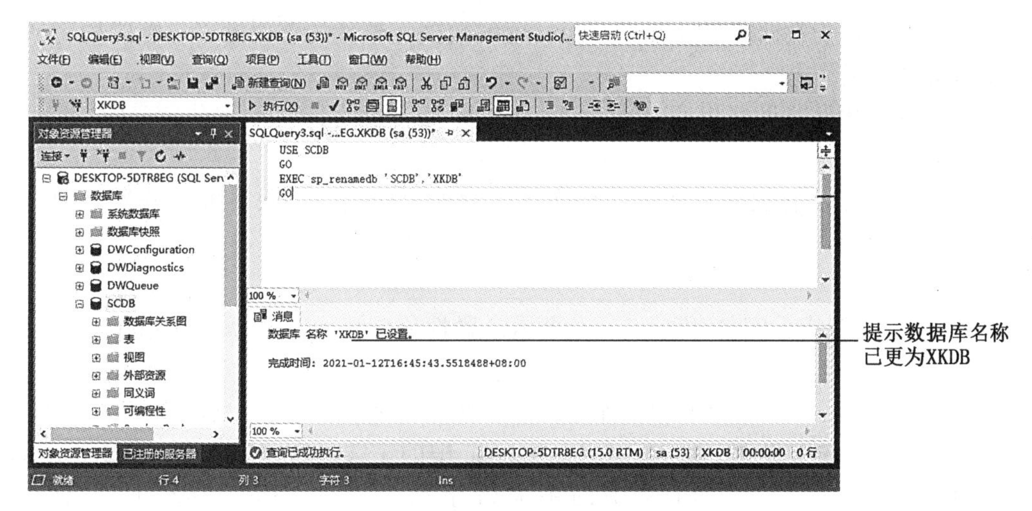

图 1-91 提示 SCDB 数据库更名为 XKDB

```
USE XKDB
GO
DROP DATABASEXKDB;
GO
```

注意：数据库快照存在时不能删除数据库。

任务小结

本工作任务通过具体示例介绍了 SCDB 数据库的设计、创建与管理。通过本任务的具体实施，应熟练掌握数据库创建的各种方法并能灵活对数据库进行管理，以满足实际应用需求。

实训练习

实训二 数据库的设计

【实训目的】

1. 理解实体、属性以及联系等数据库的基本概念。
2. 掌握绘制 E-R 图的方法。
3. 掌握将 E-R 图转换为数据模型的方法。

【实训准备】

1. 认真阅读本实训内容。
2. 认真学习并掌握实体、属性以及联系等基本概念的定义，了解 E-R 图的绘制方法，掌握将 E-R 图转换为数据模型的基本过程，理解数据完整性的重要意义，掌握如何利用范式进行关系的规范化。

3. 实训过程中注意做好相关记录。

【实训内容】

1. 联系就是指实体之间的关系，即实体之间的对应关系。联系可以分为 3 种：①________，举例：________；②________，举例：________；③________，举例：________。

2. 在 E-R 模型中，实体用________表示，属性用________表示，联系用________表示。

3. 关键字的概念：在 SCDB 数据库中请指出以下关键字：

(1) Student 中的主关键字是________；Course 中的主关键字是________；Department 中的主关键字是________；Class 中的主关键字是________；SC 中的主关键字是________、________。

(2) Student 和 Class 的公共关键字是________，________是主表，________是从表；Class 和 Department 的公共关键字是________，________是主表，________是从表；Student 和 SC 的公共关键字是________，________是主表，________是从表；Course 和 SC 的公共关键字是________，________是主表，________是从表。

4. 在 SCDB 数据库中，主要的客观对象有________、________、________、________ 4 个实体。

5. 运用本任务所学到的知识设计“图书借阅数据库”，要求：分析出实体、各实体的属性、实体间的联系以及联系的类别(1∶1、1∶n、m∶n)，画出完整的 E-R 模型图。

(1)“图书借阅数据库”的实体有：________。

(2) 画出完整的 E-R 模型图。

6. 根据第 5 题中设计的 E-R 模型图在 SQL Server 2019 中创建数据库。

确定的数据库名为：________；该库中包含哪几个表？________________。

各表的数据字段分别有哪些(将各表的主关键字用下划线标注出来)？________________。

说明表之间的公共关键字是哪个？________________________。

【实训报告要求】

1. 将实训过程中所进行的各项工作和步骤记录在实训报告上。

2. 将实训过程中遇到的问题记录下来。

3. 结合具体的操作写出实训的心得体会。

实训三　数据库的建立

【实训目的】

1. 了解 SQL Server 中数据库的文件组成。

2. 了解 SQL Server 中的系统数据库及其作用。

3. 学会设计数据库。

4. 学会使用 Transact-SQL 语句创建数据库。

5. 学会在“对象资源管理器”中创建数据库。

【实训准备】

1. 认真阅读本实训内容。

2. 认真学习并掌握有关数据库的创建的相关知识。

3. 实训过程中注意做好相关记录。

【实训内容】

1. 每个数据库在物理上都由至少一个________和至少一个________组成。扩展名是 . mdf 的称为________，扩展名是 . ndf 的称为________，扩展名是 . 1df 的称为________。

2. 创建数据库一般有两种方式：____。

3. 读程序：

```
USE master
GO
CREATE DATABASE stuinf
ON
( NAME = stuinf _Data,
FILENAME = 'E:\stuinf _Data.mdf',
SIZE = 10MB,
MAXSIZE =80 MB,
FILEGROWTH =3 MB)
LOG ON
( NAME = ' stuinf _Log',
FILENAME = 'E:\stuinf _Log.ldf',
SIZE = 5MB,
MAXSIZE = 25MB,
FILEGROWTH = 5MB )
GO
```

以上程序代码的意思是：____。

4. 使用 Transact-SQL 语言中的 CREATE DATABASE 语句创建一个名为 XKDB 的数据库，该数据库的主数据文件逻辑名称为 XKDB_Data，物理文件名为 XKDB_Data. mdf，存储在“D:\XK\ ”目录下，初始大小为 20MB，最大尺寸为 60MB，增长速度为 5MB；数据库的日志文件逻辑名称为 XKDB_Log，物理文件名为 XKDB_Log. ldf，存储在“D:\XK\ ”目录下，初始大小为 5MB，最大尺寸为 25MB，增长速度为 5MB。

5. 使用“对象资源管理器”创建一个名字为 XKDB2 的数据库，它有尺寸分别为 30MB、15MB 的 2 个数据文件，其中 XKDB2_Data1. mdf 是主文件，使用 PRIMARY 关键字显式指定。XKDB2_Data2. ndf 为次要文件。数据库有 3 个尺寸分别为 7MB、9MB、11MB 的事务日志，名称分别为 XKDB2_Log1. ldf、XKDB2_Log2. ldf 和 XKDB2_Log3. ldf。数据文件和事务日志文件的最大尺寸均是 50MB，文件增量均为 5MB，数据文件和日志文件均保存在“D:\XK\”目录下。

【实训报告要求】

1. 将实训过程中所进行的各项工作和步骤记录在实训报告上。
2. 将实训过程中遇到的问题记录下来。
3. 结合具体的操作写出实训的心得体会。

实训四　管理数据库

【实训目的】

1. 学会如何打开数据库。
2. 学会使用“对象资源管理器”设置数据库选项。
3. 学会使用 Transact-SQL 语句修改数据库的大小。
4. 学会使用“对象资源管理器”修改数据库的大小。
5. 学会使用 Transact-SQL 语句重命名数据库。
6. 学会使用 Transact-SQL 语句删除数据库。

【实训准备】

1. 认真阅读本实训内容。
2. 认真学习并掌握有关向数据库修改、重命名、删除等操作的相关知识。
3. 实训过程中注意做好相关记录。

【实训内容】

1. 使用“对象资源管理器”将实训三中创建的数据库 XKDB 设置为只读(为后续实操方便，请将数据库 XKDB 设置还原为非只读)。

2. 使用 Transact-SQL 语句将数据库 XKDB 的数据库文件 XKDB_Data. MDF 的初始分配空间大小扩充到 80MB。

3. 使用“对象资源管理器”将数据库 XKDB 的数据库文件 XKDB_Data. MDF 的分配空间大小到 100MB，同时将日志文件 XKDB_Log. ldf 的初始大小由原来的 5MB 扩充至 25MB。

4. 使用 Transact-SQL 将第 6 题中创建的数据库中的 XKDB _Log 文件空间缩减至 3MB。

5. 使用 Transact-SQL 语句将数据库 XKDB 的名称更改为 XKDB3。

6. 使用 Transact-SQL 语句删除数据库 XKDB3。

【实训报告要求】

1. 将实训过程中所进行的各项工作和步骤记录在实训报告上。
2. 将实训过程中遇到的问题记录下来。
3. 结合具体的操作写出实训的心得体会。

任务三　创建与管理数据表

任务引入

数据库创建完成后，接下来的工作就是创建与管理数据表。表是数据库中最重要的对象之一。数据库是 SQL Server 2019 中存储数据的仓库，表则是数据的载体，好比仓库中的货架，将杂乱无章的数据通过二维表的形式有序地组织在一起。本任务详细介绍在 SCDB 数据库中进行表操作的过程。

任务目标

- 了解表的相关概念。
- 掌握创建数据表的各种方法。
- 掌握重命名数据表的各种方法。
- 掌握修改数据表的各种方法。
- 掌握删除数据表的各种方法。

必备知识

一、数据表的组成

表是包含数据库中所有数据的数据库对象。表定义是一个列集合。数据在表中的组织方式与在电子表格中相似，都是按行和列的格式组织的。每一行代表一条唯一的记录，每一列代表记录中的一个字段。例如，在包含公司雇员数据的表中，每一行代表一名雇员，各列分别代表该雇员的信息，如雇员编号、姓名、地址、职位以及家庭电话号码等。每个表至多可定义 1 024 列。表和列的名称必须遵守标识符的规定。

在设计表时，目标是使用最少的表、每个表中包含最少的列来达到设计要求。合理的表结构，可以提高整个数据库的数据查询效率。为了设计出高质量的存储数据的表，在设计表时，应该考虑下面因素：先确定需要的各个表，各表中都有哪些列，每一列的数据类型、长度，列是否允许为空；哪些列是主键，哪些是外键；是否要使用以及何处使用约束、默认值和规则；是否使用索引，哪里需要索引。

提示：约束、默认值、规则、索引将在后面有专门章节做介绍，本章不做详细讲解。

1. 数据类型

列的数据类型限制了列可以存储的数据类型，在某些情况下甚至限制了该列中可能的取值范围。为一个列所选的数据类型，是对数据库作出的最关键的决策。如果选择的数据类型限制性太强，应用程序就不能存储它们应该处理的数据，白白浪费大量的设计精力。如果选择的数据类型太宽，就会消耗比所需的更多的磁盘和内存空间，从而引起资源和性能方面的问题。为一个列选择数据类型时，应选择允许期望存储的所有数据值的数据类型，同时使所需的空间量最小。表 1-15 列出了 SQL Server 所支持的数据类型。

表 1-15　SQL Server 支持的数据类型

数据类型	说　明
bigint	整数数据，从-2^63(-9 223 372 036 854 775 808)到 2^63-1（9 223 372 036 854 775 807)。存储大小为 8 字节
int	整数数据，从-2^31（-2 147 483 648）到 2^31-1（2 147 483 647)。存储大小为 4 字节，其中 1 位表示整数值的正负号，其他 31 位表示整数值的长度和大小
smallint	整数数据，从-32 768 到 32 767。存储大小为 2 字节，其中 1 位表示整数值的正负号，其他 15 位表示整数值的长度和大小
tinyint	整数数据，从 0 到 255。存储大小为 1 字节
bit	整数数据，值为 1 或 0。存储大小为 1 位
decimal	从-10^38+1 到 10^38-1 的固定精度和小数位的数字数据。可将其写为 decimal(*p*，*s*)的形式，*p* 和 *s* 确定了精确的比例和数位。其中 *p* 表示可供存储的值的总位数(不包括小数点)，默认值为 18；*s* 表示小数点后的位数，默认值为 0
numeric(p，s)	固定精度和小数的数字数据，取值范围从-10^38+1 到 10^38-1，*p* 变量指定精度，取值范围从 1 到 38；*s* 变量指定小数位数，取值范围从 0 到 *p*。存储大小为 19 字节
money	货币数据值，从(-2^63/10000)（-922 337 203 685 477 580 8）到 2^63-1（922 337 203 685 477. 580 7)，准确度为货币单位的万分之一。存储大小为 8 字节
smallmoney	Smallmoney 数据类型类似于 money 类型，但其存储的货币值范围比 money 数据类型小，其取值从-214 748. 364 8 到+214 748. 364 7，存储空间为 4 个字节
float	浮点数数据，从-1. 79E +308 到 1. 79E+308。存储大小为 8 字节
real	浮点精度数字数据，从-3. 40E+38 到 3. 40E+38。存储大小为 4 字节
datetime	日期和时间数据。可以存储从公元 1753 年 1 月 1 日零时起到公元 9999 年 12 月 31 日 23 时 59 分 59 秒之间的所有日期和时间，其精确度可达三百分之一秒，即 3. 33 毫秒。Datetime 数据类型所占用的存储空间为 8 个字节。其中前 4 个字节用于存储 1900 年 1 月 1 日以前或以后的天数，数值分正负，正数表示在此日期之后的日期，负数表示在此日期之前的日期。后 4 个字节用于存储从此日零时起所指定的时间经过的毫秒数
smalldatetime	Smalldatetime 数据类型与 datetime 数据类型相似，但其日期时间范围较小，为从 1900 年 1 月 1 日到 2079 年 6 月 6 日的日期和时间数据，精度较低，只能精确到分钟，其分钟个位上为根据秒数四舍五入的值，即以 30 秒为界四舍五入

续表

数据类型	说明
char	Char 数据类型的定义形式为 char(n)。以 char 类型存储的每个字符和符号占一个字节的存储空间。N 表示所有字符所占的存储空间，n 的取值为 1~8 000，即可容纳 8 000个 ANSI 字符。若不指定 n 值，则系统默认值为 10。若输入数据的字符数小于 n，则系统自动在其后添加空格来填满设定好的空间。若输入的数据过长，将会截掉其超出部分
nchar	Nchar 数据类型的定义形式为 nchar(n)。它与 char 类型相似。不同的是 nchar 数据类型 n 的取值为 1~4 000
varchar	Varchar 数据类型的定义形式为 varchar(n)。它与 char 类型相似，n 的取值也为 1~8 000，若输入的数据过长，将会截掉其超出部分。不同的是，varchar 数据类型具有变动长度的特性，因为 varchar 数据类型的存储长度为实际数值长度，若输入数据的字符数小于 n ，则系统不会在其后添加空格来填满设定好的空间
nvarchar	Nvarchar 数据类型的定义形式为 nvarchar(n)。它与 varchar 类型相似。不同的是，nvarchar 数据类型采用 UNICODE 标准字符集(Character Set)，n 的取值为 1~4 000
text	Text 数据类型用于存储大量文本数据，其容量理论上最大为 2^31-1(2 147 483 647)个字节
ntext	可变长度的 Unicode 数据，最大长度为(2^30-2)/2 (536 870 911)个字符。存储大小(以字节计)是输入的字符数的两倍
binary(n)	固定长度的二进制数据，最大长度为 8 000 字节。存储大小是固定的，是在类型中声明的以字节为单位的长度
varbinary(n)	可变长度的二进制数据，最大长度为 8 000 字节。存储大小可变。它表示值的长度(以字节为单位)
image	可变长度的二进制数据，最大长度为 2^31-1(2 147 483 647) 字节。其存储数据的模式与 TEXT 数据类型相同。通常用来存储图形等 OLE(Object Linking and Embedding，对象连接和嵌入)对象。在输入数据时同 binary 数据类型一样，必须在数据前加上字符"0X"作为二进制标识
timestamp	Timestamp 数据类型提供数据库范围内的唯一值，此类型相当于 binary(8)或 varbinary(8)，但当它所定义的列在更新或插入数据行时，此列的值会被自动更新，一个计数值将自动地添加到此 timestamp 数据列中。每个数据库表中只能有一个 timestamp 数据列。如果建立一个名为"timestamp"的列，则该列的类型将被自动设为 timestampP 数据类型
uniqueidentifier	全局唯一标识符(GUID)。此数字由 SQL Server 的 NEWID 函数产生的全球唯一的编码，在全球各地的计算机经由此函数产生的数字不会相同。存储大小为 16 字节
sql_variant	Sql_variant 数据类型可以存储除文本、图形数据(text、ntext、image)和 timestamp 类型数据外的其他任何合法的 SQL Server 数据。此数据类型大大方便了 SQL Server 的开发工作

续表

数据类型	说明
Identity(s, i)	这是数据列的一个属性，而不是一个独特的数据类型。只有整数数据类型的数据列可用于标识列。一个表只能有一个标识列。可以指定种子和增量，但不能更新列；s(seed)=起始值，i(increment)=增量值
rowguidcol	这是数据列的一个属性，而不是一个独特的数据类型。它是一个表中使用 uniqueidentifier 数据类型定义的列。一个表只能有一个 rowguidcol 列

2. 空值

设计表时，列的“允许空”特性决定表中的行是否允许空值。空值(或 NULL)不同于零(0)、空白或长度为零的字符串(如"")。NULL 的意思是没有输入。出现 NULL 通常表示值未知或未定义。例如，Course 表中 Teacher 列若出现空值并不表示该课程没有授课老师，而是表示课程授课老师未知或未确定。如果插入一行，但没有为允许空值的列提供值，SQL Server 将提供 NULL 值，除非存在 DEFAULT 定义或默认值对象。用关键字 NULL 定义的列也接受用户的 NULL 显式输入，不论它是何种数据类型或是否有默认值与之关联。

下面是有关空值的一些使用方法：

(1)若要在查询中测试空值，请在 WHERE 子句中使用 IS NULL 或 IS NOT NULL。

(2)在 SQL Server Management Studio 查询编辑器中查看查询结果时，空值在结果集中显示为(Null)。

(3)可通过下列方法在列中插入空值：在 INSERT 或 UPDATE 语句中显式声明 NULL，或不让列出现在 INSERT 语句中，或使用 ALTER TABLE 语句在现有表中新添一列。

(4)不能将空值用于区分表中两行所需的信息(例如，外键或主键)。

(5)执行计算时删除空值很重要，因为如果包含空值列，某些计算(如平均值)会不准确。

(6)如果数据中可能存储有空值而又不希望数据中出现空值，就应该创建查询和数据修改语句，删除空值或将它们转换为其他值。

(7)如果数据中出现空值，则逻辑运算符和比较运算符有可能返回 TRUE 或 FALSE 以外的第三种结果 UNKNOWN。

提示：指定某一列不允许空值有助于维护数据的完整性，因为这样可以确保行中的列永远包含数据。如果不允许空值，用户向表中输入数据时必须在列中输入一个值，否则数据库将不接收该行数据。

3. 主键与外键

主键是用来唯一标识表中每一行的属性或属性的组合，它的值必须是唯一的并且不允许为空值。外键是用来描述表和表之间联系的属性，它由表中的一个属性或多个属性组成，其值可以不唯一，允许有重复值，也允许为空值。

4. 约束

约束是 SQL Server 强制实行的应用规则，是分配给表或表中某列的一个属性。使用约束的目的在于防止列中出现非法数据，从而自动维护数据库中的数据完整性。详细内容在后续章节介绍。

5. 索引

索引是以表列为基础的数据库对象，它保存着表中排序的索引列，并且记录了索引列在数据表中的物理存储位置，实现了表中数据的逻辑排序，其主要目的是提高 SQL Server 系统的性能，加快数据的查询速度和减少系统的响应时间。详细内容在后续章节介绍。

二、SCDB 各表的组成

（1）Student（学生表）有 7 个字段：StudentID（学号）、Name（姓名）、Sex（性别）、Password（密码）、Age（年龄）、ClassID（班级编码）、Address（生源地）。结构如表 1-16 所示。

表 1-16　Student（学生表）

BIM-PC.SCDB - dbo.Stu*

列名	数据类型	允许 Null 值
StudentID	varchar(10)	☐
Name	varchar(10)	☑
Sex	varchar(2)	☑
Password	varchar(10)	☐
Age	int	☑
ClassID	varchar(10)	☐
Address	nchar(50)	☑

（2）Course（课程表）有 7 个字段：CourseID（课程编号）、CourseName（课程名称）、Teacher（任课教师）、Kind（课程所属类别）、CourseTime（上课时间）、LimitedNum（最低限制开班人数）、RegisterNum（报名人数）。结构如表 1-17 所示。

表 1-17　Course（课程表）

BIM-PC.SCDB - dbo.Table_1*　BIM-PC.SCDB - dbo.Stu*

列名	数据类型	允许 Null 值
CourseID	varchar(10)	☐
CourseName	varchar(40)	☑
Teacher	varchar(20)	☑
Kind	varchar(20)	☑
CourseTime	varchar(20)	☑
LimitedNum	int	☐
RegisterNum	int	☐

(3)Department(院系表)有 5 个字段：DepartID(院系编号)、DepartName(院系名称)、Office(院系办公室)、Telephone(办公电话)、Chairman(系主任)。结构如表 1-18 所示。

表 1-18　Department(院系表)

BIM-PC.SCDB - dbo.Table_1*

列名	数据类型	允许 Null 值
DepartID	varchar(10)	☐
DepartName	varchar(20)	☑
Office	varchar(40)	☑
Telephone	varchar(20)	☑
Chairman	varchar(20)	☑

(4)Class(班级表)有 4 个字段：ClassID(班级编号)、DepartID(院系编号)、ClassName(班级名称)、ClassMonitor(班长)。结构如表 1-19 所示。

表 1-19　Class(班级表)

BIM-PC.SCDB - dbo.Table_1*

列名	数据类型	允许 Null 值
ClassID	varchar(10)	☐
DepartID	varchar(10)	☑
ClassName	varchar(20)	☑
ClassMonitor	varchar(20)	☑

(5)SC(学生选课表)有 3 个字段：StudentID(学号)、CourseID(课程编号)、Grade(成绩)。结构如表 1-20 所示。

表 1-20　SC(学生选课表)

BIM-PC.SCDB - dbo.Table_1*

列名	数据类型	允许 Null 值
StudentID	varchar(10)	☐
CourseID	varchar(10)	☐
Grade	float	☑

任务实施

一、创建 SCDB 数据表

1. 在“对象资源管理器”中创建表的步骤

(1)启动 SQL Server Management Studio，在“对象资源管理器”的树形目录中，找到要建表的数据库，展开该数据库。

(2)选择“表”，右击，在弹出的快捷菜单中选择“新建表”命令，打开“表设计器”窗口。

(3)“表设计器”有两个窗格。上部区域显示一个网格，该网格用来定义表结构。对于每个数据库列，该网格都会显示其基本属性：列名、数据类型和“允许空”设置。其中：

列名：设计表的各个字段名称。

数据类型：是一个下拉列表框，其中包括了所有的系统数据类型和数据库中的用户自定义数据类型及该数据类型需要的长度。

允许空：单击，可以切换是否允许为空值的状态，打勾说明允许为空值，空白说明不允许为空值，默认状态下是允许为空值的。

“表设计器”的下部区域是“列属性”选项卡，它显示在上部区域中突出显示的任何列的其他属性。

(4)定义好所有列后，在“文件”菜单中，选择“保存 table_1”命令。

(5)在弹出的“选择名称”对话框中输入表的名称，单击“确定”按钮，保存新建的数据表，即可在“对象资源管理器”窗口的中“表”结点下看到新建的数据表。

【例 1.3.1】使用“对象资源管理器”创建学生表 Student，如表 1-16 所示。

(1)启动 SQL Server Management Studio，在“对象资源管理器”的树形目录中，找到 SCDB，展开该数据库。

(2)选择“表”，右击，在弹出的快捷菜单中选择“新建表”命令，出现图 1-92 所示“表设计器”对话框。

图 1-92　“表设计器”对话框

(3)在“列名”中输入“StudentID”，在“数据类型”中选择“varchar”，长度设置为“10”，不允许空。

(4)继续设置列，在“列名”中输入“Name”，在“数据类型”中选择“varchar”，长度设置为“10”。

(5)继续设置列，在“列名”中输入“Sex”，在“数据类型”中选择“varchar”，长度设置为“2”。

(6)继续设置列，在“列名”中输入“Password”，在“数据类型”中选择“varchar”，长度设置为“20”，不允许空。

(7)继续设置列，在“列名”中输入“Age”，在“数据类型”中选择“int”。

(8)继续设置列，在“列名”中输入“ClassID”，在“数据类型”中选择“varchar”，在“长度”中输入“10”，不允许空。

(9)继续设置列，在“列名”中输入“Address”，在“数据类型”中选择“nchar”，在“长度”中输入“50”。

(10)设置完成后如图 1-93 所示。

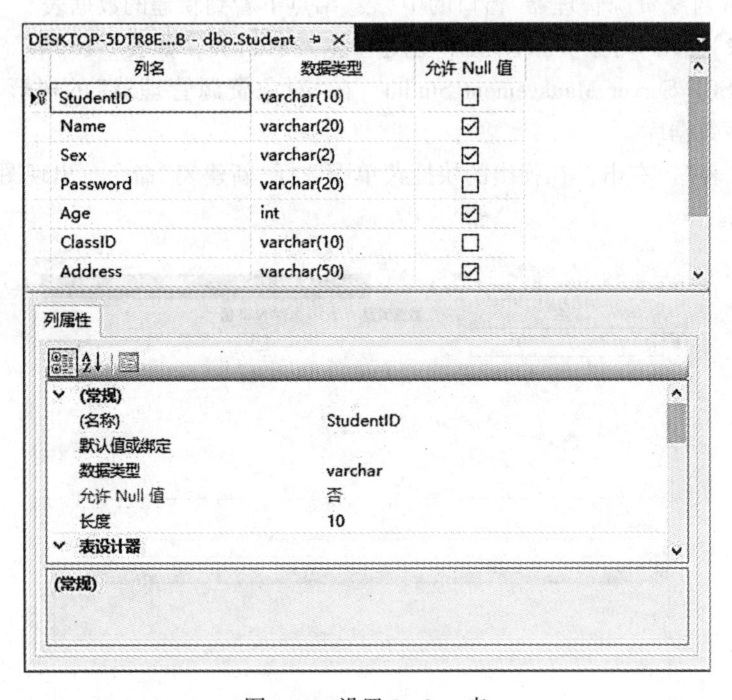

图 1-93　设置 Student 表

(11)定义好所有列后，在“文件”菜单中，选择“保存 table_1”命令，在弹出的“选择名称”对话框中输入表名“Student”，单击“确定”按钮，即可在“对象资源管理器”窗口的中“表”结点下看到新建的“Student”表。

院系表 Department、班级表 Class、学生选课表 SC 均可按以上方法创建。

2. 在“对象资源管理器”中查看表定义

在 SQL Server Management Studio 的“对象资源管理器”中，选择要查看的表，右击，在弹出的快捷菜单中选择“属性”命令，打开“表属性”对话框，选择“常规”选项卡即可查看表定义信息。

二、重新命名 SCDB 数据表

【例 1.3.2】在“对象资源管理器”中将 SCDB 数据库中的 Student 表重新命名为 Stu。

(1)启动 SQL Server Management Studio，在“对象资源管理器”的树形目录中，找到 SCDB，展开该数据库。

(2)选择“Student”表，右击，在弹出的快捷菜单中选择“重命名”命令，如图 1-94 所示。

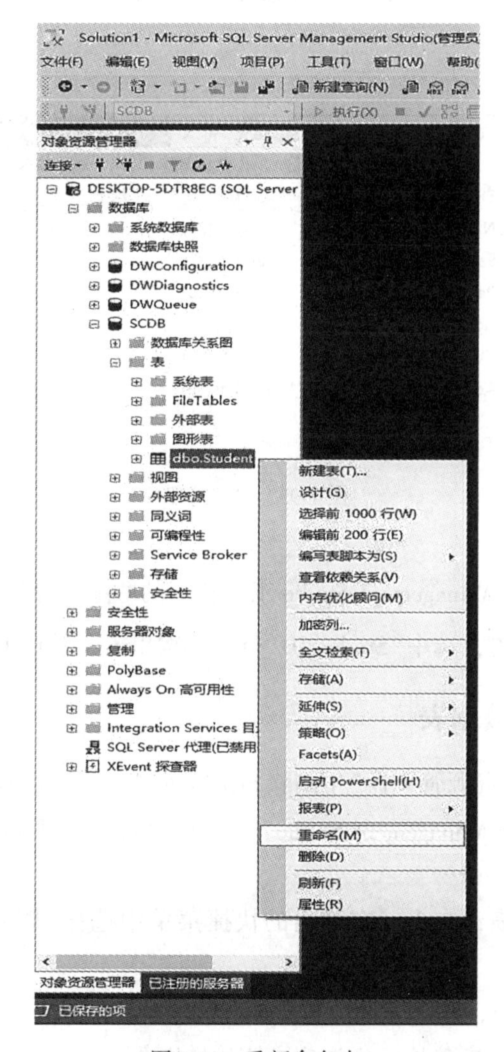

图 1-94　重新命名表

(3)输入新的表名“Stu”，按【Enter】确认。

提示：为保证内容的完整性，完成本例后请将表名还原。

三、修改 SCDB 数据表

【例 1.3.3】在“对象资源管理器”中修改 SCDB 数据库中的表 Student，将 StudentID 的数据类型改为 char，并将该字段设置为主键。

(1)启动 SQL Server Management Studio，在“对象资源管理器”的树形目录中，找到 SCDB，展开该数据库。

(2)选择“Student”表，右击，在弹出的快捷菜单中选择“设计”命令。

(3)将光标定位在“StudentID”行，在“数据类型”中选择“char(10)”。

(4)单击工具栏上的“”(设置主键)按钮，同时在“StudentID”行左侧出现相同的图标，如图 1-95 所示。

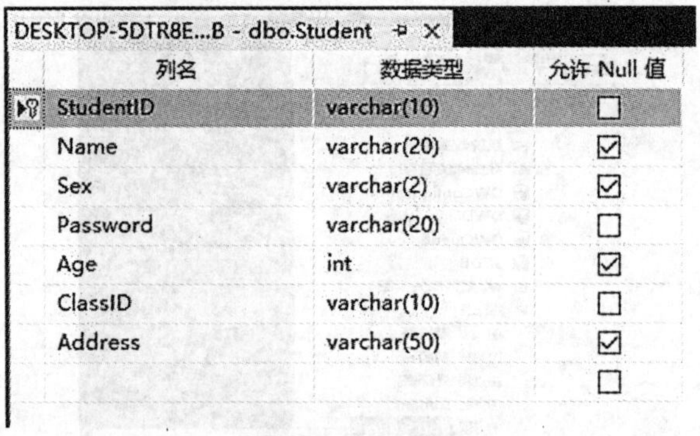

DESKTOP-5DTR8E...B - dbo.Student

列名	数据类型	允许 Null 值
StudentID	varchar(10)	☐
Name	varchar(20)	☑
Sex	varchar(2)	☑
Password	varchar(20)	☐
Age	int	☑
ClassID	varchar(10)	☐
Address	varchar(50)	☑
		☐

图 1-95　设置主键

(5)单击 SQL Server Management Studio 工具栏上的“”按钮，保存所做的设置。

如果要删除主键设置，选中“StudentID”行，再次单击工具栏上的“”按钮即可。

四、删除 SCDB 数据表

【例 1.3.4】在“对象资源管理器”中删除 SCDB 数据库中的表 Student。

(1)启动 SQL Server Management Studio，在“对象资源管理器”的树形目录中，找到 SCDB，展开该数据库。

(2)选择“Student”表，右击，在弹出的快捷菜单中选择“删除”命令，弹出“删除对象”对话框。

(3)单击“确定”按钮，删除完成。

提示：为保证内容的完整性，删除后应按原样恢复。

知识拓展

一、有关数据表管理的 Transact-SQL 语句

1. 创建 SCDB 数据表

使用 Transact-SQL 语句创建表命令的语法如下：

```
CREATE TABLE table_name
(column_name column_properties [, ...]
)
```

其中：

table_name：创建新表的名称，最长不超过 128 个字符。

column_name：表的列名，最长不超过 128 个字符。

column_properties：列的属性，包括列的数据类型、长度、列上的约束等。

【例 1.3.5】使用 Transact-SQL 语言中 CREATE TABLE 语句创建课程表 Course，如表 1-17所示。

在 SQL Server Management Studio 查询编辑器中运行以下命令：

```
USE SCDB
GO
CREATE TABLE Course
(
  CourseID varchar(10) not null,
  CourseName varchar(40)
  Teacher varchar(20),
  Kind varchar(20),
  CourseTime varchar(20),
  LimiteNum int not null,
  RegisterNum int not null,
)
GO
```

2. 查看表定义

使用 Transact-SQL 语句查看表定义，语法格式如下：

```
EXECsp_help table_name
```

其中，sp_help：系统存储过程，相关内容在后面章节讲述。

【例 1.3.6】使用 Transact-SQL 语句查看课程表 Course 的表定义信息。

在 SQL Server Management Studio 查询编辑器中运行以下命令：

```
USE SCDB
GO
```

```
EXECsp_help Course
Go
```

运行结果如图 1-96 所示。

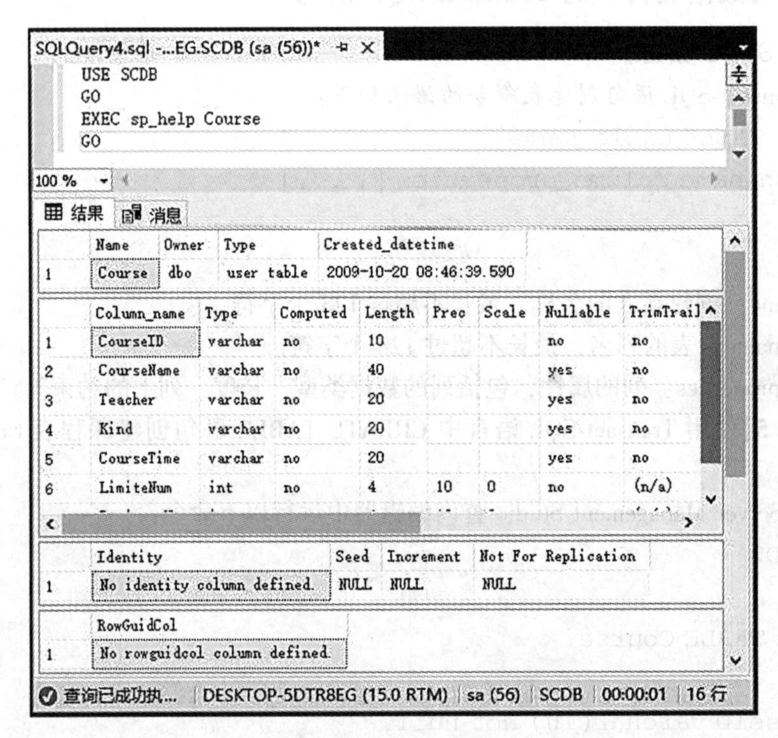

图 1-96　查看表定义

3. 重新命名 SCDB 数据表

【例 1.3.7】使用 Transact-SQL 语句将 SCDB 数据库中的 Course 表重新命名为 Cou。

在 SQL Server Management Studio 查询编辑器中运行以下命令：

```
USE SCDB
GO
EXECsp_rename 'Course', 'Cou'
GO
```

提示：为保证内容的完整性，完成本例后请将表名还原。

4. 修改 SCDB 数据表

使用 Transact-SQL 语句修改表

(1)添加列。基本语法如下：

```
ALTER TABLE table_name
ADD column_namecolumn_properties
```

其中：

ALTER TABLE：关键字，表示修改表。

column_name：添加列的名称。

column_properties：列的属性。

注意：在默认状态下，列是被设置为允许空值的。向表中增加一列时，应使新增加的列有默认值或允许为空值，SQL Server 将向表中已存在的行填充新增列的默认值或空值，如果既没有提供默认值也不允许为空值，那么新增列的操作将出错，因为 SQL Server 不知道该怎么处理那些已经存在的行。

(2)删除列。基本语法如下：

```
ALTER TABLE table_name
DROP COLUMN column_name
```

其中：

ALTER TABLE：关键字，表示修改表。

column_name：删除列的名称。

(3)修改表中列的定义。基本语法如下：

```
ALTER TABLE table_name
ALTER COLUMN column_name new_date_type [NULL | NOT NULL]
```

其中：

ALTER TABLE：关键字，表示修改表。

ALTER COLUMN：关键字，表示修改表中的列。

column_name：要修改的列名。

new_date_type：要修改列的新数据类型。

NULL | NOT NULL：表示修改列为空或不为空。

(4)设置主键约束。基本语法如下：

```
ALTER TABLE table_name
ADD CONSTRAINT Constraint_name
PRIMARY KEY CLUSTERED
(
Column_name[, ...]
)
```

其中：

ALTER TABLE：关键字，表示修改表。

ADD CONSTRAINT：关键字，表示增加约束。

Constraint_name：约束的名称。

PRIMARY KEY：关键字，表示主键。

CLUSTERED：关键字，表示聚集索引，一般主键为聚集索引。

删除主键约束的基本语法如下：

```
ALTER TABLE table_name
```

```
DROP CONSTRAINT Constraint_name
```

其中：

DROP CONSTRAINT：关键字，表示删除约束。

Constraint_name：约束的名称。

【例 1.3.8】使用 Transact-SQL 语句修改 SCDB 数据库中的表 Course，添加列 CouAddress，数据类型为 varchar，长度为40；将 CourseID 的数据类型改为 char，并将该字段设置为主键。

在 SQL Server Management Studio 查询编辑器中运行以下命令：

```
USE SCDB
Go
——添加列
ALTER TABLE Course
ADD CouAddress varchar(40)
Go
——修改 CourseID 列的数据类型
ALTER TABLE Course
ALTER COLUMN CourseID  char(10) not null
GO
——设置主键
ALTER TABLE Course
ADD CONSTRAINT PK_Course
PRIMARY KEY CLUSTERED
(CourseID)
Go
```

5. 删除 SCDB 数据表

使用 Transact-SQL 语句删除表。基本语法如下：

```
DROP TABLE table_name
```

【例 1.3.9】使用 Transact-SQL 语句删除 SCDB 数据库中的表 Course。

在 SQL Server Management Studio 查询编辑器中运行以下命令：

```
USE SCDB
Go
DROP TABLE Course
GO
```

提示：为保证内容的完整性，删除后应按原样恢复。

6. 修改 SCDB 表中的数据

使用 Transact-SQL 语句修改表中的数据，基本语法如下：

```
UPDATE table_name SET
```

column1_name=modified_value1 [, column2_name=modified_value2, [, ...]][WHERE search_condition]

其中：

UPDATE：修改关键字。

table_name：指定要修改数据的表名。

column1_name=modified_value1：指定要更新的列及该列改变后的值。

WHERE search_condition：指定被更新的记录应满足的条件。

任务小结

本工作任务通过具体示例介绍了SCDB数据库中各数据表的创建与管理。通过本任务的具体实施，应熟练掌握数据表创建的各种方法并能灵活对数据表进行管理。

实训练习

实训五　表的操作

【实训目的】

1. 了解数据表的结构特点。
2. 学会使用“对象资源管理器”创建表。
3. 学会使用Transact-SQL语句创建表。
4. 学会查看表定义。
5. 学会使用“对象资源管理器”重新命名表。
6. 学会使用Transact-SQL语句重新命名表。
7. 学会使用“对象资源管理器”修改表。
8. 学会使用Transact-SQL语句修改表。
9. 学会使用“对象资源管理器”删除表。
10. 学会使用Transact-SQL语句删除表。

【实训准备】

1. 认真阅读本实训内容。
2. 认真学习并掌握有关数据表的创建、重新命名、修改、删除等操作的相关知识。
3. 实训过程中注意做好相关记录。

【实训内容】

1. 表是包含数据库中所有数据的________。表定义是一个列集合，每一行代表一条________的记录，每一列代表记录中的一个字段。

2. 主键是用来________表中每一行的属性或属性的组合，它的值必须是________的并且________为空值。

3. 外键是用来描述表和表之间联系属性，它由表中的一个属性或多个属性组，其值可以________，允许有________，也允许________。

4. 约束是 SQL Server 强制实行的应用规则，是分配给表或表中某列的一个属性。使用约束的目的在于防止列中出现________，从而自动维护数据库中的________。

5. 在“对象资源管理器”中创建院系表 Department，相关信息如表 1-21 所示，写出主要步骤。

表 1-21　Department(院系表)

列　　名	类　　型	长　　度	允 许 空	描　　述
DepartID	Varchar	10	否	院系编号
DepartName	Varchar	20	是	院系名称
Office	Varchar	40	是	院系办公室
Telephone	Varchar	20	是	办公电话
Chairman	Varchar	20	是	系主任

6. 使用 Transact-SQL 语言中的 CREATE TABLE 语句创建班级表 Class 和学生选课表 SC，相关信息如表 1-22 和表 1-23 所示。

表 1-22　Class(班级表)

列　　名	类　　型	长　　度	允 许 空	描　　述
ClassID	Varchar	10	否	班级编号
DepartID	Varchar	10	否	院系编号
ClassName	Varchar	20	是	班级名称
ClassMonitor	Varchar	20	是	班长

表 1-23　SC(学生选课表)

列　　名	类　　型	长　　度	允 许 空	描　　述
StudentID	Varchar	10	否	学号
CourseID	Varchar	10	否	课程编号
Grade	Float		是	成绩

7. 在“对象资源管理器”中查看院系 Department 的表定义，写出主要步骤。

8. 使用 Transact-SQL 语句分别查看班级表 Class 和学生选课表 SC 的表定义信息。

9. 在“对象资源管理器”中将 Department 表重新命名为 Depart，写出主要步骤。

10. 使用 Transact-SQL 语句将上一题中的表 Depart 名恢复为 Department。

11. 在“对象资源管理器”中修改表 Department，将 DepartID 的数据类型改为 char，并将该字段设置为主键，写出主要步骤。

12. 使用 Transact-SQL 语句修改班级表 Class，将 ClassID 的数据类型改为 char，并将该字段设置为主键。

【实训报告要求】

1. 将实训过程中所进行的各项工作和步骤记录在实训报告上。

2. 将实训过程中遇到的问题记录下来。

3. 结合具体的操作写出实训的心得体会。

任务四　维护数据完整性

任务引入

数据库中的数据是从外界输入的，而由于种种原因，会输入无效或错误的信息。那么保证数据正确性、一致性和可靠性，就成了数据库系统关注的重要问题。SQL Server 提供了数据完整性的设计来解决以上问题，具体可以通过创建约束、默认、规则、用户自定义函数来解决。

任务目标

- 了解数据完整性的基本概念。
- 掌握创建和使用约束来保证数据的完整性。
- 掌握创建、绑定、解绑定和删除默认值的方法。
- 掌握创建、绑定、解绑定和删除规则的方法。
- 掌握创建、绑定、使用和删除用户自定义完整性的方法。

必备知识

数据的完整性

什么是数据的完整性呢？它是指存储在数据库中数据的正确性、一致性和可靠性。例如学生信息中，学生的姓名 Name 可能相同，但学号 StudentID 一定不能相同，学号

StudentID 必须是唯一的；人的身高取值 15m，年龄取值 200 岁等，这样的数据与现实规律不相符，因而这些数据就是毫无意义的。为保证数据的完整性，SQL Server 提供了定义、检查和控制数据的完整性的机制。根据数据的完整性所作用的数据库对象和范围的不同，数据的完整性分为实体完整性、域完整性、参照完整性和用户定义完整性 4 种。

1. 实体完整性

实体完整性也称为表的完整性。它用于保证数据库中数据表的每一个特定实体都是唯一的，可以通过主键约束(PRIMARY KEY)、唯一键约束(UNIQUE)、索引或标识属性(IDENTITY)来实现。例如在学生表中，将学号 StudentID 设置为主键约束(PRIMARY KEY)，即可保证该表中的每一行都不相同，从而保证了 Student 表的完整性。

2. 域完整性

域完整性也可称列完整性，用以指定列的数据输入是否具有正确的数据类型、格式以及有效的数据范围。如学生的年龄必定是一个不小于 0 的正数，如果表中存在一个小于 0 的学生年龄，则没有意义。

3. 参照完整性

参照完整性是保证参照与被参照表中数据的一致性。例如，在学生表 Student 中有学生的学号 StudentID 且在选课表 SC 中也有学号 StudentID，而且两个表的学号 StudentID 值必须一致，如果在输入过程中出现错误且又没有被系统检查出来，那么数据之间将会形成混乱。

4. 用户定义完整性

用户定义完整性允许用户定义不属于其他任何完整性分类的特定规则。所有的完整性类型都支持用户定义完整性。用户定义的完整性主要通过使用触发器和存储过程来强制实施完整性。存储过程和触发器的相关知识在后续任务中介绍。

任务实施

一、利用约束维护数据完整性

1. 约束的类型

约束是 SQL Server 强制实行的应用规则，它通过限制列、行和表中的数据来保证数据的完整性。当删除表时，表所带的约束也随之被删除。

常用的约束包括 CHECK 约束、DEFAULT 约束、PRIMARY KEY 约束、FOREIGN KEY 约束、UNIQUE 约束。

(1)CHECK 约束。CHECK 约束用于限制输入一列或多列的值的范围，通过逻辑表达式来判断数据的有效性，也就是一个列的输入内容必须满足 CHECK 约束的条件，否则，数据无法正常输入，从而强制数据的域完整性。

(2)DEFAULT 约束。若在表中某列定义了 DEFAULT 约束，用户在插入新的数据行时，如果该列没有指定数据，那么系统将默认值赋给该列，当然该默认值也可以是空值(NULL)。

(3)PRIMARY KEY 约束。在表中经常有一列或多列的组合，其值能唯一标识表中的每一行。这样的一列或多列称为表的主键(PRIMARY KEY)，通过它可以约束表的实体完整性。一个表只能有一个主键，而且主键约束中的列不能为空值。如将学生信息表 Student 中学生的学号 StudentID 设为该表的主键，因为它能唯一标识该表，且该列的值不为空。如果主键约束定义不只在一列上，则一列中的值可以重复，但主键约束定义中的所有列的组合的值必须唯一。

(4)FOREIGN KEY 约束。外键(FOREIGN KEY)是用于建立和加强两个表(主表与从表)的一列或多列数据之间的连接，当添加、修改或删除数据时，通过参照完整性来保证它们之间的数据的一致性。

定义表间的参照完整性的顺序是先定义主表的主键，再对从表定义外键约束。

(5)UNIQUE 约束。UNIQUE 约束用于确保表中的两个数据行在非主键中没有相同的列值。与 PRIMARY KEY 约束类似，UNIQUE 约束也强制唯一性，为表中的一列或多列提供实体完整性。另外，UNIQUE 约束可以用于定义多列组合，且一个表可以定义多个 UNIQUE 约束，UNIQUE 约束可以用于定义允许空值的列；而 PRIMAYR KEY 约束只能用在唯一列上，且不能为空值。

2. 约束的创建、查看与删除

在 SQL Server Management Studio 的“对象资源管理器”面板中进行约束的创建、查看与删除等操作。

(1)CHECK 约束的创建、查看和删除。

【例 1. 4. 1】在学生表(Student)中定义学生的性别 Sex 列只能是“男”或“女”，从而避免用户输入其他的值。要解决此问题，需要用到 CHECK 约束，使学生性别列的值只有“男”或“女”两种可能，如果用户输入其他值，系统均提示用户输入无效。

下面看看在 SQL Server Management Studio 的“对象资源管理器”面板中是如何解决这个问题的。

①在 SQL Server Management Studio 的“对象资源管理器”中选取“数据库”选项下的 SCDB 数据库。

② 展开数据库 SCDB，并展开数据库 SCDB 目录下的“表”，右击“dbo. Student”选项，在弹出的快捷菜单中选择“设计”命令，打开“设计表”窗口，选中“Sex”，然后，选择菜单“表设计器”菜单中的“CHECK 约束”命令，如图 1-97 所示；或者将鼠标指针放在列“Sex”上，右击，在弹出的快捷菜单中，选择“CHECK 约束”命令，如图 1-98 所示。

③在弹出的“CHECK 约束”对话框中单击“添加”按钮，如图 1-99 所示。

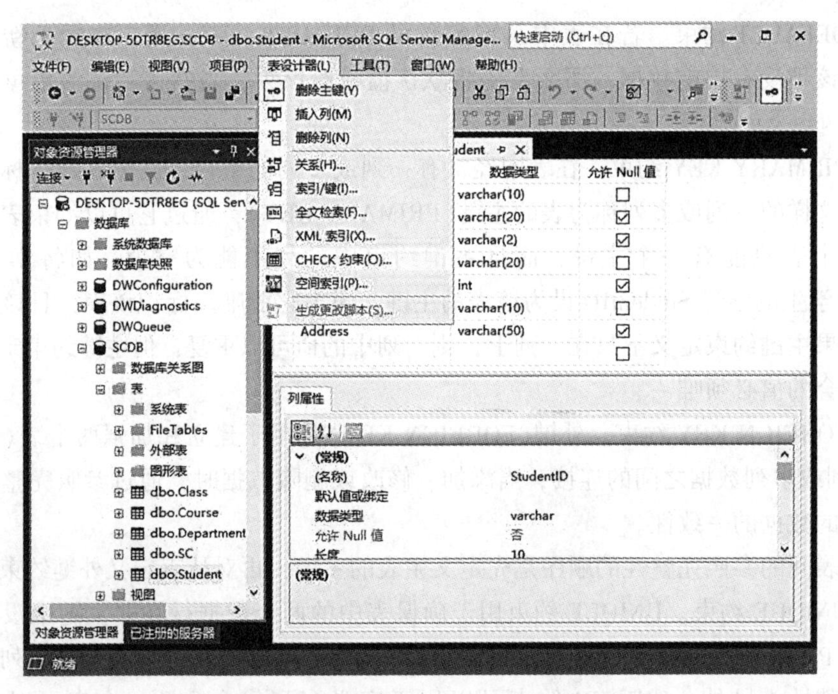

图 1-97　菜单栏中"CHECK 约束"命令

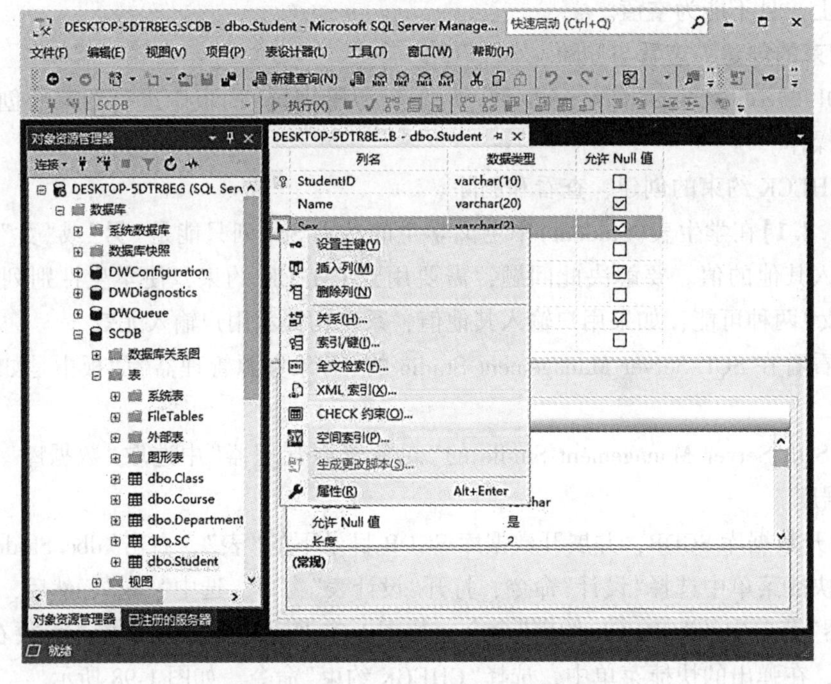

图 1-98　快捷菜单中"CHECK 约束"命令

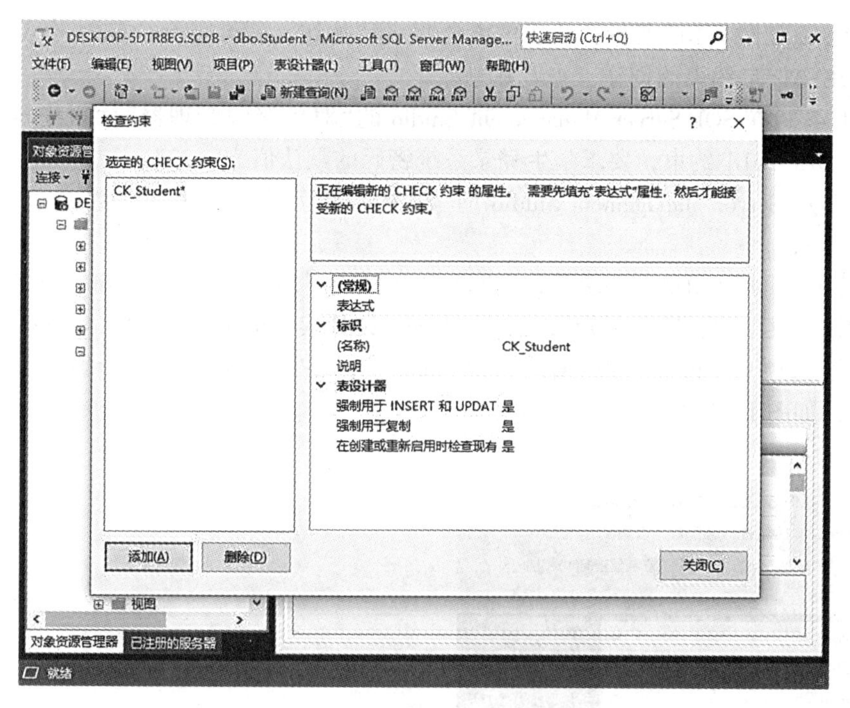

图 1-99　“CHECK 约束”对话框

④单击“表达式”后面的空白区，将出现按钮，如图 1-100 所示。单击按钮，将进入添加 CHECK 约束对话框，在“表达式”文本框中输入约束表达式“Sex ='男' OR Sex ='女'”，如图 1-101 所示，单击“确定”按钮。

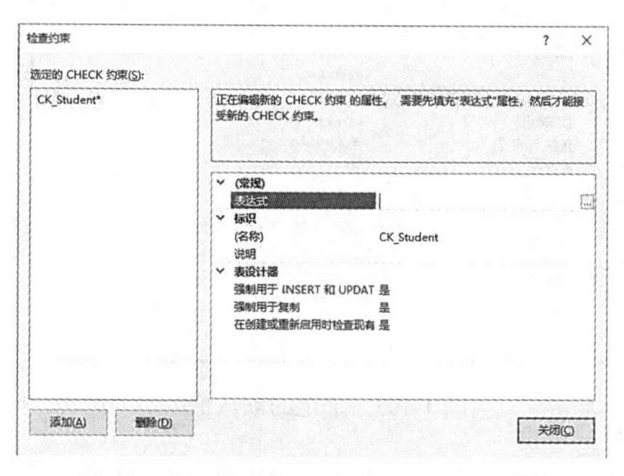

图 1-100　添加表达式按钮

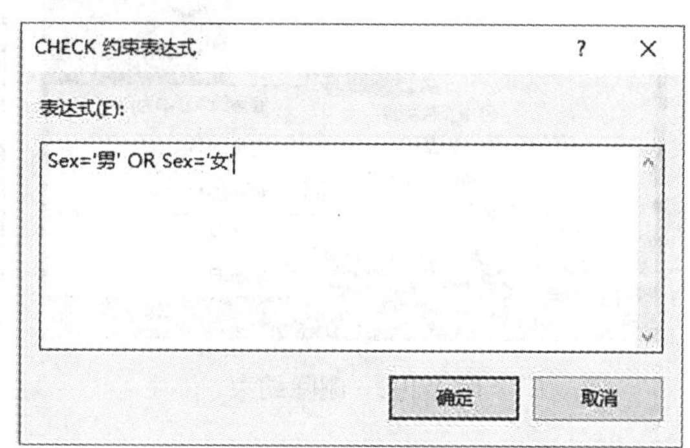

图 1-101　输入 CHECK 约束表达式

⑤在“设计表”窗口单击按钮，即完成了创建并保存 CHECK 约束的操作。以后用户输入数据时，若输入性别不是“男”或“女”，系统将报告输入无效。

要想删除上面创建的 CHECK 约束，选择该约束，右击，在弹出的快捷菜单中选择

“删除”命令，如图 1-102 所示，然后再单击“关闭”按钮，即可删除 CHECK 约束。

(2) DEFAULT 约束的创建、查看和删除。

【例 1.4.2】在 SQL Server Management Studio 的“对象资源管理器”面板中定义学生表 Student 的 DEFAULT 约束，要求学生登录系统密码的默认值为“123”。

①在 SQL Server Management Studio 的“对象资源管理器”中选取“数据库”选项下的 SCDB 数据库。

② 展开数据库 SCDB，并展开数据库 SCDB 目录下的“表”，右击“dbo. Student”选项，在弹出的快捷菜单中，选择“设计”命令，打开“设计表”窗口，选择“Password”列，然后在“列属性”选项卡中选择“默认值或绑定”选项框，在其文本区填入默认值“123”，然后保存即可，如图 1-103 所示。

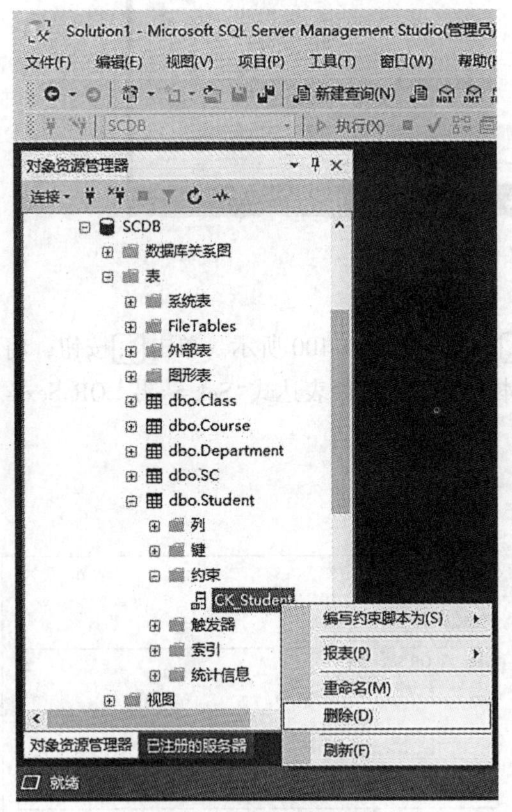

图 1-102　删除约束

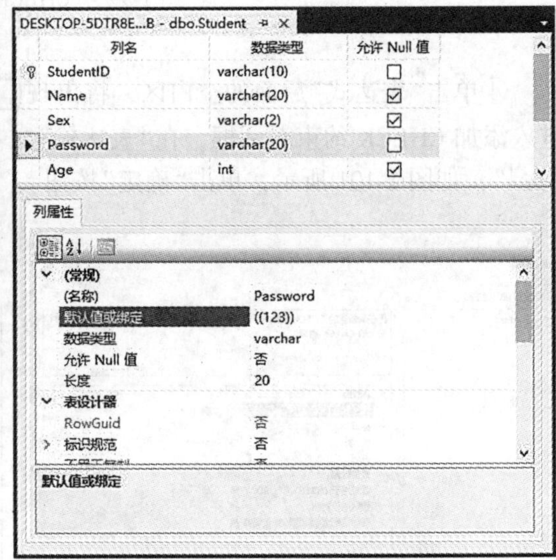

图 1-103　绑定的默认值

要想在 SQL Server Management Studio 窗口中删除已建立的 DEFAULT 约束，只需将图 1-103 中的“默认值或绑定”选项框的值清空，然后保存即可。

(3) PRIMARY KEY 约束的创建、查看和删除。

【例 1.4.3】在 SQL Server Management Studio 的“对象资源管理器”面板中将学生表 Student 的学生编号 StudentID 定义为主键约束(PRIMARY KEY)。

①在 SQL Server Management Studio 的“对象资源管理器”中选取“数据库”选项下的 SCDB 数据库。

② 展开数据库 SCDB，并展开数据库 SCDB 目录下的“表”，右击“dbo. Student”选项，在弹出的快捷菜单中选择“设计”命令，打开“设计表”窗口，选择“StudentID”列，右击，在弹出的快捷菜单中选择“设置主键”命令，如图 1-104 所示，即可将学生编号列设为主键。也可先用鼠标选择“StudentID”列，然后单击工具栏上的 按钮，最后保存。

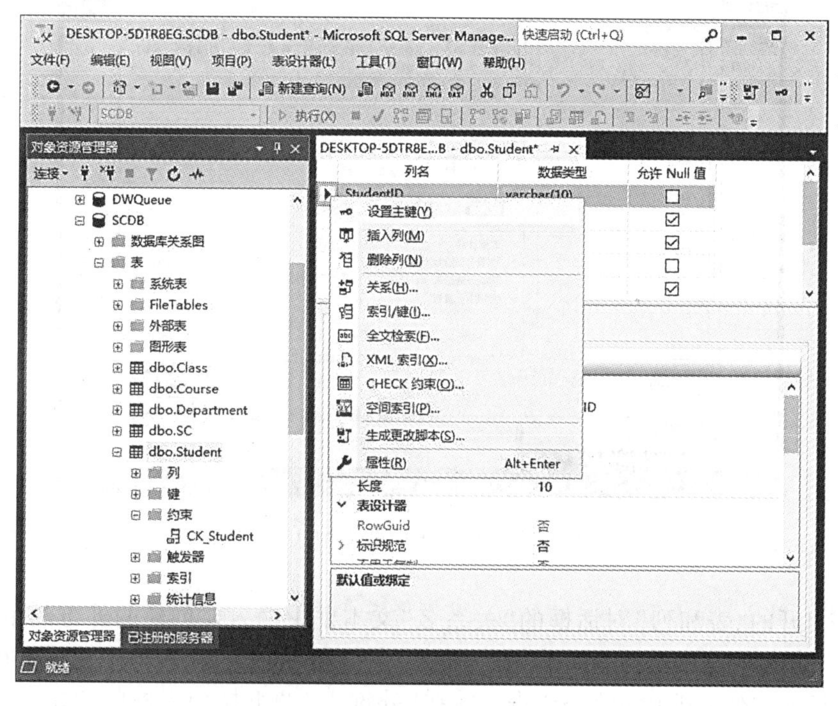

图 1-104　设置 PRIMARY KEY 约束

如果要取消 PRIMARY KEY 约束，选择“StudentID”列，右击，在弹出的快捷菜单中选择“移除主键”命令，或者再次单击工具栏上的 按钮，最后保存即可。

(4)FOREIGN KEY 约束的创建、查看和删除。FOREIGN KEY 用于建立和加强两个表(主表与从表)数据之间连接的一列或多列，当数据被添加、修改或删除时，通过参照完整性保证它们之间数据的一致性。

【例 1.4.4】SCDB 数据库的 Student 表中有 StudentID，SC 表中记录每个学生选课情况，该表中也有 StudentID 列。要保证表间数据的完整性，需要为 SC 表设置外键约束(FOREIGN KEY)。请使用 SQL Server Management Studio 的“对象资源管理器”面板来创建该外键约束。

① 检查在 Student 表中是否将“StudentID”列设置为主键，如果没有就先设置它为该表的主键。

② 打开 SC 表的“设计表”窗口，右击，在弹出的快捷菜单中选择“关系”命令，或者单击工具栏上的[按钮图标]按钮，在弹出的“外键关系”对话框中，单击“添加”按钮，然后单击“表和列规范”后面的[...]按钮，如图 1-105 所示。

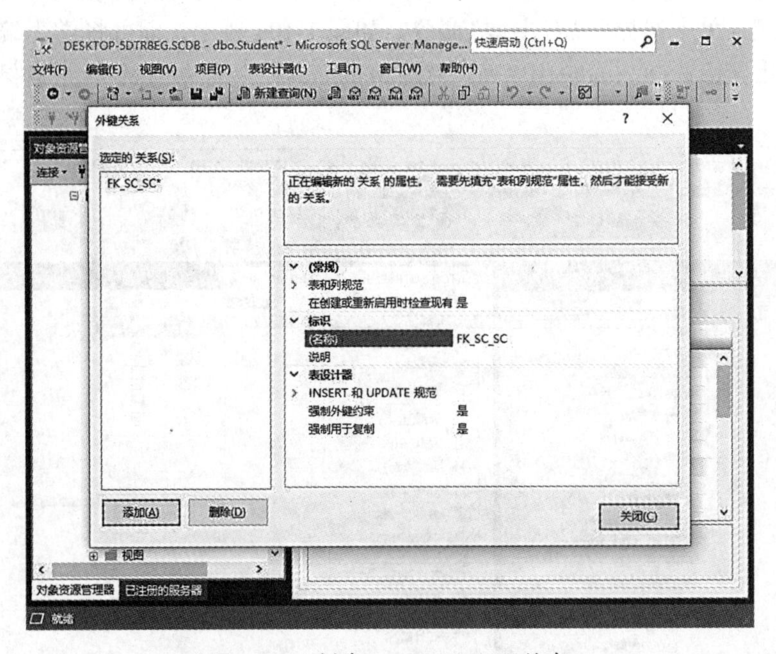

图 1-105　创建 FOREIGN KEY 约束

③ 在打开的“表和列”对话框的“关系名”文本框中输入要创建的外键约束名称，在“主键表”下拉列表框中选择 Student 表，并在“主键表”的下拉列表框中选择“StudentID”；在“外键表”下拉列表框中选择 SC 表，并在“外键表”的下拉列表框中选择“StudentID”；单击“确定”按钮，如图 1-106 所示；最后保存本操作，即完成外键约束的创建。

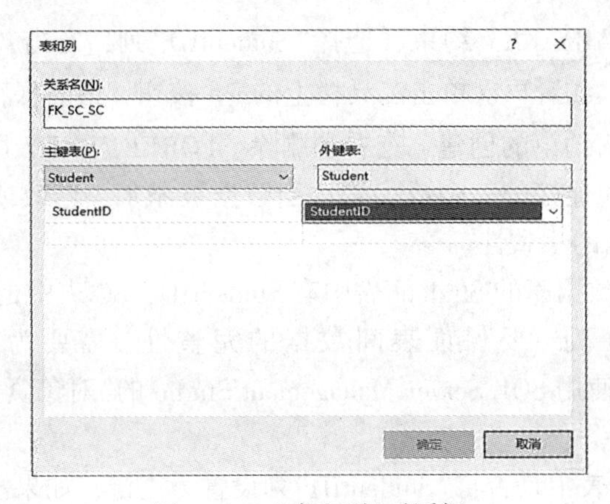

图 1-106　“表和列”对话框

外键约束创建完毕，即可在 SC 表的“键”对象查看到该约束。如果要删除该约束，选择相应约束，右击，在弹出的快捷菜单中选择“删除”命令即可，如图 1-107 所示。

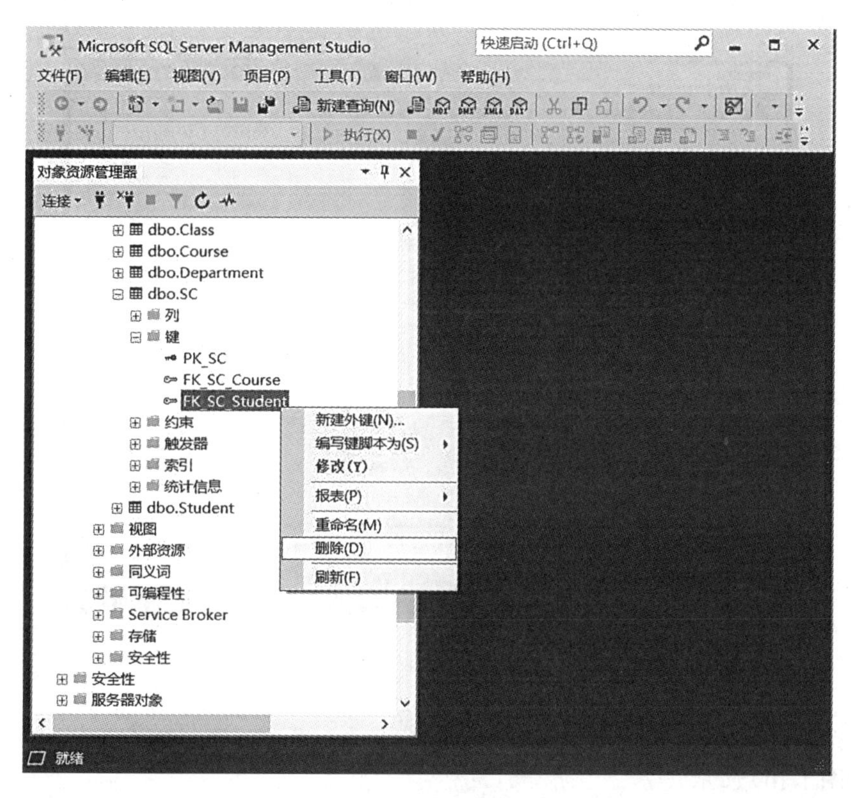

图 1-107　删除外键约束

(5) UNIQUE 约束的创建、查看和删除。使用 UNIQUE 约束可以确保表中各个记录的某字段值不会重复，虽然 PRIMARY KEY 也具有这个功能，但是通过 UNIQUE 约束实现该功能有如下优点：

- 与 PRIMARY KEY 约束不同，它允许为一个表建立多个 UNIQUE 约束。
- 与 PRIMARY KEY 约束不同，UNIQUE 约束允许被约束列的值为空，但不允许表中受约束列有一行以上的值同时为空。

UNIQUE 约束主要用于不是主键但又要求不能有重复值出现的字段。这个字段既要满足各个记录之间的值不能重复，又要满足允许该字段值为空的要求。

【例 1.4.5】使用 SQL Server Management Studio 的“对象资源管理器”在表 Class 的 ClassName 列创建 UNIQUE 约束。

①打开 SQL Server Management Studio 的“对象资源管理器”窗口，展开“数据库”选项，展开用户创建的数据库“SCDB”选项，然后展开“表”选项。

②选择要设置 UNIQUE 约束的表 dbo. Class，右击，在弹出的快捷菜单中选择“设计”

命令，如图 1-108 所示。

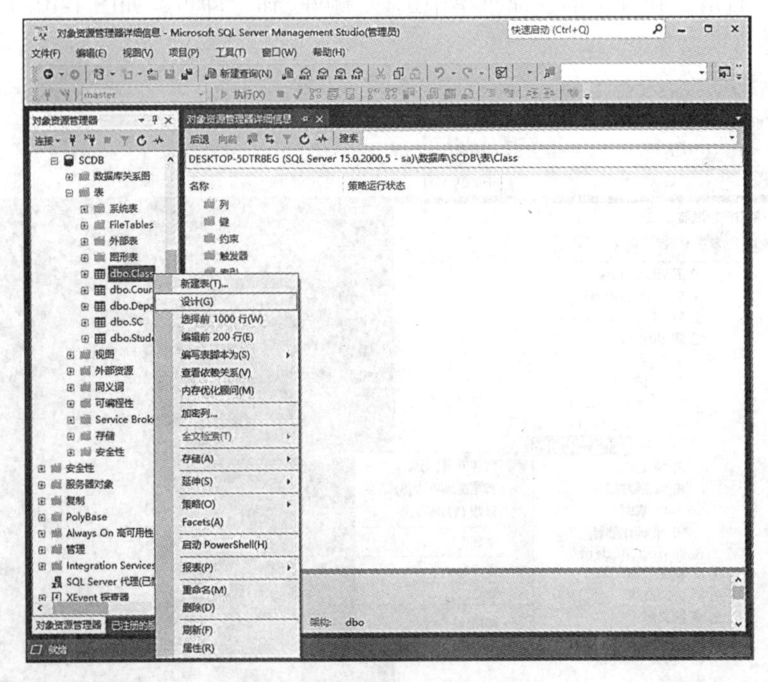

图 1-108　选择"设计"命令

③选择"设计"命令后，在 SQL Server Management Studio 窗口的右边将显示表的结构窗口，如图 1-109 所示。

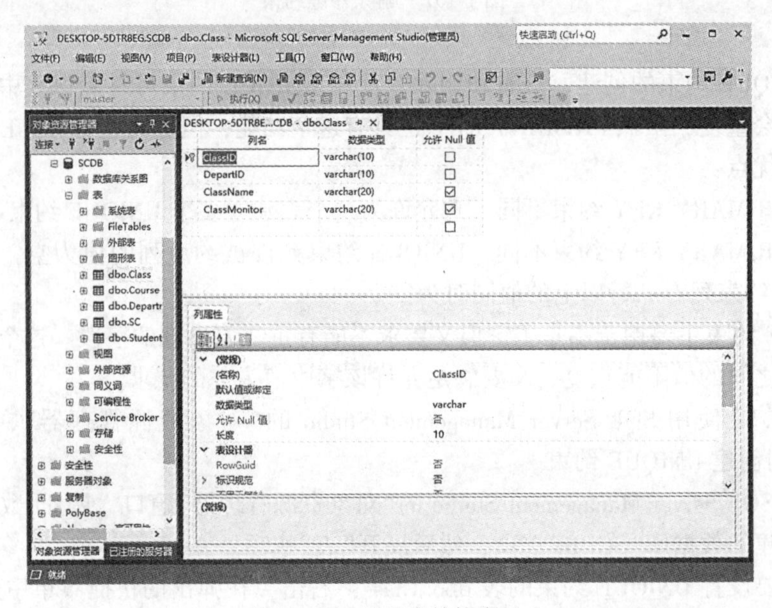

图 1-109　显示表结构窗口

④选择要设置 UNIQUE 约束的列 ClassName，右击，在弹出的快捷命令菜单选择“索引/键”命令，如图 1-110 所示。

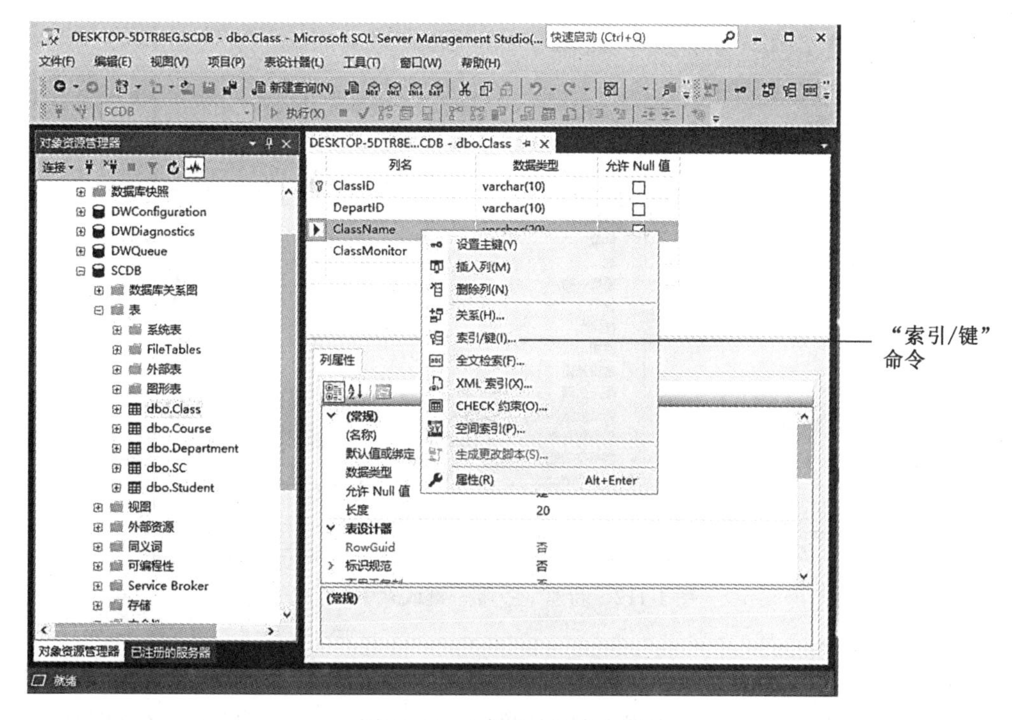

图 1-110　“索引/键”命令菜单

⑤ 选择“索引/键”命令后，弹出“索引/键”对话框，如图 1-111 所示。

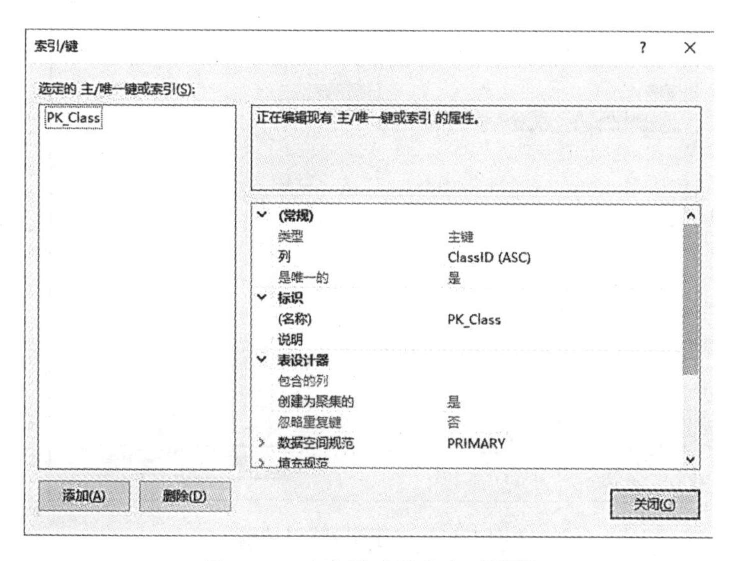

图 1-111　“索引/键”命令对话框

⑥在图 1-111 所示的“索引/键”对话框中，单击“添加”按钮，新建一个“主/唯一键或索引”，如图 1-112 所示。

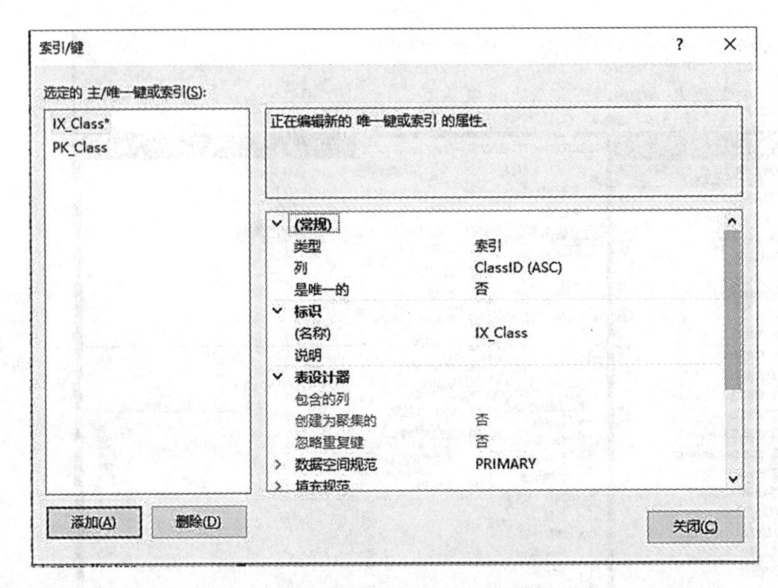

图 1-112　新建“主/唯一键或索引”

⑦在新建主/唯一键或索引对话框中，将“常规”选项下的“是唯一的”属性值设置为“是”，接着单击“列”属性值后的“浏览”按钮[...]，弹出“索引列”对话框，在“列名”下拉框中选择设置 UNIQUE 约束的列 ClassName，单击“确定”按钮，如图 1-113 所示。

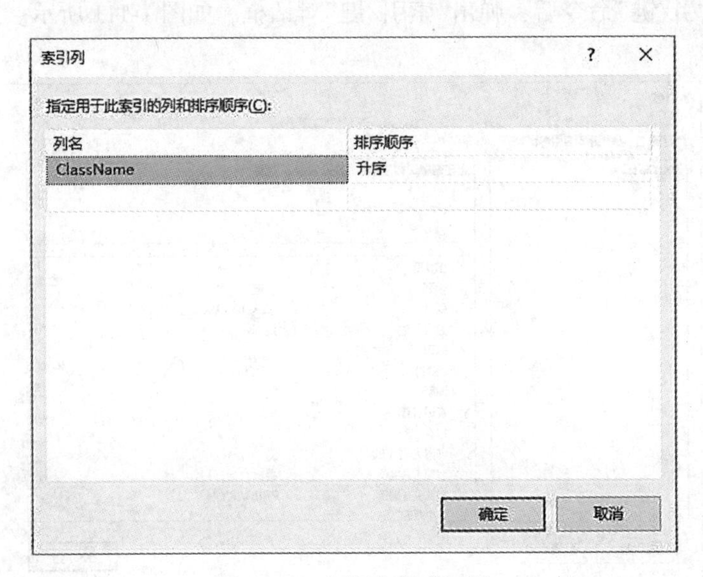

图 1-113　“索引列”对话框

⑧在新建主/唯一键或索引对话框中，将“标识”选项下的“名称”属性值设置为“Unique_ClassName”，如图 1-114 所示，单击“关闭”按钮，然后保存即可。

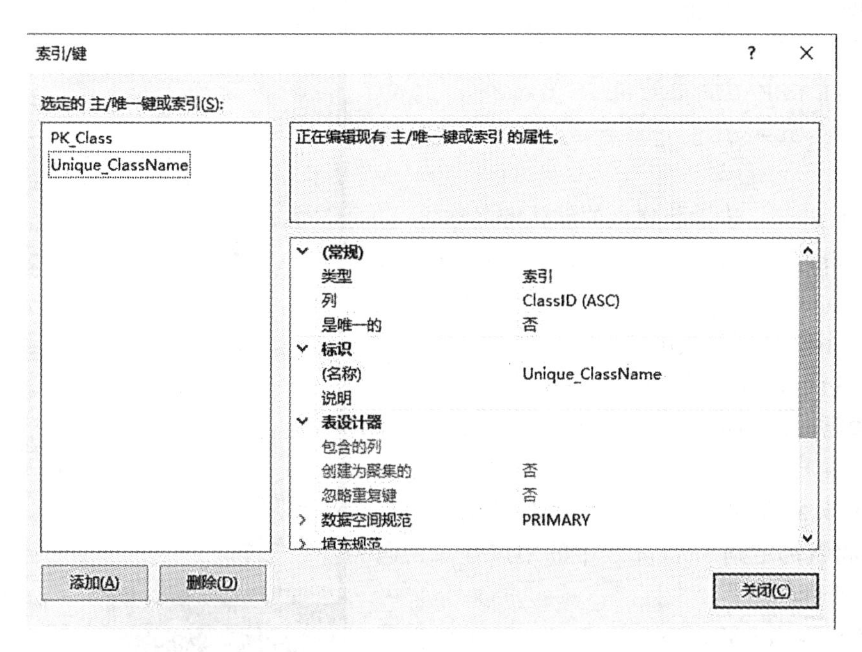

图 1-114　设置“标识”属性值

值得注意的是：SQL Server 要求在同一个数据库中各个约束的名称绝对不能相同，即使这些约束是不同的类型。就此处而言，指派给 UNIQUE 约束的名称必须是数据库中唯一的，也就是它不能与同一个数据库中其他表的任何约束的名称相同。

UNIQUE 约束创建好后即可在该表的“索引”展开列表中查找到该约束。如果想删除 UNIQUE 约束，可选择该约束，右击，在弹出的快捷菜单选择“删除”命令，如图 1-115 所示。然后在弹出的“删除对象”对话框中单击“确定”按钮即可删除 UNIQUE 约束。

二、利用默认值维护数据完整性

1. 默认值的概念

与在约束中介绍的 DEFAULT 约束类似，使用默认值也可以实现当用户在向数据库表中插入新记录时，如果没有给出某列的输入值，则由系统自动为该列输入默认值的功能。但与 DEFAULT 约束不同的是，默认值是一种数据库对象，在数据库中只需定义一次，就可以被一次或多次地应用在任意表中的一列或多列上，还可以应用在用户自定义数据类型。

默认值可以是常量、内置函数或数学表达式。

需要将默认值捆绑到用户列或用户自定义数据类型上，它才能为列或用户定义数据类型提供默认值。

2. 创建默认值

通常创建并使用默认值的步骤为：

(1)创建一个默认值对象。

创建默认的命令如下：

```
CREATE DEFAULT default_name
AS constraint_expression
```

其中：

default_name：表示新建立的默认的名称。

constraint_ expression：指定默认常量表达式的值。

(2)将其捆绑到列或用户自定义数据类型上。

绑定默认值的命令如下：

```
EXEC sp_bindefault default_name,
'table_name.[column_name]'
```

【例 1.4.6】在 SCDB 数据库中创建默认值 MR_PSW，并将其绑定到 Student 表中的用户登录密码 Password 列上。

在 SQL Server Management Studio 查询编辑器中运行以下代码：

```
USE SCDB
GO
—创建默认值
CREATE DEFAULT MR_PSW AS'123'
GO
—绑定默认值到 Student 表 Password 列
EXEC sp_bindefault MR_PSW, 'Student.Password'
GO
```

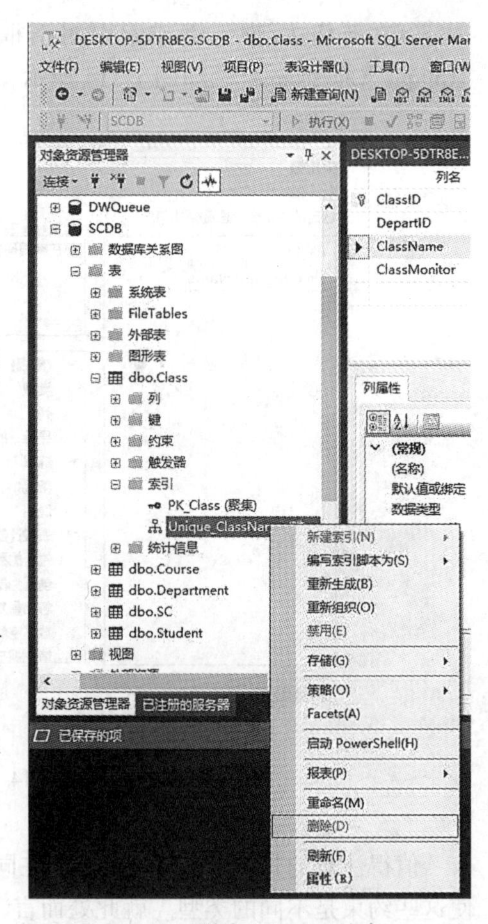

图 1-115 删除 UNIQUE 约束

运行结果如图 1-116 所示。

默认值创建成功，可在 SQL Server Management Studio 的“对象资源管理器”下的“数据库”选项下的用户数据库“SCDB”中的“可编程性”选项的“默认值”中看到新创建的默认值，如图 1-117 所示。

3. 删除默认值

通常删除默认值的步骤为：

① 解除默认值捆绑的列或用户自定义数据类型。解除绑定默认值的命令如下：

```
EXEC sp_unbindefault'table_name.column_name'
```

② 删除该默认值。具体的命令语句如下：

```
DROP DEFAULT default_name
```

图 1-116　创建默认值并绑定到列

对象资源管理器
连接
SCDB
数据库关系图
表
视图
外部资源
同义词
可编程性
存储过程
函数
数据库触发器
程序集
类型
规则
默认值
dbo.MR_PSW
计划指南
序列
Service Broker
存储
安全性
安全性
服务器对象
对象资源管理器　已注册的服务器
创建的默认值

图 1-117　查看创建的默认值 MR_PSW

【例 1.4.7】删除上例中创建的默认值 MR_PSW。

在 SQL Server Management Studio 查询编辑器中运行以下代码：

```
USE SCDB
GO
—解除绑定默认值
EXEC sp_unbindefault'Student.Password'
GO
—删除默认值
DROP DEFAULT MR_PSW
GO
```

执行结果如图 1-118 所示，默认值 MR_PSW 被删除。

图 1-118　删除默认值

三、利用规则维护数据完整性

1. 规则的概念

规则也是实现数据完整性的方法之一，其作用与 CHECK 约束的部分功能相同。规则可以被绑定到一个列或者用户定义数据类型上，它提供了一种加强列或用户定义数据类型域约束的机制。当其被绑定列或用户定义的数据类型上时，用来指定允许输入列中的数据，即当用户向表中插入数据时，用来指定该列接收数据值的范围。同时，规则与默认值一样，在数据库中只需要定义一次，就可以被多次应用。

2. 创建规则

和默认值类似，规则创建后，需要将其捆绑到列上或用户自定义数据类型上。

创建规则的命令如下：

```
CREATE RULE rule_name
AS constraint_expression
```

其中：

rule_name：表示新建立的规则的名称。

constraint_expression：标识定义规则的条件。

捆绑规则的命令语句如下：

```
EXEC sp_bindrule rule_name, 'table_name.[column_name]'
```

如果在列或数据类型上已经捆绑了规则，那么当再次向它们捆绑规则时，旧规则将自动被新规则覆盖，而不会捆绑多条规则。

捆绑规则可以使用系统存储过程 sp_bindrule，解除规则的相关绑定可以使用系统存储过程 sp_unbindrule。

【例 1.4.8】在 SC 表中创建规则 GZ_Grade，并将其绑定到学生成绩 Grade 列上，使得用户输入学生的成绩不在 0~100 的，提示输入无效。

在 SQL Server Management Studio 查询编辑器中运行以下代码：

```
USE SCDB
GO
—创建规则
CREATE RULE GZ_Grade
AS @ Grade>=0 and @ Grade<=100
GO
—将规则绑定到 Grade 列
EXECsp_bindrule GZ_Grade, 'SC.Grade'
GO
```

运行结果如图 1-119 所示。

规则创建成功，可在 SQL Server Management Studio 的“对象资源管理器”下的“数据库”选项下的用户数据库“SCDB”中的“可编程性”选项的“规则”中看到新创建的规则，如图 1-120 所示。

3. 删除规则

① 解除规则捆绑的列或用户自定义数据类型。解除绑定默认值的命令如下：

```
EXEC sp_unbindrule'table_name.column_name'
```

② 删除该规则。具体的命令语句如下：

```
DROP Rule rule_name
```

【例 1.4.9】删除上例中创建的规则 GZ_Grade。

在 SQL Server Management Studio 查询编辑器中运行以下代码：

```
USE SCDB
GO
EXEC sp_unbindrule'SC.Grade'
GO
DROP RuleGZ_Grade
GO
```

运行结果如图 1-121 所示。

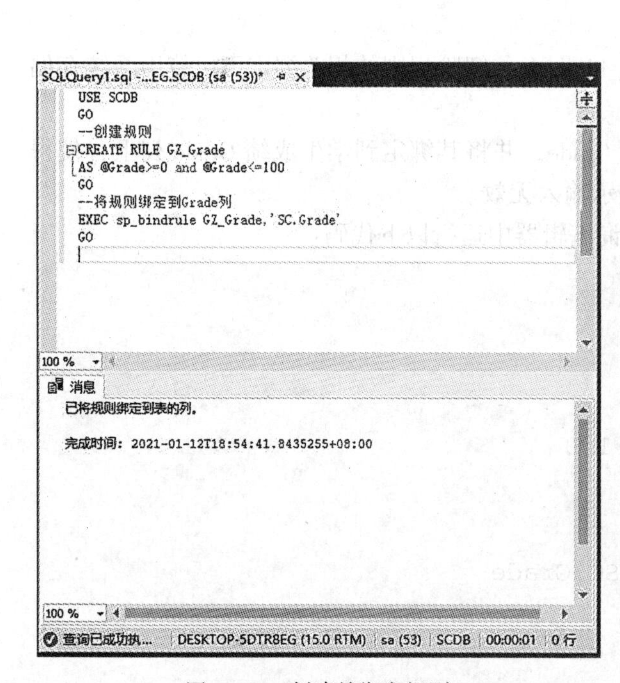

图 1-119　创建并绑定规则

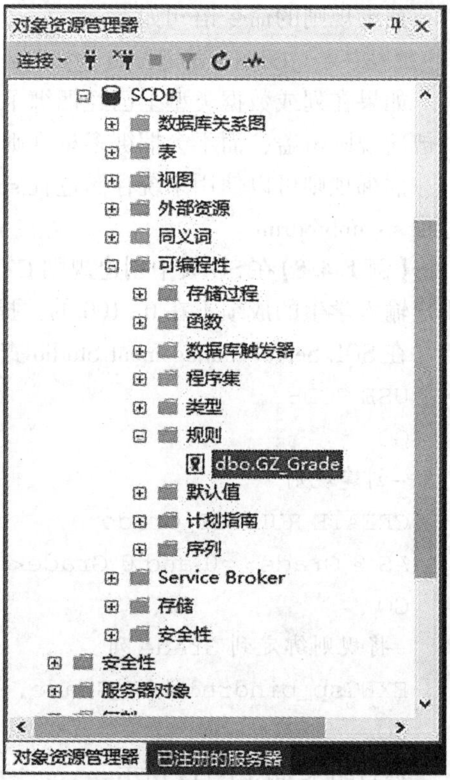

图 1-120　查看创建的规则 GZ_Grade

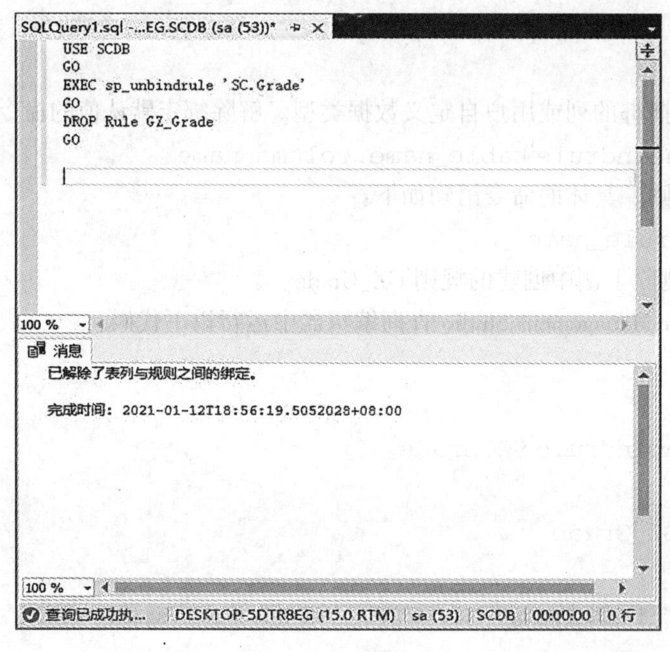

图 1-121　删除规则

四、利用用户自定义函数维护数据完整性

1. 用户自定义函数

为了扩展 T-SQL 的编程能力，SQL Server 2019 除了提供内部函数外，还允许用户自定义函数。用户可以使用 CREATE FUNCTION 语句编写自已的函数，以满足特殊需要。用户自定义函数可传递一个或多个参数，并返回一个简单的数值。用户自定义函数一般来说返回的都是数值型或字符型的数据，如 int、char、decimal 等，SQL Server 2019 也支持返回 Table 数据类型的数据。

下面介绍 SQL Server 2019 支持的标量用户自定义函数和直接表值用户定义函数。

(1)创建标量用户自定义函数。标量用户自定义函数返回一个简单的数值，如 int、char、decimal 等，但禁止使用 text、ntext、image、cursor 和 timestamp 作为返回的参数。该函数的函数体被封装在以 BEGIN 语句开始、END 语句结束的范围内。

其语法格式如下：

```
CREATE FUNCTION
[owner_name].function_name(@ parameter_name scalar_parameter_
data_type)
RETURN scalar_return_data_type
[AS]
BEGIN
    FUNCTION_body
RETURN scalar_expression
END
```

其中参数说明如下：

① Function_name：用户自定义函数名称。函数名称必须符合标识符的规则，该名称在数据

库中必须是唯一的。

② Parameter_name：用户自定义函数的参数。函数执行时，每个已经声明参数的值必须由用户指定，除非该参数的默认值已经定义。如果函数的参数有默认值，在调用该函数时必须指定 DEFAULT 关键字才能获得默认值。相同的参数名称可以用在其他函数中。

③ Scalar_parameter_data_type：参数的数据类型。所有数量型(包括 Bigint 和 Sql_Variant)都可用于用户自定义函数的参数。

④ Scalar_return_data_type：是标量用户自定义函数的返回值，text、ntext、imager 和 timestamp 除外。

⑤ FUNCTION_body 是由一系列 T-SQL 语句组成的函数体。在函数体中只能使用 DECLARE 语句、赋值语句、流程控制语句、SELECT 语句、游标操作语句、INSERT、UPDATE 和 DELETE 语句以及执行扩展存储过程的 EXECUTE 语句等。

⑥ Scalar_expression：指定标量函数返回的数量值。Scalar_expression 为函数实际返回值，返回值为 text、ntext、image、cursor 和 timestamp 之外的系统数据类型。

【例 1.4.10】创建一个自定义函数，返回特定课程的平均成绩。

在 SQL Server Management Studio 查询编辑器中运行以下代码：

```
USE SCDB
GO
CREATE FUNCTION AvgGrade_SC(@ CourseID Varchar(20))
RETURNS FLOAT
AS
BEGIN
DECLARE @ AVG_Grade FLOAT
SET @ AVG_Grade=(SELECT AVG(Grade)
FROM SC
WHERE CourseID=@ CourseID)
RETURN @ AVG_Grade
END
```

执行结果如图 1-122 所示，命令执行成功。

用户自定义函数创建后，在 SQL Server Management Studio 的"对象资源管理器"窗口中选择服务器，展开"数据库"选项，选择用户数据库 SCDB，单击"可编程性"选项并展开，单击"函数"选项并展开，最后再单击"标量值函数"选项并展开，这时可以看到刚才建立的自定义函数 AvgGrade_SC，如图 1-123 所示。

图 1-122 创建标量用户自定义函数

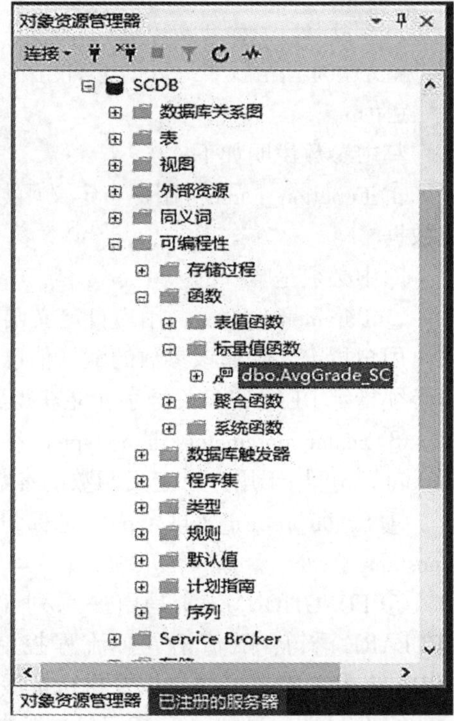

图 1-123 查看用户自定义的函数 AvgGrade_SC

在 SQL Server Management Studio 查询编辑器中运行以下代码：

```
USE SCDB
GO
SELECT dbo.AvgGrade_SC('30106') AS '平均成绩'
GO
```

执行结果如图 1-124 所示，即可显示出课程号 CourseID 为“30106”课程的平均成绩。

图 1-124　运行标量函数

如果要删除以上创建的标量函数，选择该标量函数，右击，在弹出的快捷菜单选择“删除”命令，接着在弹出的“删除对象”对话框选择“确定”命令即可。

(2)创建直接表值用户定义函数。表值函数返回一个 Table 型数据，对直接表值用户定义函数而言，返回的结果只是一系列表值，没有明确的函数体。该表是 SELECT 语句的结果集。

其语法格式为：

```
CREATE FUNCTION
[owner_name].function_name(@ parameter_name scalar_parameter_
data_type)
RETURN TABLE
[AS]
```

```
RETURN [(select_statement)]
```

其中：

TABLE：表示指定返回值为一个表。

select_statement：表示单个 SELECT 语句确定返回的表的数据。

【例 1.4.11】创建一个函数，要求返回属于同一个班级的学生的基本信息。

在 SQL Server ManagementStudio 查询编辑器中运行以下代码：

```
USE SCDB
GO
CREATE FUNCTION 学生信息(@ 班级号 Varchar(20))
RETURNS TABLE
AS
RETURN (SELECT *
        FROM Student
         WHERE ClassID=@ 班级号)
```

执行结果如图 1-125 所示，命令执行成功。

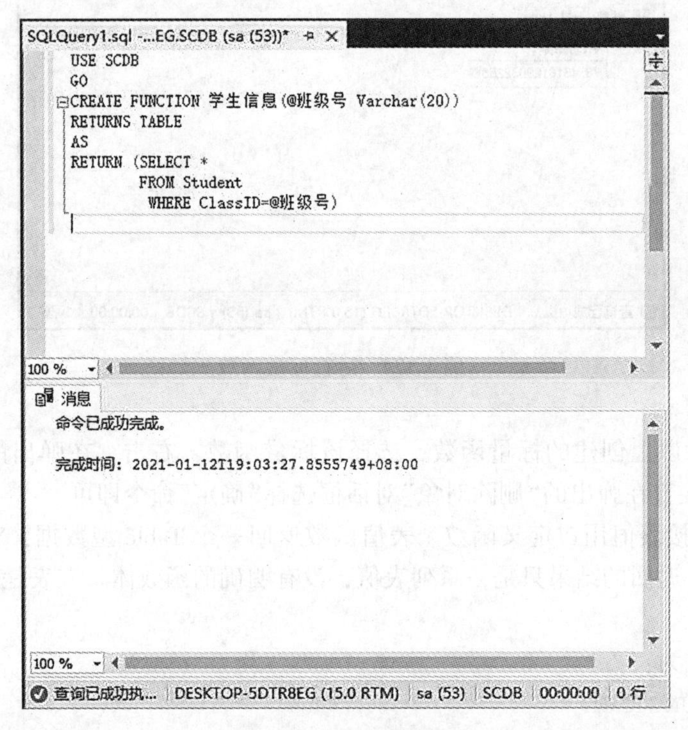

图 1-125　创建表值函数

在 SQL Server Management Studio 的“对象资源管理器”窗口中选择服务器，展开“数据库”选项，选择用户数据库 SCDB，单击“可编程性”选项并展开，单击“函数”选项并展开，最后再单击“表值函数”选项并展开，这时可以看到刚才建立的自定义函数“学生信息”。

使用下面语句对刚创建的函数进行操作：

在 SQL Server Management Studio 查询编辑器中运行以下代码：

```
USE SCDB
GO
SELECT *
FROM dbo.学生信息('20080101')
GO
```

运行结果如图 1-126 所示。

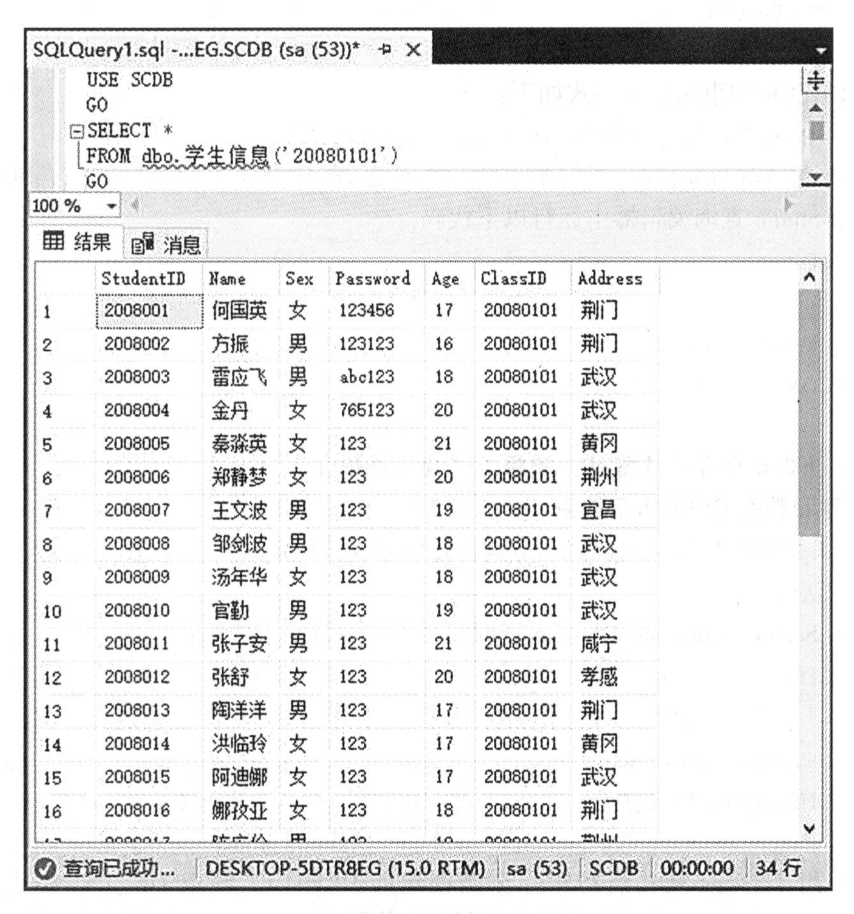

	StudentID	Name	Sex	Password	Age	ClassID	Address
1	2008001	何国英	女	123456	17	20080101	荆门
2	2008002	方振	男	123123	16	20080101	荆门
3	2008003	雷应飞	男	abc123	18	20080101	武汉
4	2008004	金丹	女	765123	20	20080101	武汉
5	2008005	秦淼英	女	123	21	20080101	黄冈
6	2008006	郑静梦	女	123	20	20080101	荆州
7	2008007	王文波	男	123	19	20080101	宜昌
8	2008008	邹剑波	男	123	18	20080101	武汉
9	2008009	汤年华	女	123	18	20080101	武汉
10	2008010	官勤	男	123	19	20080101	武汉
11	2008011	张子安	男	123	21	20080101	咸宁
12	2008012	张舒	女	123	20	20080101	孝感
13	2008013	陶洋洋	男	123	17	20080101	荆门
14	2008014	洪临玲	女	123	17	20080101	黄冈
15	2008015	阿迪娜	女	123	17	20080101	武汉
16	2008016	娜孜亚	女	123	18	20080101	荆门

图 1-126　运行表值函数

如果要删除以上创建的表值函数，选择该表值函数，右击，在弹出的快捷菜单选择“删除”命令，接着在弹出的“删除对象”对话框单击“确定”按钮即可。

知识拓展

一、有关约束维护数据完整性的 T-SQL 语句

1. 创建和删除 CHECK 约束

【例 1.4.12】使用 Transact-SQL 语句为学生表 Student 创建 CHECK 约束。

在 SQL Server Management Studio 查询编辑器中运行以下代码：

```
USE SCDB
GO
ALTER TABLE Student
ADD CONSTRAINT CK_Student   CHECK(sex='男'or sex='女')
GO
```

删除 CHECK 约束的语句格式如下：

```
DROP  CONSTRAINT CHECKconstraint_name
```

如果要用 Transact-SQL 语句删除上例创建的约束 CK_Student，在 SQL Server Management Studio 查询编辑器中运行以下代码：

```
USE SCDB
GO
ALTER TABLE Student
DROP CONSTRAINTCHECK CK_Student
GO
```

提示：为保证任务的连贯性，删除后请按原样恢复。

2. 创建和删除 DEFAULT 约束

【例 1.4.13】使用 Transact-SQL 语句定义 Student 的 DEFAULT 约束，要求学生登录系统密码的默认值为 123。

在 SQL Server Management Studio 查询编辑器中运行以下代码：

```
USE SCDB
GO
ALTER TABLE Student
ADD CONSTRAINT DE_Password DEFAULT ('123')  FOR Password
GO
```

如果要用 Transact-SQL 语句删除上例创建的 DEFAULT 约束 DE_Password，在 SQL Server Management Studio 查询编辑器中运行以下代码：

```
USE SCDB
GO
ALTER TABLE Student
DROP CONSTRAINT   DEFAULT DE_Password
```

```
GO
```

提示：为保证任务的连贯性，删除后请按原样恢复。

3. 创建和删除 PRIMARY KEY 约束

【例 1.4.14】使用 Transact-SQL 语句将 Student 的 StudentID 定义为 PRIMARY KEY 约束。

在 SQL Server Management Studio 查询编辑器中运行以下代码：

```
USE SCDB
GO
ALTER TABLE Student
ADD CONSTRAINT PK_StudentIDPRIMARY KEY
CLUSTERED (StudentID)
GO
```

删除该主键的 Transact-SQL 语句如下：

```
USE SCDB
GO
ALTER TABLE Student
DROP CONSTRAINT PK_StudentID
GO
```

提示：为保证任务的连贯性，删除后请按原样恢复。

4. 创建和删除 FOREIGN KEY 约束

【例 1.4.15】SCDB 数据库的 Student 表中有 StudentID，SC 表中记录每个学生选课情况，该表中也有 StudentID 列。要保证表间数据的完整性，需要为 SC 表设置外键约束（FOREIGN KEY）。使用 Transact-SQL 语句创建 FOREIGN KEY 约束。

在 SQL Server Management Studio 查询编辑器中运行以下代码：

```
——如果 Student 表中的 StudentID 列未建立主键约束，则先创建主键约束
ALTER TABLE Student
ADD CONSTRAINT pk_StudentID_PRAMARY KEY CLUSTERED(StudentID]
——为 SC 表中的 StudentID 列建立外键约束
ALTER TABLE SC
ADD CONSTRAINTFK_SC_Student FOREIGN KEY(StudentID)
REFERENCES  Student(StudentID)
——删除外键约束
ALTER TABLE SC
DROP CONSTRAINTFK_SC_Student
```

5. 创建 UNIQUE 约束

【例 1.4.16】使用 Transact-SQL 语句为 Class 表中的 ClassName 列建立 UNIQUE 约束。

在 SQL Server Management Studio 查询编辑器中运行以下代码：

```
USE SCDB
GO
CREATE UNIQUE indexUnique_ClassName on Class(ClassName)
GO
```

使用 Transact-SQL 语句删除以上创建的 UNIQUE 约束。

在 SQL Server Management Studio 查询编辑器中运行以下代码：

```
USE SCDB
GO
DROP INDEX
Class.Unique_ClassName
GO
```

任务小结

本工作任务通过具体示例介绍了数据库中常用的维护数据完整性的方法。通过本任务的具体实施，应熟练掌握维护数据完整性的各种方法并能灵活地使用。

实训练习

实训六　数据完整性的设计

【实训目的】

1. 了解数据完整性的基础知识。
2. 了解约束的含义及约束的实现。
3. 了解默认值的含义及默认值的实现。
4. 了解用户自定义函数的含义及用户自定义函数的实现。

【实训准备】

1. 认真阅读本实训内容。
2. 认真学习并掌握有关约束、默认值和用户自定义函数应用的相关知识。
3. 实训过程中注意做好相关记录。

【实训内容】

1. 数据的完整性是指存储在数据库中数据的________、________和________。

2. 根据数据的完整性所作用的数据库对象和范围的不同，数据的完整性分为 4 种：________、________、________和________。

3. 约束的类型包括：________、________、________、________和________。

4. 默认值是一种________，在数据库中只需定义一次，就可以被一次或多次地应用在任意表中的一列或多列上，还可以应用在用户自定义数据类型。

5. 规则与默认值一样，在数据库中只需要定义________次，就可以被________次应用。和默认值类似，规则创建后，需要将其________到列上或用户自定义数据类型上。

6. 用户自定义函数可用传递________个或________个参数，并返回________个简单的数值。

7. 为学生表 Student 中的年龄“Age”列建立 CHECK 约束。要求年龄必须在 1~100 岁，否则无效。

8. 使用 Transact-SQL 为学生表中的系统登录密码“Password”列设置其默认值为“8888”。

9. 在 SCDB 数据库中创建默认 MR_PSW，并将其绑定到 Student 表中的用户登录密码 Password 列上，默认值为“0000”。

10. 在学生表 Student 中创建规则 GZ_Age，并将其绑定到学生年龄 Age 列上，若输入的学生年龄不在 15~25 岁时，提示输入无效。

11. 创建一个用户自定义函数，返回特定班级的学生的平均年龄。

【实训报告要求】

1. 将实训过程中所进行的各项工作和步骤记录在实训报告上。

2. 将实训过程中遇到的问题记录下来。

3. 结合具体的操作写出实训的心得体会。

学习情景二

使用数据库

在学习情景一中创建了学生选课数据库 SCDB，接下来就需要对数据库 SCDB 进行操作了。那么如何将现有的学生选课数据信息存放到数据库中呢？如果要对存放进数据库的数据做修改、删除或根据需要进行数据检索，该如何操作？本学习情景将详细讲述以上相关问题的解决方案，具体包括：向 SCDB 各表中插入数据、修改数据、删除数据；根据需要进行数据检索；创建和管理索引；创建和使用视图；创建和使用存储过程；创建和使用触发器。

工作任务

- 任务一：数据操作。
- 任务二：数据查询。
- 任务三：创建和管理索引。
- 任务四：创建和使用视图。
- 任务五：创建和使用存储过程。
- 任务六：创建和使用触发器。

学习目标

- 学会使用"对象资源管理器"和 Transact-SQL 命令向表中插入、修改、删除数据。
- 学会使用 SELECT 语句进行数据查询。
- 学会索引的创建与管理。
- 学会视图的创建与使用。
- 学会存储过程的创建与使用。
- 学会触发器的创建与使用。

任务一　数据操作

任务引入

创建表以后，往往只是一个没有数据的空表。因此，向表中输入数据应当是创建表之后首先要执行的操作。无论表中是否有数据，都可以根据需要向表中添加数据。表中数据可以根据实际需要进行相应修改、删除。

任务目标

掌握使用“对象资源管理器”向表中插入、修改、删除数据的方法。

掌握使用 Transact-SQL 语句进行插入、修改、删除数据的方法。

必备知识

一、使用 INSERT 语句向表中添加新行

基本语法如下：

```
INSERT [INTO] table_name
[(column1, column2, ...)]
VALUES(value1, value2, ...)
```

其中：

INSERT [INTO]：关键字，表示插入。

table_name：用于接收数据的表名称。

column1，column2：将要插入数据的列名。

VALUES：关键字，引入要插入的数据值列表。

value1，value2：插入数据的列值。

说明：

(1)当向表中插入一行完整数据时，可以省略列名，但是必须保证 VALUES 后的各数据项数据类型及顺序同表定义的类型及顺序一致。

(2)当向表中插入部分数据时，应在列名处写出各个属性的列名。如果某些属性列在 INSERT 子句中没有出现，则新记录在这些列上的取值有以下三种可能：

① 当这些列有默认值设置时，插入新行时它们的值为默认值。

② 当这些列没有默认值设置，但它们允许空值时，插入新行时它们的值为空值。

③ 当这些列既没有默认值设置，也不允许空值时，执行 INSERT 语句会出错。

二、使用 INSERT 和 SELECT 插入数据

基本语法如下：

```
INSERT [INTO] table_name
SELECT column_list FROM table_list WHERE search_conditions
```

其中：

SELECT：主要用于检索数据。详细内容将在后面介绍。

column_list：要检索的列表。该列与 INSERT 语句中指定的表列一定要兼容，即列的数量和顺序必须相同，列的数据类型和长度相同或者可以进行转换。

table_list：表的名称。该表可以和 INSERT 语句中所使用的表相同也可以不同，可以是一个表，也可以是多个表，但必须是已存在的表。

三、使用 SELECT INTO 插入数据

SELECT INTO 语句用于创建一个新表，并用 SELECT 语句的结果集填充该表。使用 SELECT INTO 语句插入数据的方法，新表不是先创建的，而是在插入数据的过程中建立的。其语法格式如下：

```
SELECT select_list
INTO new_table_name
FROM  table_list
WHERE search_conditions
```

四、使用 UPDATE 修改表中的数据

基本语法如下：

```
UPDATE table_name SET
column1_name = modified_value1 [ , column2_name = modified_value2,
[ , ...]]
[WHERE search_condition]
```

其中：

UPDATE：修改关键字。

table_name：指定要修改数据的表名。

SET column1_name = modified_value1：指定要更新的列及该列改变后的值。

WHERE search_condition：指定被更新的记录应满足的条件。

五、使用 DELETE 删除表中的数据

基本语法如下：

```
DELETE table_name
[WHERE search_condition]
```

如果在数据删除语句中省略 WHERE 子句，表示删除表中全部数据。DELETE 语句删除表中的数据，而不是表的定义，即使表中的数据全部被删除，表的定义仍在数据库中。一个 DELECT 语句只能删除一个表中的数据，如果需要删除多个表的数据，就需要用多个 DELETE 语句。

任务实施

一、添加表数据

【例 2.1.1】使用“对象资源管理器”向 Student 表中插入表 2-1 所示记录。

表 2-1　Student 表中插入的记录

StudentID	Name	Sex	Password	Age	ClassID	Address
2008001	何国英	女	123456	17	20080101	荆门

(1)启动 SQL Server Management Studio，在“对象资源管理器”的树形目录中，找到 SCDB，展开该数据库。

(2)选择“Student”表，右击，在弹出的快捷菜单中选择“编辑前 200 行”命令，出现图 2-1 所示编辑窗口。

DESKTOP-5DTR8E...B - dbo.Student

StudentID	Name	Sex	Password	Age	ClassID	Address
NULL	NULL	NULL	NULL	NULL	NULL	NULL

图 2-1　向表中插入数据

(3)在相应列依次输入“2008001”“何国英”“女”“123456”“17”“20080101”“荆门”，如图 2-2 所示。

DESKTOP-5DTR8E...B - dbo.Student

StudentID	Name	Sex	Password	Age	ClassID	Address
2008001	何国英	女	123456	17	20080101	荆门
NULL	NULL	NULL	NULL	NULL	NULL	NULL

图 2-2　向 Student 中插入一行数据

(4)输入数据完毕后，直接关闭该编辑窗口即可

【例 2.1.2】使用 Transact-SQL 语句向 Course 表(见表 2-2)中插入以下 3 行记录。

表 2-2　Course 表中插入的记录

CourseID	CourseName	Teacher	Kind	CourseTime	LimiteNum	RegisterNum
30106	计算机应用基础	胡灵	计算机	周三 7-8 节	20	31
30107	计算机组装与维护	盛立	计算机	周三 3-4 节	30	36
30108	电工电子技术	吴孝红	计算机	周四 1-2 节	20	28

在 SQL Server Management Studio 查询编辑器中运行以下命令：

```
USE SCDB
Go
 INSERT Course ( CourseID, CourseName, Teacher, Kind, Course-
Time, LimiteNum,
RegisterNum)
VALUES ('30106', '计算机应用基础', '胡灵', '计算机', '周三 7-8 节', 20,
31)
 INSERT Course ( CourseID, Teacher, CourseName, Kind, Course-
Time, RegisterNum, LimiteNum)
VALUES ('30107', '盛立', '计算机组装与维护', '计算机', '周三 3-4 节',
30, 36)
INSERT Course
VALUES ('30108', '电工电子技术', '吴孝红', '计算机', '周四 1-2 节', 50,
78)
GO
```

【例 2.1.3】使用 INSERT 和 SELECT 将 NewStudent 表中的数据插入表 Student 中。

【分析】由于 NewStudent 表不存在，所以应先创建该表，并输入数据，然后再继续后续操作。

(1)在 SCDB 中创建一个新表，表名为 NewStudent。在 SQL Server Management Studio 查询编辑器中运行以下命令：

```
USE SCDB
GO
CREATE TABLE NewStudent
(
  StuID varchar(10) not null,
  Stuname varchar(10),
  Sex varchar(2),
  Pwd varchar(20) not null,
  Age int,
  ClassID varchar(10) not null,
  Addr varchar(50),
)
GO
```

(2)使用 INSERT 语句向 NewStudent 中输入一行数据。在 SQL Server Management Studio 查询编辑器中运行以下命令：

```
INSERT NewStudent
VALUES('2008008', '邹剑波', '男', '123', 18, '20080101', '武汉')
GO
```

(3)使用 INSERT 和 SELECT 将 NewStudent 表中的数据插入表 Student 中。在 SQL Server Management Studio 查询编辑器中运行以下命令：

```
USE SCDB
GO
INSERT Student
SELECT StuID, Stuname, Sex, Pwd, Age, ClassID, Addr from New-
Student
GO
```

【例 2.1.4】将 Course 表中的数据插入 NewCourse 表中(使用 SELECT INTO 语句)。

在 SQL Server Management Studio 查询编辑器中运行以下命令：

```
USE SCDB
GO
SELECT * INTO NewCourse
FROM Course
GO
```

二、修改表数据

【例 2.1.5】数据录入时将学号为"2008001"同学的生源地由"黄石"误录为"荆门"，请将其更正过来。

在 SQL Server Management Studio 查询编辑器中运行以下命令：

```
USE SCDB
GO
UPDATE Student
SET Address='黄石'
WHERE StudentID='2008001'
GO
```

三、删除表数据

【例 2.1.6】学号为"2008008"的同学因故办理了退学手续，使用"对象资源管理器"在学生表中删除相应行。

(1)启动 SQL Server Management Studio，在"对象资源管理器"的树形目录中，找到 SCDB，展开该数据库。

(2)选择“Student”表，右击，在弹出的快捷菜单中选择“编辑前 200 行”命令。

(3)选定“2008008”行，右击，在弹出的快捷菜单中选择“删除”命令，如图 2-3 所示。

DESKTOP-5DTR8E...B - dbo.Student

StudentID	Name	Sex	Password	Age	ClassID	Address
2008001	何国英	女	123456	17	20080101	荆门
2008002	方振	男	123123	16	20080101	荆门
2008003	雷应飞	男	abc123	18	20080101	武汉
2008004	金丹	女	765123	20	20080101	武汉
2008005	秦淼英	女	123	21	20080101	黄冈
2008006	郑静梦	女	123	20	20080101	荆州
2008007	王文波	男	123	19	20080101	宜昌
2008008	邹剑波	男	123	18	20080101	武汉
2008009	汤年华			18	20080101	武汉
2008010	官勤			19	20080101	武汉
2008011	张子安			21	20080101	咸宁
2008012	张舒			20	20080101	孝感
2008013	陶洋洋			17	20080101	荆门
2008014	洪临玲			17	20080101	黄冈
2008015	阿迪娜			17	20080101	武汉
2008016	娜孜亚			18	20080101	荆门
2008017	陈应俭			18	20080101	荆州
2008018	赵颖	女	123	19	20080101	荆州
2008019	程珍珍	女	123	19	20080101	武汉

执行 SQL(X) Ctrl+R
剪切(T) Ctrl+X
复制(Y) Ctrl+C
粘贴(P) Ctrl+V
删除(D) Del
窗格(N)
清除结果(L)
属性(R) Alt+Enter

图 2-3 删除数据行

(4)在弹出的对话框中单击“是”按钮，即可完成删除操作，如图 2-4 所示。

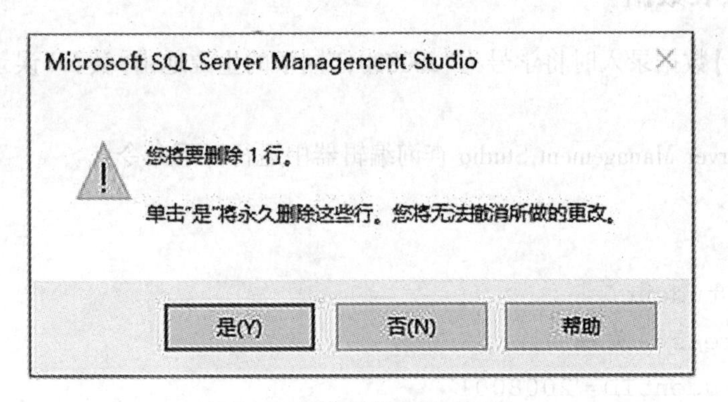

图 2-4 删除操作确认对话框

【例 2.1.7】计算机系的“盛立”老师因故取消了“计算机组装与维护”选修课程的开设，请使用 Transact-SQL 语句在 Course 表中删除此行。

```
USE SCDB
GO
DELETE Course
```

```
WHERE Teacher ='盛立' AND CourseName ='计算机组装与维护'
GO
```

知识拓展

在SQL数据库中，不使用DELETE语句而使用TRUNCATE TABLE语句也可以删除表中的数据，TRUNCATE TABLE语句是一种快速、无日志记录的删除方法。TRUNCATE TABLE语句与不含有WHERE子句的DELETE语句在功能上相同。但是，TRUNCATE TABLE语句速度更快，并且使用更少的系统资源和事务日志资源。

与DELETE语句相比，TRUNCATE TABLE语句具有以下优点：

1. 所用的事务日志空间较少

DELETE语句每次删除一行，会在事务日志中为所删除的每行记录一项。TRUNCATE TABLE通过释放用于存储表数据的数据页来删除数据，并且在事务日志中只记录页释放。

2. 使用的锁通常较少

当使用行锁执行DELETE语句时，将锁定表中各行以便删除。TRUNCATE TABLE始终锁定表和页，而不是锁定各行。

3. 如无例外，在表中不会留有任何页

执行DELETE语句后，表仍会包含空页。例如，必须至少使用一个排他表锁才能释放堆中的空表。如果执行删除操作时没有使用表锁，表(堆)中将包含许多空页。对于索引，删除操作会留下一些空页，尽管这些页会通过后台清除进程迅速释放。

与DELETE语句相同，使用TRUNCATE TABLE语句清空的表的定义与其索引和其他关联对象一起保留在数据库中。

任务小结

本工作任务详细介绍了操作表中数据的过程。通过本任务的实施应熟练掌握使用“对象资源管理器”和Transact-SQL语句(INSERT、UPDATE、DELETE、SELECT)插入、修改、删除表中数据的操作。

实训练习

实训七　数据操作

【实训目的】

1. 学会使用“对象资源管理器”向表中插入数据。
2. 学会使用Transact-SQL语句向表中插入数据。

3. 学会使用“对象资源管理器”修改表中的数据。

4. 学会使用 Transact-SQL 语句修改表中的数据。

5. 学会使用“对象资源管理器”删除表中的数据。

6. 学会使用 Transact-SQL 语句删除表中的数据。

【实训准备】

1. 认真阅读本实训内容。

2. 认真学习并掌握有关向数据表中插入数据、修改数据、删除数据等操作的相关知识。

3. 实训过程中注意做好相关记录。

【实训内容】

1. 使用“对象资源管理器”向 Department 表中插入如下记录(见表 2-3)。

表 2-3　Department 表记录

DepartID	DepartName	Office	Telephone	Chairman
1	道桥系	A0503	4973	包卫丽
2	计算机系	A1001	4989	吴可鹏

2. 使用 Transact-SQL 语句向 Class 表中插入如下记录(见表 2-4)。

表 2-4　class 表记录

ClassID	DepartID	ClassName	ClassMonitor
20080101	2	计算机应用 20080101	王波
20080102	2	计算机网络 20080102	江河

3. 使用 SELECT INTO 将上题 Class 表中的数据插入到 NewClass 表中。

4. 学院新办公楼建成，道桥系办公室搬至 B605 室，请使用“对象资源管理器”将相应数据更新。

5. 计算机应用 20080101 班进行了班干换届选举，通过民主评选“雷应飞”同学当选为新任班长，请使用 Transact-SQL 语句将相应数据更新。

6. 使用 Transact-SQL 语句删除 NewClass 表中班级编号为“20080102”的数据行。

【实训报告要求】

1. 将实训过程中所进行的各项工作和步骤记录在实训报告上。

2. 把实训过程中遇到的问题记录下来。

3. 结合具体的操作写出实训的心得体会。

任务二　数据查询

任务引入

数据库技术的发展与数据查询速度的提高密切相关，数据库技术的发展是以数据查询速度的提高为标志的。学习数据库技术，必须掌握正确的数据查询方法。在 SQL Server 中，查询数据用 SELECT 语句实现。用户使用 SELECT 语句可以从数据库中按照自身需要查询数据信息。系统按照用户的要求选择数据，然后将选择的数据以用户规定的格式整理后返回给用户端。用户使用 SELECT 语句不但可以对数据库进行精确查找，而且还可以对数据库进行模糊查找，这在很大程度上方便了用户查找数据信息。

任务目标

掌握 SELECT 语句的各种使用方法。

提示：为了学习方便，请先将完整的 SCBD 数据库附加到 SQL Server 2019 中。

必备知识

SELECT 语句基本语法如下：

```
SELECT select_list
FROM table_source
WHERE search_condition
```

其中：

select_list：用于指出要查询的字段，也就是查询结果中的字段名。

table_source：指出所要进行查询的数据来源，即表或视图的名称。

search_condition：指出查询数据时要满足的检索条件。

任务实施

一、检索表中的部分列

对数据库的一个表进行查询时，可指定列名来选择表中的部分列数据，而过滤掉不需要的列数据。所选中的列之间用逗号分隔，查询结果集中数据的排列顺序与选择列中所指定的列名排列顺序相同。

【例 2.2.1】从学生表 Student 中检索学生的学号、姓名、年龄和生源地。

在 SQL Server Management Studio 查询编辑器中运行以下命令：

```
USE SCDB
GO
SELECT StudentID, Name, Age, Address
FROM Student
GO
```

运行结果如图 2-5 所示，只显示了学生表 Student 中的部分列。

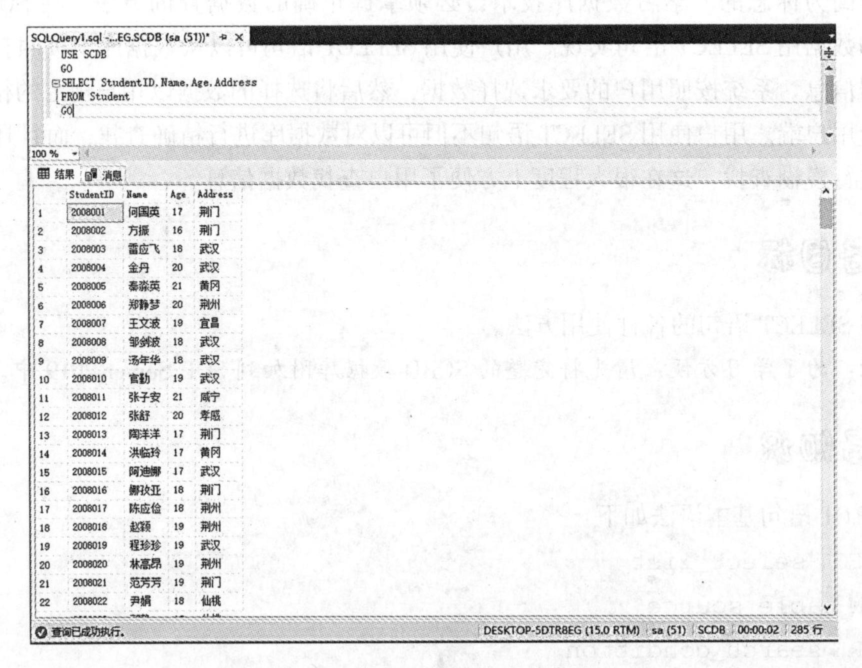

图 2-5　检索 Student 中的部分列

二、使用(*)检索表中所有列

如果要检索一个表中所有的列字段，可以使用(*)来解决。

【例 2. 2. 2】从学生表中检索所有信息。

在 SQL Server Management Studio 查询编辑器中运行以下命令：

```
USE SCDB
GO
SELECT *
FROM Student
GO
```

运行结果如图 2-6 所示，显示了学生表 Student 的所有信息。

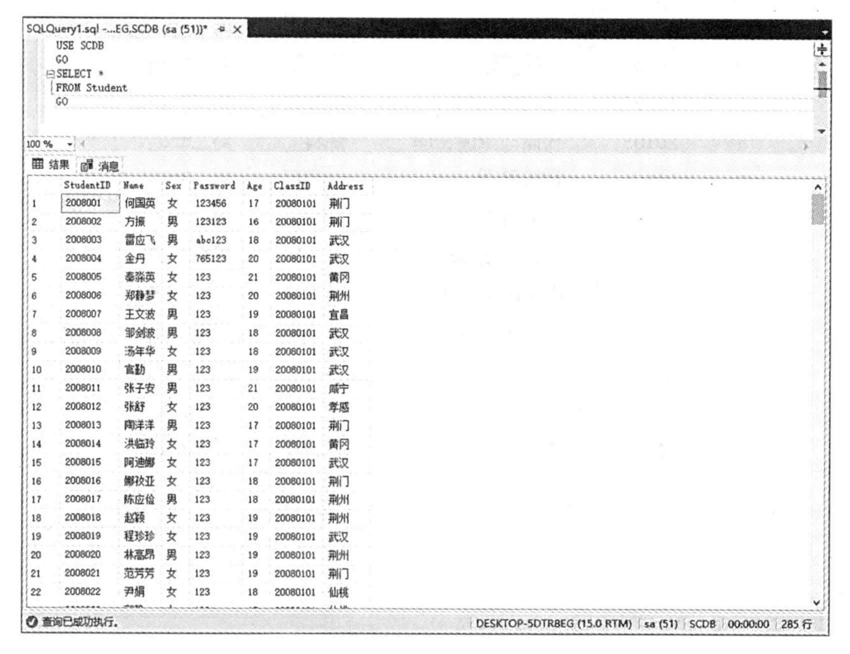

	StudentID	Name	Sex	Password	Age	ClassID	Address
1	2008001	何国英	女	123456	17	20080101	荆门
2	2008002	方振	男	123123	16	20080101	荆门
3	2008003	雷应飞	男	abc123	18	20080101	武汉
4	2008004	金丹	女	765123	20	20080101	武汉
5	2008005	秦淼英	女	123	21	20080101	黄冈
6	2008006	郑静梦	女	123	20	20080101	荆州
7	2008007	王文波	男	123	19	20080101	宜昌
8	2008008	邹剑波	男	123	18	20080101	武汉
9	2008009	汤年华	女	123	18	20080101	武汉
10	2008010	官勤	男	123	19	20080101	武汉
11	2008011	张子安	男	123	21	20080101	咸宁
12	2008012	张舒	女	123	20	20080101	孝感
13	2008013	陶洋洋	男	123	17	20080101	荆门
14	2008014	洪临玲	女	123	17	20080101	黄冈
15	2008015	阿迪娜	女	123	17	20080101	武汉
16	2008016	娜孜亚	女	123	18	20080101	荆门
17	2008017	陈应俭	男	123	18	20080101	荆州
18	2008018	赵颖	女	123	19	20080101	荆州
19	2008019	程珍珍	女	123	19	20080101	武汉
20	2008020	林高昂	男	123	19	20080101	荆州
21	2008021	范芳芳	女	123	19	20080101	荆门
22	2008022	尹娟	女	123	18	20080101	仙桃

图 2-6　使用(*)检索 Student 中的所有信息

三、修改检索结果中的列标题

在定义表列名时，一般采用字符或字符加数字来命名，而在检索结果中，显示的列标题就是表的列名，有时需要将显示结果的列标题修改为直观易懂的汉字标题。修改检索列标题的方法有 3 种：

(1)将要显示的列标题用单引号括起来后接等号(=)，后接要检索的列名：

'列标题'=列名

(2)将要显示的列标题用单引号括起来后，写在列名后面，两者之间使用空格隔开：

列名 '列标题'

(3)将要显示的列标题用单引号括起来后，写在列名后面，两者之间使用 AS 关键字：

列名 AS '列标题'

【例 2.2.3】检索课程表中的课程编号、课程名称、任课教师和上课时间，要求检索结果列标题修改为汉字标题显示，显示效果如图 2-7 所示。

(1)使用第 1 种方法。在 SQL Server Management Studio 查询编辑器中运行以下命令：

```
USE SCDB
GO
SELECT '课程编号'=CourseID, '课程名称'=CourseName, '任课教师'=
Teacher, '上课时间'=CourseTime
```

	课程编号	课程名称	任课教师	上课时间
1	10101	工程测量	孙瑞晨	周一3-4节
2	10103	桥梁工程	黄金宵	周一1-2节
3	10107	道路建筑材料	陈婷婷	周二3-4节
4	20103	仓储与配送管理	陈科	周二5-6节
5	20106	物流管理	严丽丽	周一3-4节
6	30106	计算机应用基础	胡灵	周三7-8节
7	30107	计算机组装与维护	盛立	周三3-4节
8	30108	电工电子技术	吴孝红	周四1-2节
9	30214	数据库技术及应用	曾飞燕	周四3-4节
10	40103	船舶结构与设备	丁 亮	周五1-2节
11	51204	园林景观设计	李明华	周五3-4节
12	61008	工程机械与液压技术	张世庆	周一3-4节

图 2-7 修改检索结果的列标题

```
FROM Course
GO
```

(2)使用第 2 种方法。在 SQL Server Management Studio 查询编辑器中运行以下命令：

```
USE SCDB
GO
SELECT CourseID '课程编号', CourseName '课程名称', Teacher '任课教师',
CourseTime  '上课时间'
FROM Course
GO
```

(3)使用第 3 种方法。在 SQL Server Management Studio 查询编辑器中运行以下命令：

```
USE SCDB
GO
SELECT CourseID AS '课程编号', CourseName AS '课程名称', Teacher AS
'任课教师',
CourseTime AS '上课时间'
FROM Course
GO
```

四、使用 TOP n[PERCENT]返回前 n 行

在需要检查部分结果以核实查询是否按预期执行时，可以使用 TOP 子句从查询中返回前 n 行或前 n percent($n\%$)行。

【例 2.2.4】从学生表中检索所有信息，要求只显示前 5 行数据。

在 SQL Server Management Studio 查询编辑器中运行以下命令：

```
USE SCDB
GO
SELECTTOP 5 *
FROM Student
GO
```

运行结果如图 2-8 所示，只显示学生表的前 5 行数据。

【例 2.2.5】从学生表中检索所有信息，要求只显示前 1%行数据。

在 SQL Server Management Studio 查询编辑器中运行以下命令：

```
USE SCDB
GO
SELECTTOP 1 PERCENT *
FROM Student
GO
```

运行结果如图 2-9 所示，只显示学生表的 3 行数据。学生表中共有 285 条数据，285 条数据的 1%为 2.85，即取 3 行数据。

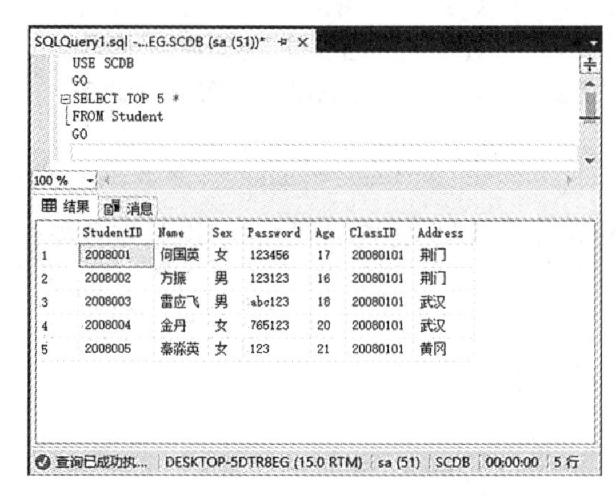

图 2-8　TOP n 的使用

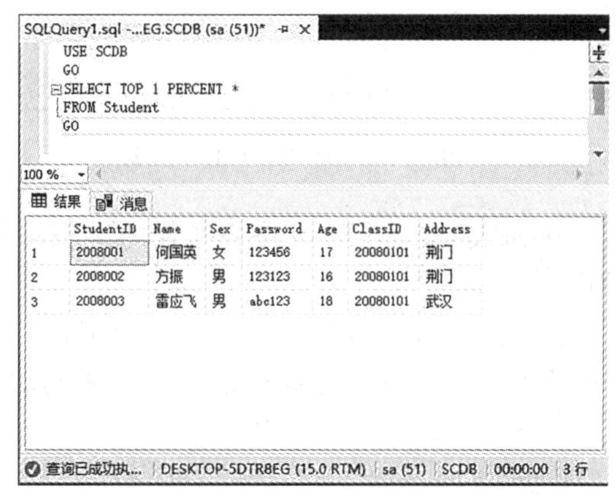

图 2-9　TOP n [PERCENT]的使用

五、使用 DISTINCT 消除重复行

如果要让重复行只显示一次，需在 SELECT 子句中用 DISTINCT 指定。

【例 2.2.6】从学生表中检索学生的生源地，要求消除值相同的行。

在 SQL Server Management Studio 查询编辑器中运行以下命令：

```
USE SCDB
GO
SELECT DISTINCT Address '生源地'
```

```
FROM Student
GO
```

运行结果如图 2-10 所示。如果在上面的语句中去掉 DISTINCT 关键字，结果会有何不同？

六、在检索结果中增加字符串

在检索过程中，如果需要在结果中增加一些字符串，如图 2-11 所示，在检索结果中增加了“姓名:”和“生源地:”两个字符串。

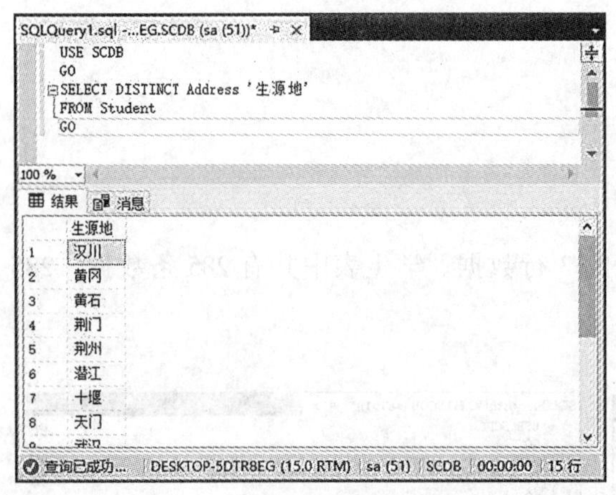

图 2-10　使用 DISTINCT 消除重复行

	(无列名)	Name	(无列名)	Address
1	姓名:	何国英	生源地:	荆门
2	姓名:	方振	生源地:	荆门
3	姓名:	雷应飞	生源地:	武汉
4	姓名:	金丹	生源地:	武汉
5	姓名:	秦淼英	生源地:	黄冈
6	姓名:	郑静梦	生源地:	荆州
7	姓名:	王文波	生源地:	宜昌
8	姓名:	邹剑波	生源地:	武汉

图 2-11　在检索结果中增加字符串

在 SELECT 子句中，将要增加的字符串用单引号括起来，和列的名字用逗号分隔开即可。

【**例 2.2.7**】从学生表中检索学生的姓名、生源地，要求显示结果如图 2-11 所示。

在 SQL Server Management Studio 查询编辑器中运行以下命令：

```
USE SCDB
GO
SELECT '姓名：', Name, '生源地：', Address
FROM Student
GO
```

七、条件查询

条件查询是指在数据表中查询满足某些条件的记录，在 SELECT 语句中使用 WHERE 子句可以达到这一目的，即从数据表中过滤出符合条件的记录。WHERE 子句必须紧跟在 FROM 子句后面，WHERE 子句中的条件是一个逻辑表达式，其中可以包含的运算符如表 2-5 所示。

表 2-5　条件运算符

分　类	运 算 符	意　义
逻辑运算符	NOT	对一个布尔表达式的值取反
	AND	用于两个及两个以上条件与连接
	OR	用于两个及两个以上条件或连接
比较运算符	>	大于
	>=	大于等于
	=	等于
	<	小于
	<=	小于等于
	<>、! =	不等于
	! >	不大于
	! <	不小于
范围运算符	BETWEEN... AND...	判断表达式的值是否在指定范围之内
	NOT　BETWEEN... AND...	
列表运算符	IN(NOT IN)	判断表达式的值是否为列表中的指定项
空值判断符	IS NULL(NOT IS NULL)	判断表达式的值是否为空
模式匹配符	LIKE(NOT LIKE)	判断列值是否与指定的字符通配格式相符

1. 逻辑表达式作查询条件

【例 2.2.8】在学生表中检索班级编号为“20080201”，或者生源地为“武汉”的学生的所有信息。

【分析】本例中的两个条件是或的关系，故应选择 OR 逻辑运算符。

在 SQL Server Management Studio 查询编辑器中运行以下命令：

```
USE SCDB
GO
SELECT *
FROM Student
WHERE ClassID='20080201'OR Address='武汉'
GO
```

运行结果如图 2-12 所示。

提示：当在查询条件中同时出现 3 个逻辑运算符时，应注意运算符的优先级，NOT 的优先级最高，AND 次之，OR 最低。

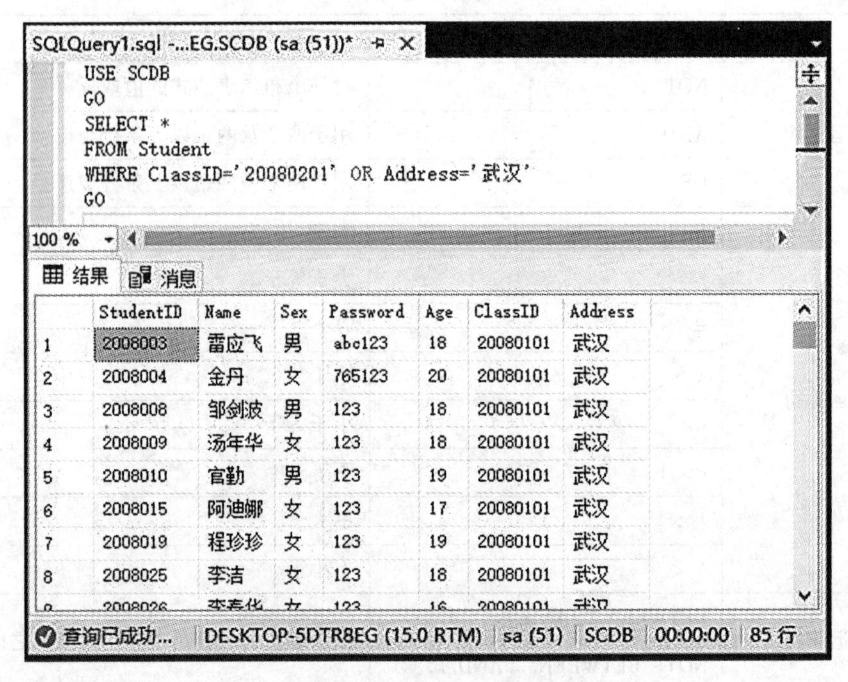

图 2-12　逻辑运算符的使用

2. 比较表达式作查询条件

【**例 2.2.9**】检索报名人数大于 31 人并且小于 37 人的课程信息。

在 SQL Server Management Studio 查询编辑器中运行以下命令：

```
USE SCDB
GO
SELECT *
FROM Course
WHERE RegisterNum>31 AND RegisterNum<37
GO
```

运行结果如图 2-13 所示。

3. 范围运算符作查询条件

使用 BETWEEN…AND…限制查询数据范围时包括了边界值，而使用 NOT BETWEEN…AND…进行查询时没有包括边界值。

【**例 2.2.10**】检索报名人数大于等于 31 人并且小于等于 37 人的课程信息。

在 SQL Server Management Studio 查询编辑器中运行以下命令：

```
USE SCDB
GO
SELECT *
```

图 2-13　比较运算符的使用

```
FROM Course
WHERE RegisterNum BETWEEN 31 AND 37
GO
```

运行结果如图 2-14 所示。

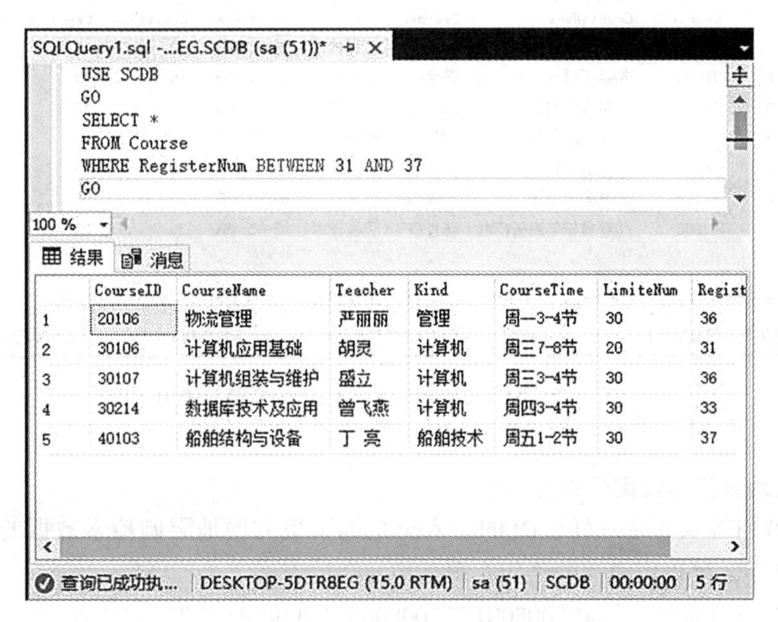

图 2-14　BETWEEN…AND 运算符的使用

提示：本例题也可用比较表达式作查询条件来解决，大家可以自己试一试。

【例 2.2.11】检索报名人数小于 31 人或者大于 37 人的课程信息。

【分析】解决本问题，有两种方法，可以用 WHERE RegisterNum<31 OR RegisterNum>37，或者 WHERE RegisterNum NOT BETWEEN 31 AND 37。这里用第 2 种方法，让大家熟悉 NOT　BETWEEN…AND…的使用。

在 SQL Server Management Studio 查询编辑器中运行以下命令：

```
USE SCDB
GO
SELECT *
FROM Course
WHERE RegisterNum NOT BETWEEN 31 AND 37
GO
```

运行结果如图 2-15 所示。

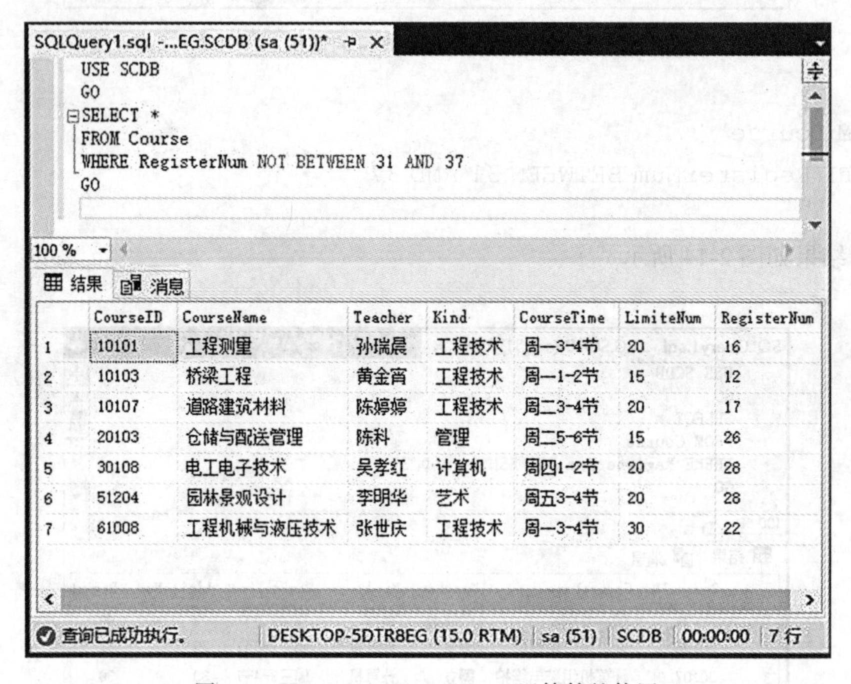

	CourseID	CourseName	Teacher	Kind	CourseTime	LimiteNum	RegisterNum
1	10101	工程测量	孙瑞晨	工程技术	周一3-4节	20	16
2	10103	桥梁工程	黄金宵	工程技术	周一1-2节	15	12
3	10107	道路建筑材料	陈婷婷	工程技术	周二3-4节	20	17
4	20103	仓储与配送管理	陈科	管理	周二5-6节	15	26
5	30108	电工电子技术	吴孝红	计算机	周四1-2节	20	28
6	51204	园林景观设计	李明华	艺术	周五3-4节	20	28
7	61008	工程机械与液压技术	张世庆	工程技术	周一3-4节	30	22

图 2-15　NOT BETWEEN…AND 运算符的使用

4. 列表运算符作查询条件

同 BETWEEN 关键字一样，IN 的引入也是为了更方便地限制检索数据的范围，灵活使用 IN 关键字，可以用简洁的语句实现结构复杂的查询。

【例 2.2.12】检索学号为"2008001""2008005""2008016"的学生姓名。

【分析】学号为"2008001""2008005""2008016"可以表示为 StudentID = '2008001' OR

StudentID='2008005' OR StudentID='2008016'，但是使用 IN 关键字进行检索比使用 2 个 OR 运算符更为简单，可以表示为 IN('2008001'，'2008005'，'2008016')。

在 SQL Server Management Studio 查询编辑器中运行以下命令：

```
USE SCDB
GO
SELECT Name
FROM Student
WHERE StudentID IN('2008001', '2008005', '2008016')
GO
```

运行结果如图 2-16 所示。

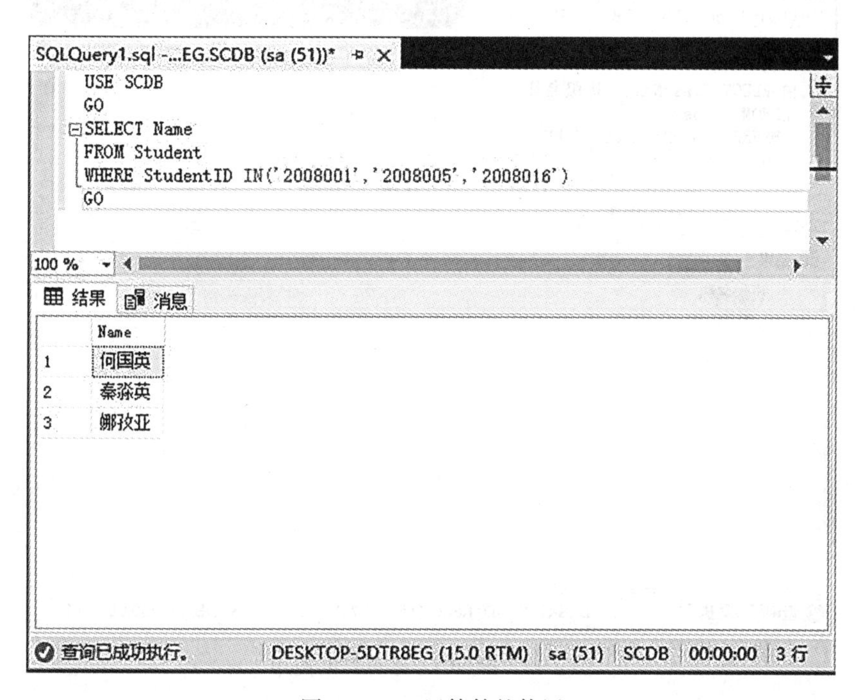

图 2-16　IN 运算符的使用

思考：如果将题目改为：检索学号不为“2008001”“2008005”“2008016”的学生姓名，又该如何实现呢？

5. 空值判断符作查询条件

空值意味着用户没有输入值，它既不代表字符空格也不代表数字 0。空值与任何数据运算或比较时，结果仍为空。空值之间不能匹配。因此在 WHERE 子句中不能使用比较运算符对空值进行比较判断，而只能使用空值判断符 IS NULL(NOT IS NULL)来判断表达式的值是否为空。

【例 2.2.13】检索班级表中班长未定的班级名称。

在 SQL Server Management Studio 查询编辑器中运行以下命令：

```
USE SCDB
GO
SELECT ClassName '班级名称'
FROM  Class
WHERE ClassMonitor IS NULL
GO
```

运行结果如图 2-17 所示。因为没有 ClassMonitor 为 NULL 的记录，所以返回结果为 0 行。

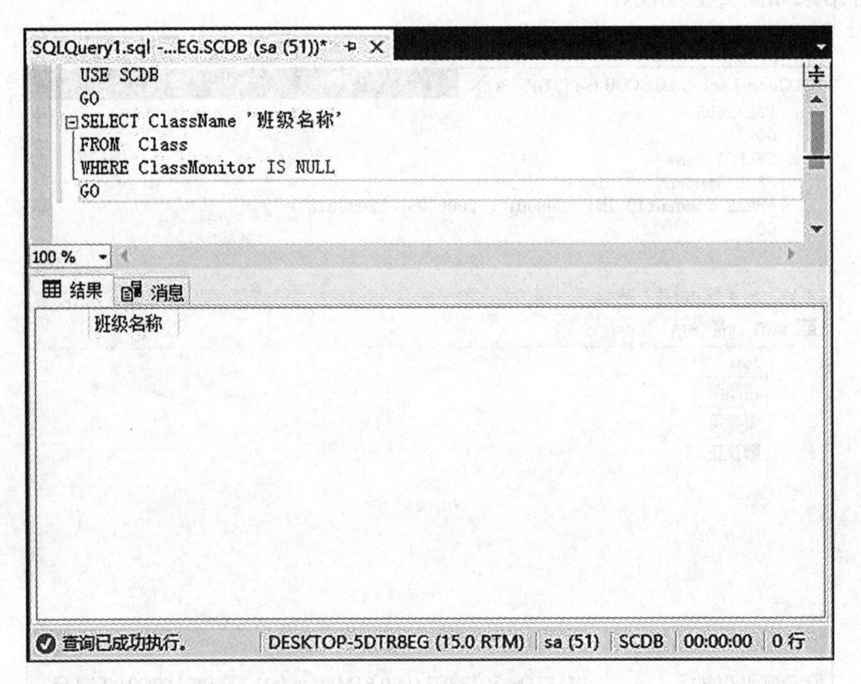

图 2-17　IS NULL 运算符的使用

6. 模式匹配符作查询条件

在实际的应用中，用户不可能总是给出精确的查询条件。因此，经常需要根据一些并不确切的线索来搜索信息，这就是所谓的模糊查询，使用 LIKE(NOT LIKE)来实现。其一般语法格式如下：

<表达式> [NOT] LIKE '<匹配串>'

其中，<匹配串>可以是一个完整的字符串，也可以含有通配符。SQL Server 提供了以下 4 种通配符：

(1)%(百分号)：匹配包含 0 个或 n 个任意字符串。

(2)_(下划线)：匹配任意单个字符。

(3)[ ](方括号)：匹配指定范围或集合中的任何单个字符，例如，[a-d]匹配的是a、b、c、d单个字符。

(4)[^]：匹配不属于指定范围或集合中的任何单个字符，例如，[^a-d]匹配的是除了a、b、c、d之外的任何字符。

提示：如果要查找通配符本身，需要将它们用方括号括起来。例如：LIKE '30[%]'表示匹配30%。

【例2.2.14】在课程表中检索“周二”上课的课程名称、上课教师及详细上课时间。

【分析】匹配“周二”上课表示为：'周二%'。

在SQL Server Management Studio查询编辑器中运行以下命令：

```
USE SCDB
GO
SELECT CourseName '课程名称', Teacher '授课教师', CourseTime '上课时间'
FROM  Course
WHERE CourseTime LIKE '周二%'
GO
```

运行结果如图2-18所示。

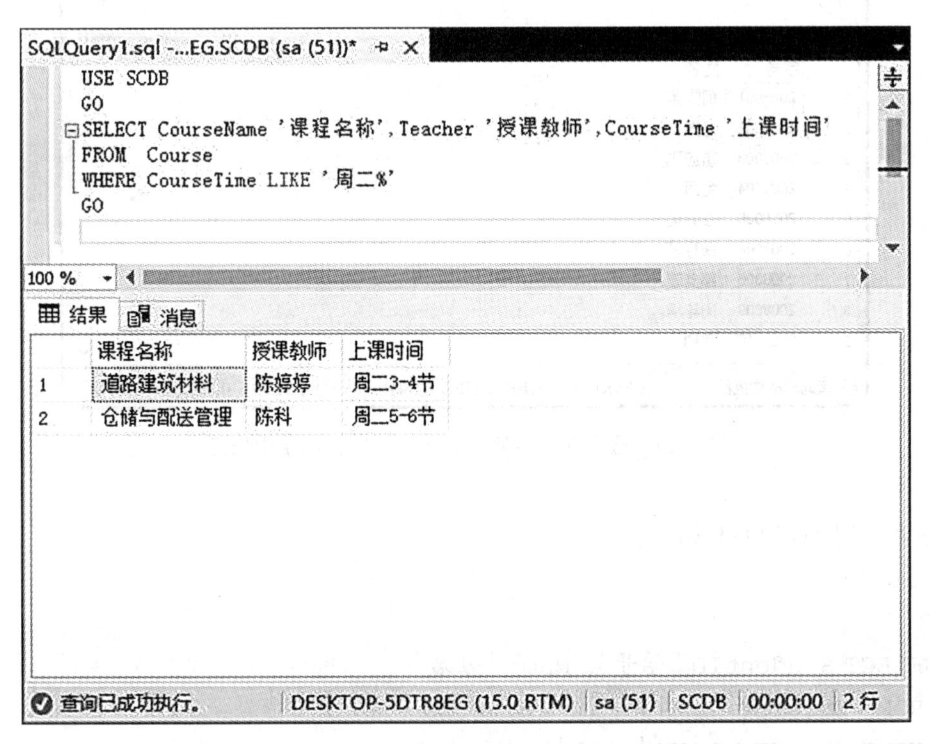

图2-18　检索“周二”上课的课程名称、上课教师及详细上课时间

【例 2. 2. 15】检索姓名的第 2 个字不为“文”的学生信息，要求显示学生学号和姓名。

【分析】匹配第 2 个字不为“文”的学生可表示为 Name LIKE '_[^文]%'，或者表示为 NOT LIKE '_文%'。

在 SQL Server Management Studio 查询编辑器中运行以下命令：

```
USE SCDB
GO
SELECT StudentID '学号', Name '姓名'
FROM  Student
WHERE Name LIKE '_[^文]%'
GO
```

运行结果如图 2-19 所示。

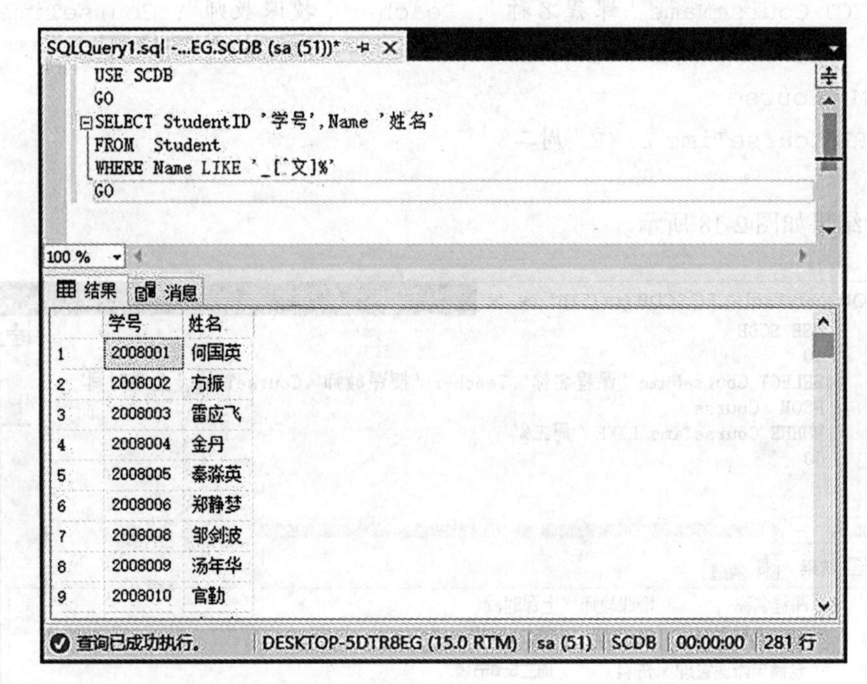

图 2-19　检索姓名的第 2 个字不为“文”的学生信息

或者使用 NOT LIKE 语句：

```
USE SCDB
GO
SELECT StudentID '学号', Name '姓名'
FROM  Student
WHERE Name NOT LIKE '_文%'
GO
```

两者检索的结果是一样的。

八、排序查询(ORDER BY 子句)

如果没有指定查询结果的显示顺序，将按记录在表中的先后顺序输出查询结果。用户也可以用 ORDER BY 子句指定按照一个或多个属性列的升序(ASC)或降序(DESC)重新排列查询结果，其中升序 ASC 为默认值。

【例 2.2.16】检索课程表的课程名称、授课教师、最低限制开班人数、报名人数，要求检索结果按照最低限制开班人数的升序排列，最低限制开班人数相同时，则按照报名人数的降序排列。

在 SQL Server Management Studio 查询编辑器中运行以下命令：

```
USE SCDB
GO
SELECT CourseName '课程名称', Teacher '授课教师', LimiteNum '最低限制开班人数', RegisterNum '报名人数'
FROM Course
ORDER BY LimiteNum ASC, RegisterNum DESC
GO
```

运行结果如图 2-20 所示。

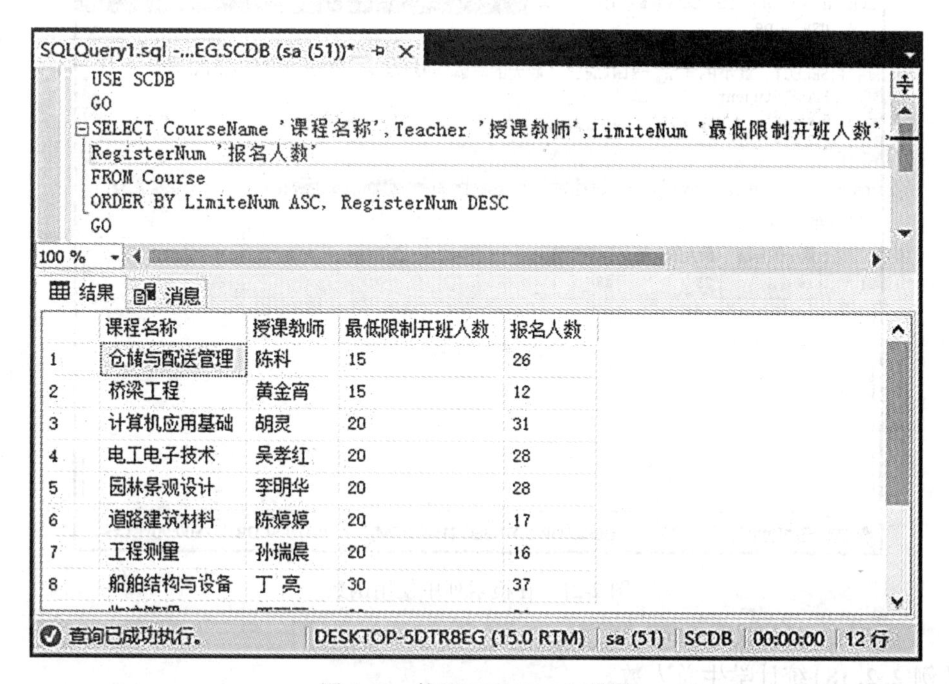

图 2-20　使用 ORDER BY 排序

九、检索列为表达式

SELECT 子句中的选项列表可以是列表也可以是表达式，表达式可以是列名、函数或常数。SQL 使用聚合函数提供了一些统计功能，常使用的聚合函数有：求最小值函数 MIN( )、求最大值函数 MAX( )、求平均值函数 AVG( )、计算总行数 COUNT( )、求和函数 SUM( )。

【例 2.2.17】检索学生表中最小的年龄、最大的年龄和平均年龄。

【分析】计算最小的年龄、最大的年龄和平均年龄分别使用 MIN( )、MAX( )、AVG( )函数。

在 SQL Server Management Studio 查询编辑器中运行以下命令：

```
USE SCDB
GO
SELECT '最小的年龄'=MIN(Age), '最大的年龄'=MAX(Age), '平均年龄'=AVG
(Age)
FROM Student
GO
```

运行结果如图 2-21 所示。

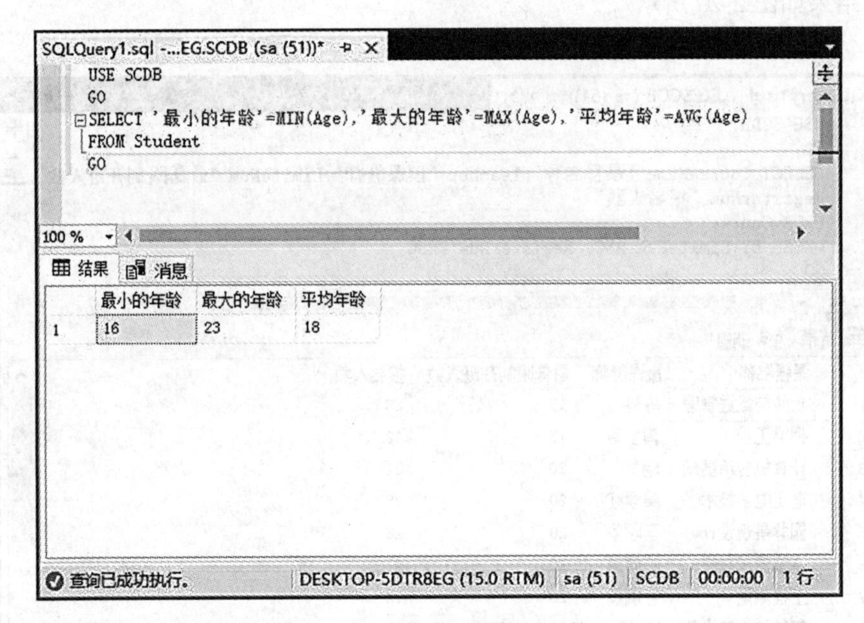

图 2-21　在检索列中使用函数

【例 2.2.18】统计学生总人数。

【分析】用计算总行数 COUNT( )来统计学生总人数。

在 SQL Server Management Studio 查询编辑器中运行以下命令：

```
USE SCDB
GO
SELECT COUNT(StudentID) '学生总人数' FROM Student
GO
```

运行结果如图 2-22 所示。

图 2-22　使用聚合函数统计学生人数

十、使用 GROUP BY 子句

将检索结果按照 GROUP BY 后指定的列进行分组，分组可以使同组的记录集中在一起，也使数据能够分组统计。当 SELECT 子句后的目标列中有统计函数时，如果查询语句中有分组子句，则统计为分组统计，否则为对整个结果集统计。SELECT 子句中的选项列表中任意非聚合表达式内的所有列都应包含在 GROUP BY 列表中，或者 GROUP BY 表达式必须与选择列表表达式完全匹配。

【例 2.2.19】按生源地分类统计各个生源地学生的平均年龄。

【分析】本例题检索结果应为生源地 Address 分类列的值，以及对同一生源地学生计算平均年龄，即 AVG(Age)的值，因而，在 SELECT 子句中包含聚合函数 AVG( )，而且按生源地分类统计，故应使用 GROUP BY Address 子句。

在 SQL Server Management Studio 查询编辑器中运行以下命令：

```
USE SCDB
GO
SELECT '生源地'=Address, '平均年龄'=AVG(Age)
FROM Student
GROUP BY Address
GO
```

运行结果如图 2-23 所示。

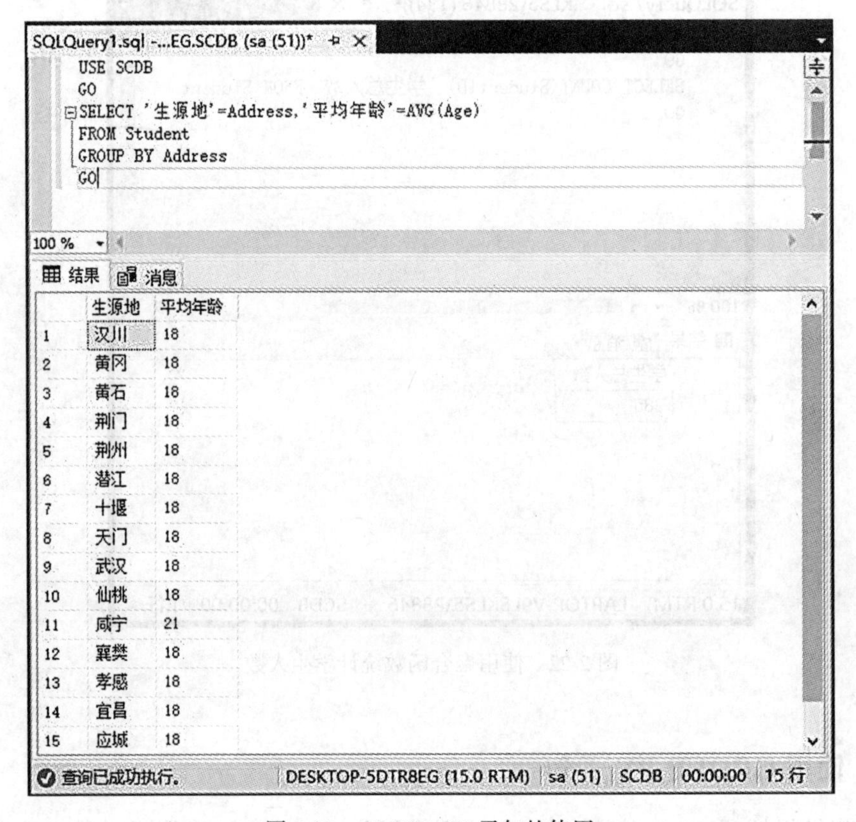

图 2-23　GROUP BY 子句的使用

十一、使用 HAVING 子句

若要输出满足一定条件的分组，则需要使用 HAVING 子句。即当完成数据结果的查询和统计后，可以使用 HAVING 子句来对查询和统计的结果做进一步的筛选，该子句常常用在 GROUP BY 子句之后。

说明：

(1) 如果检索条件在分组之前被应用，则使用 WHERE 子句，其限制检索条件比使用 HAVING 子句更有效，可以减少要进行分组的行数。

(2) WHERE 与 HAVING 的主要区别是各自的作用对象不同。WHERE 是从基表或视图中检索满足条件的记录；HAVING 是从所有的组中检索满足条件的组。

(3) 可以在 HAVING 子句中使用聚合函数，但不能在 WHERE 子句中使用聚合函数。

【例 2.2.20】检索生源地为"武汉"的学生的平均年龄。

【分析】本例题与上一个例题有些相似，不同点是本例只检索生源地为"武汉"的学生的平均年龄，此时需要对检索的范围做限制。可使用 HAVING 子句或者 WHERE 子句，表示为 HAVING Address='武汉'或者 WHERE Address='武汉'。两者的区别在于，前者先分组，再对分组后的结果进行判断生源地是否为'武汉'；后者是先判断生源地是否为'武汉'，然后再进行分组。

在 SQL Server Management Studio 查询编辑器中运行以下命令：

```
USE SCDB
GO
SELECT '生源地'=Address, '平均年龄'=AVG(Age)
FROM Student
GROUP BY Address
HAVING Address='武汉'
GO
```

运行结果如图 2-24 所示。

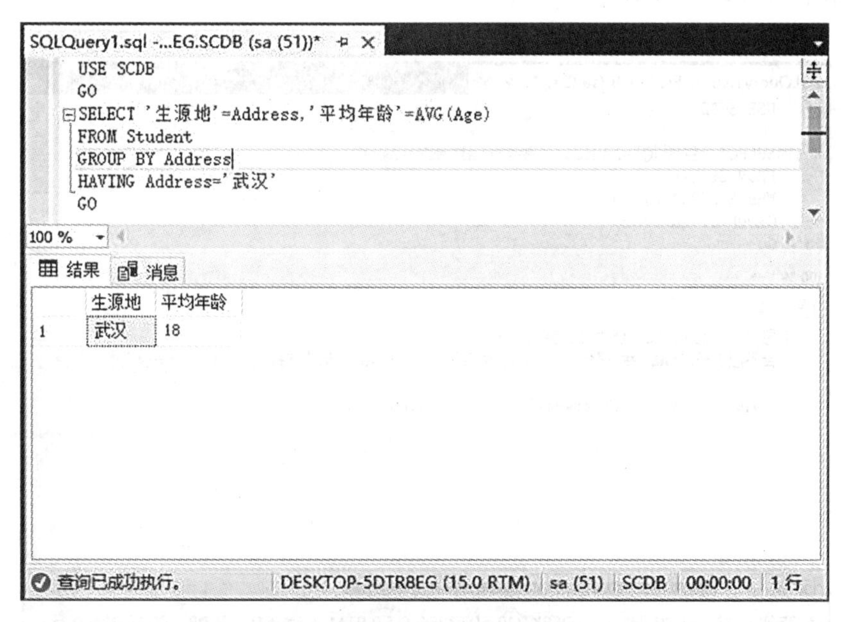

图 2-24 HAVING 子句的使用

使用 WHERE 子句也可以得到一样的结果：

```
USE SCDB
GO
SELECT '生源地'=Address, '平均年龄'=AVG(Age)
FROM Student
WHERE Address='武汉'
GROUP BY Address
GO
```

【例 2.2.21】检索平均年龄小于 19 岁的生源地和各个生源地的平均年龄。

【分析】本例的限制条件表示为 AVG(Age)<19，只能使用 HAVING 子句。如果使用 WHERE 子句，运行会显示图 2-25 所示的错误消息。

错误使用 WHERE 子句如下：

```
USE SCDB
GO
SELECT '生源地'=Address, '平均年龄'=AVG(Age)
FROM Student
WHERE AVG(Age)<19
GROUP BY Address
GO
```

运行结果如图 2-25 所示。

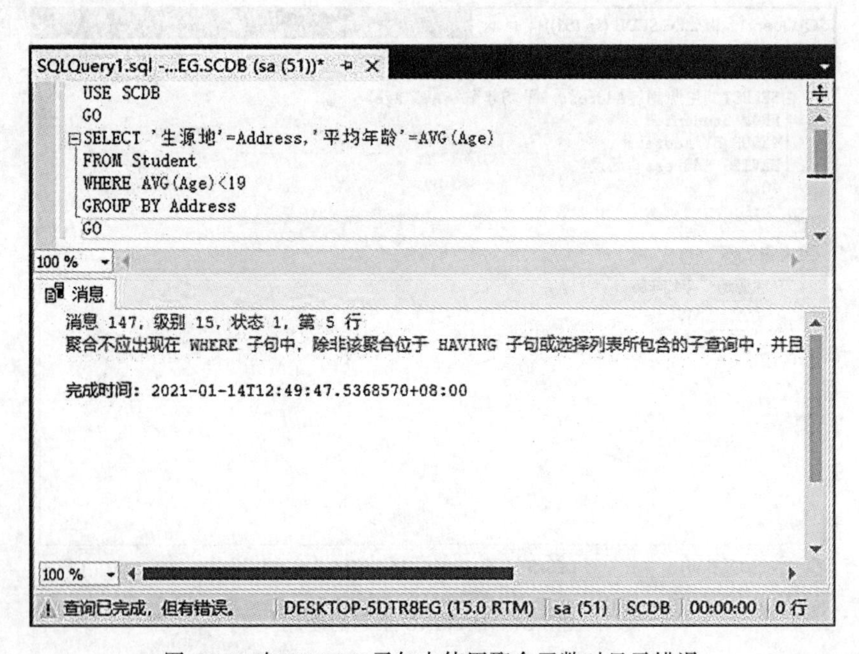

图 2-25　在 WHERE 子句中使用聚合函数时显示错误

使用 HAVING 子句如下：

```
USE SCDB
GO
SELECT '生源地'=Address, '平均年龄'=AVG(Age)
FROM Student
GROUP BY Address
HAVING AVG(Age)<19
GO
```

运行结果如图 2-26 所示。

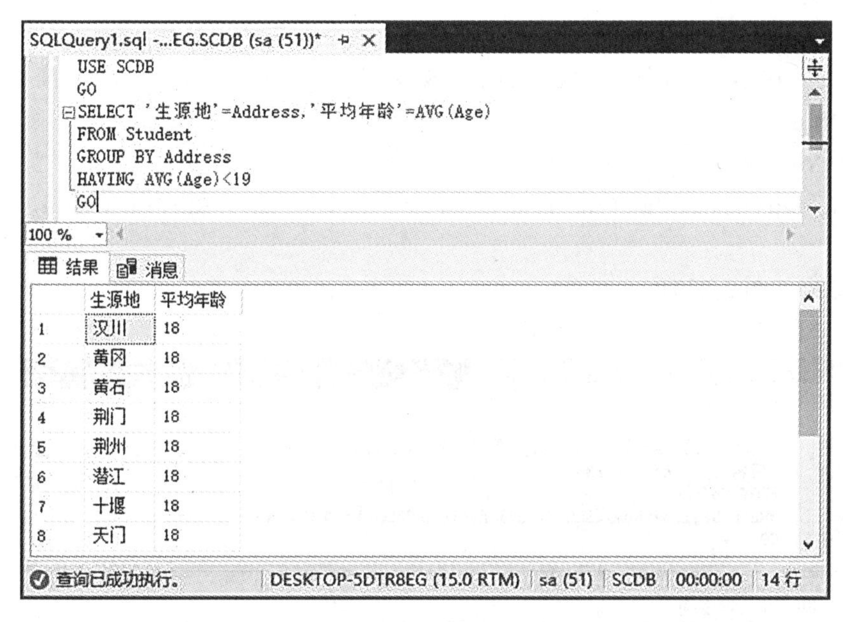

图 2-26　在 HAVING 子句中使用聚合函数

十二、使用嵌套查询

将一个查询块嵌套在另一个查询块的条件子句中的查询被称为嵌套查询。嵌套查询可以用多个简单查询构成复杂的查询，从而解决更多复杂的查询问题。SQL Server 允许多层嵌套查询，即一个子查询中还可以嵌套多层子查询。外层的查询块又称为外部查询、父查询或主查询，内层查询块又称为内部查询或子查询。嵌套查询一般的求解方法是由里向外进行处理的，即每一个子查询在它的父查询处理之前求解，子查询的结果用于建立其父查询的查询条件。需要特别注意的是，子查询的 SELECT 查询总是使用圆括号括起来，一般它不能包含 COMPUTE、ORDER BY 子句，但如果子查询中使用了 TOP 子句，则可以包含 ORDER BY 子句。

1. 使用比较运算符的嵌套查询

比较运算符用于一个值与另一个值之间的比较。当比较运算符后面的值需要通过查询才能得到时，就需要使用比较运算符嵌套查询。

【例 2. 2. 22】在课程表中检索报名人数大于平均报名人数的课程编码、课程名称以及报名人数。

【分析】本例用到嵌套查询来解决，平均报名人数表示为 SELECT AVG(RegisterNum) FROM Course，它作为 WHERE 语句的一个子查询：WHERE RegisterNum>(SELECT AVG (RegisterNum) FROM Course)。

在 SQL Server Management Studio 查询编辑器中运行以下命令：

```
USE SCDB
GO
SELECT '课程编码'= CourseID, '课程名称'= CourseName, '报名人数'=
RegisterNum
FROM Course
WHERE RegisterNum>( SELECT AVG(RegisterNum) FROM Course)
GO
```

运行结果如图 2-27 所示。

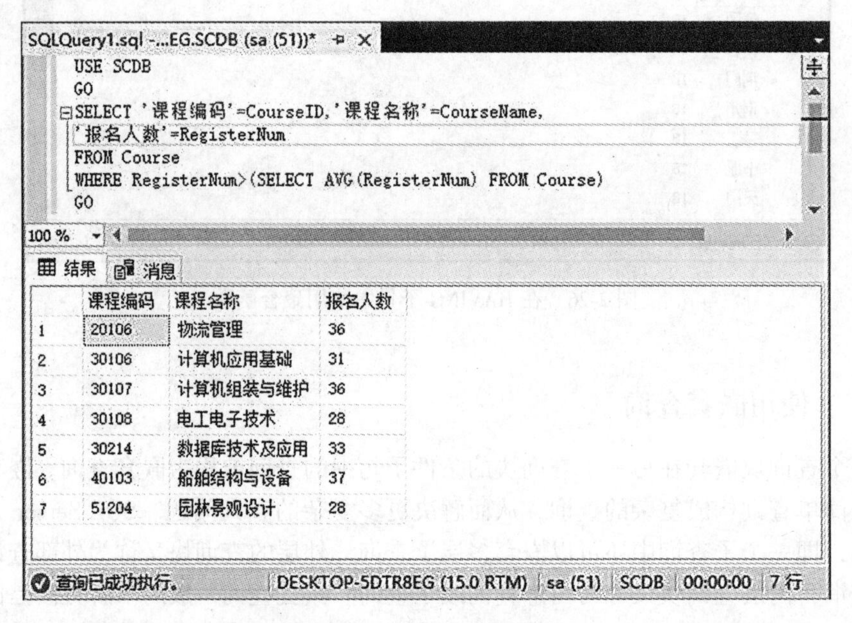

	课程编码	课程名称	报名人数
1	20106	物流管理	36
2	30106	计算机应用基础	31
3	30107	计算机组装与维护	36
4	30108	电工电子技术	28
5	30214	数据库技术及应用	33
6	40103	船舶结构与设备	37
7	51204	园林景观设计	28

图 2-27　嵌套查询的使用

2. 使用 IN 运算符的嵌套查询

当 IN 操作符后的数据集需要通过查询得到时，就需要使用 IN 嵌套查询。

【例 2.2.23】检索“计算机系”的所有班级的班级编号和名称。

【分析】在 Class 表中没有对应的系部名称列，但是有系部编号列，所以首先应在 Department 表中检索出“计算机系”的系部编号，然后将其与 Class 表中的系部编号比较。

在 SQL Server Management Studio 查询编辑器中运行以下命令：

```
USE SCDB
GO
SELECT ClassID, ClassName
FROM Class
WHERE DepartID IN( SELECT DepartID FROM Department
                          WHERE DepartName ='计算机系')
GO
```

运行结果如图 2-28 所示。

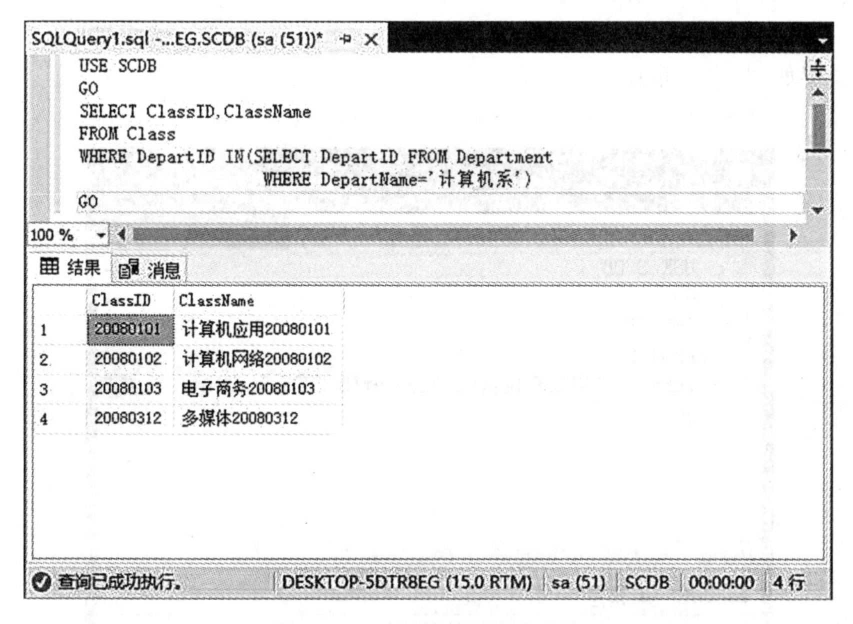

图 2-28　IN 运算符的嵌套查询

提示：本例题涉及 Department 和 Class 两个表，运用多表查询的方法也可以解决，具体代码如下：

```
USE SCDB
GO
SELECT ClassID, ClassName
FROM Class INNER JOIN Department
ON DepartName ='计算机系' AND Class.DepartID=Department.DepartID
```

```
GO
```

多表的查询将会在后续内容中详细讲解，在此不做分析说明。

3. 使用 EXISTS 运算符的嵌套查询

EXISTS 子句用于测试跟随的子查询中的行是否存在，如果存在，则返回 TRUE(真)。

【例 2.2.24】检索已经报了选修课程的学生的信息。

【分析】已经报了选修课程的学生在 SC 表中有其对应学号，所以首先应在 SC 表中检索出 StudentID 的集合，然后判断 Student 表中的 StudentID 在该集合中是否存在。

在 SQL Server Management Studio 查询编辑器中运行以下命令：

```
USE SCDB
GO
SELECT   *
FROM SC
WHERE   EXISTS(SELECT StudentID FROM Student)
GO
```

运行结果如图 2-29 所示。

图 2-29　EXISTS 运算符的嵌套查询 1

【例 2. 2. 25】检索已经报了选修课程的学生的学号、姓名。

【分析】本例和例 2. 2. 24 很相似，如果采用相同方法，如下：

```
USE SCDB
GO
SELECT  StudentID, Name
FROM Student
WHERE EXISTS(SELECT StudentID FROM SC)
GO
```

运行结果如图 2-30 所示。

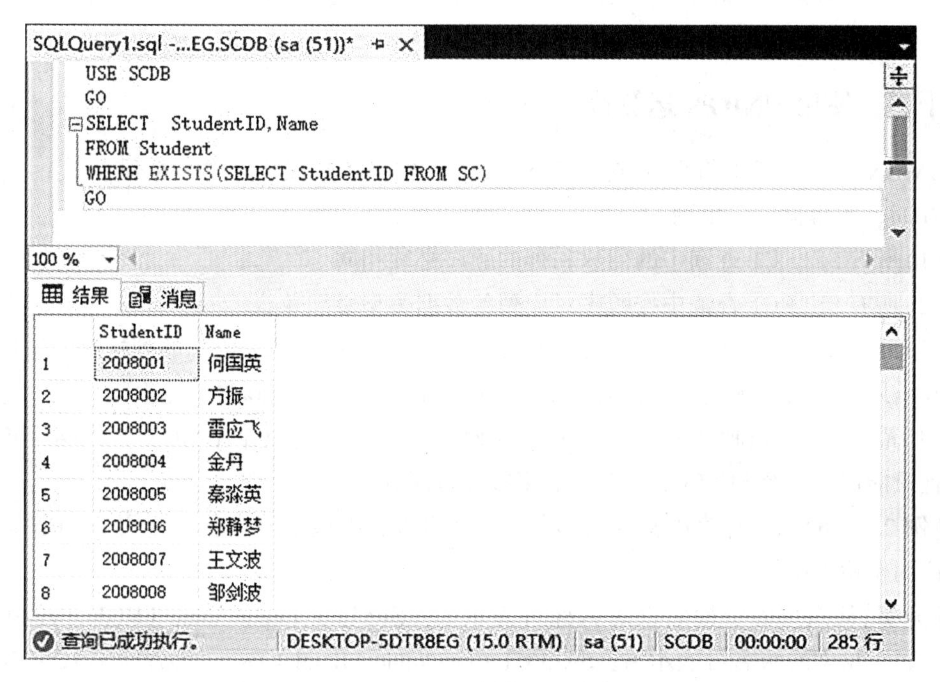

图 2-30　EXISTS 运算符的嵌套查询 2

观察结果发现与例 2. 2. 24 查询结果不一致，多了 30 条记录，明显不对。本题的正确做法是使用 IN 运算符的嵌套查询，具体代码如下：

```
USE SCDB
GO
SELECT  StudentID, Name
FROM Student
WHERE StudentID IN(SELECT StudentID FROM SC)
GO
```

本例题也可运用多表查询的方法解决，具体代码如下：

```
USE SCDB
GO
SELECT  student.StudentID, Name
FROM Student INNER JOIN SC
ON Student.studentID=SC.studentID
GO
```

提示：IN 和 EXISTS 的区别

如果子查询得出的结果集记录较少，主查询中的表较大且又有索引时应该用 IN，反之如果外层的主查询记录较少，子查询中的表大，又有索引时使用 EXISTS，即外表大而内表小时用 IN，外表小而内表大时用 EXISTS。

十三、使用 UNION 运算符

UNION 运算符用于将两个或多个 SELECT 语句的结果组合成一个结果集。当使用 UNION 时，需遵循以下规则：

(1)所有 SELECT 查询中的列数和列的顺序必须相同。

(2)所有 SELECT 查询中按顺序对应列的数据类型必须兼容。

(3)结果集的列标题是 UNION 语句中的第一个 SELECT 查询语句的列标题，所以如果要修改结果集的列标题，只有在第一个 SELECT 查询语句中做修改才能生效。

(4)最后一个 SELECT 查询可以带 ORDER BY 子句，对整个 UNION 操作结果集起作用，且只能用第一个 SELECT 查询中的字段作排序列。

【例 2.2.26】从系部表中检索系部名称，从班级表中检索班级名，使用 UNION 运算符合并这两个检索结果。

【分析】从系部表中检索系部名称可表示为：SELECT DepartName FROM Department，从班级表中检索班级名可表示为：SELECT ClassName FROM Class，然后使用 UNION 合并两个检索结果。

在 SQL Server Management Studio 查询编辑器中运行以下命令：

```
USE SCDB
GO
SELECT  DepartName FROM Department
UNION
SELECT  ClassName FROM Class
GO
```

运行结果如图 2-31 所示。

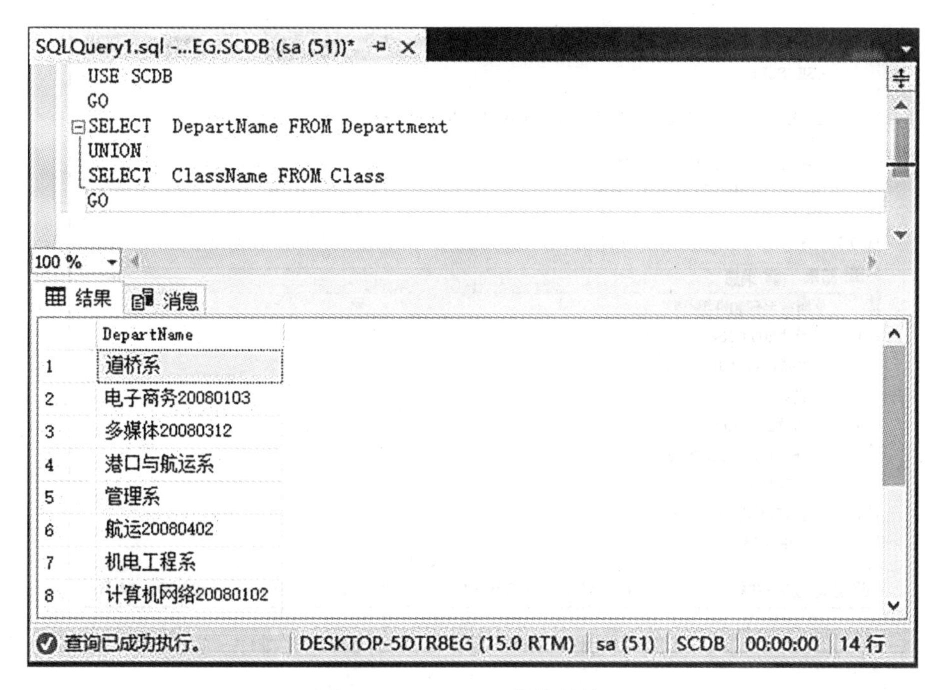

图 2-31　UNION 运算符的使用

【**例 2.2.27**】从系部表中检索系部名称，从班级表中检索班级名，使用 UNION 运算符合并这两个检索结果，修改列标题为“所有系部和班级”并按降序排序。

【**分析**】根据 UNION 使用的规则第(3)条，列标题的修改只能在第一个 SELECT 查询中，表示为：SELECT DepartName '所有系部和班级'FROM Department，根据 UNION 使用的规则第(4)条，排序只能在最后一个 SELECT 查询中出现，并且只能用第一个 SELECT 查询中的 DepartName 字段作排序列。

在 SQL Server Management Studio 查询编辑器中运行以下命令：

```
USE SCDB
GO
SELECT  DepartName '所有系部和班级'FROM Department
UNION
SELECT  ClassName FROM Class
ORDER BY DepartName DESC
GO
```

运行结果如图 2-32 所示。

如果将以上排序代码改为 ORDER BY ClassName DESC，结果会如何呢？

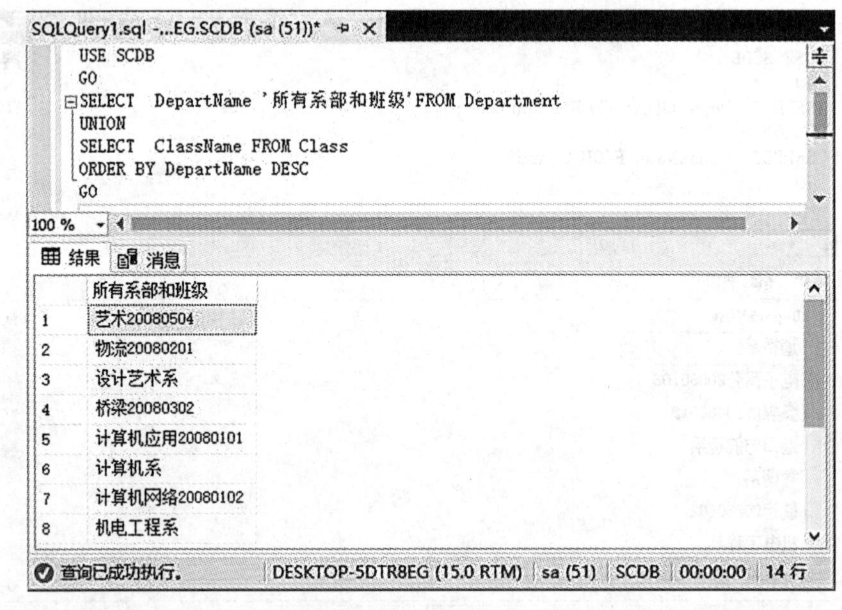

图 2-32 使用 UNION 运算符修改列标题并排序

知识拓展

在实际查询应用中，用户所需要的数据并不全部都在一个表中，而是在多个表中，这时就要使用多表查询。多表查询使用多个表中的数据来组合，再从中获取所需要的数据信息。多表查询实际上是通过各个表之间的共同列的相关性来查询数据，是数据库查询最主要的特征。在 SQL Server 中联接查询类型分为交叉联接、内部联接、外部联接、自联接。

一、交叉联接

交叉联接也被称为笛卡儿乘积，它是将两个表不加任何约束地组合起来。也就是将第一个表的所有行分别与第二个表的每行形成一条新的记录，联接后该结果集的行数等于两个表的行数积，列数等于两个表的列数和。例如，如果对 A 表和 B 表执行交叉联接，A 表中有 5 行 3 列数据，B 表中有 12 行 5 列数据，则结果集中有 60(5×12)行、8(3+5)列数据。交叉联接在实际应用中一般是没有意义的，但在数据库的数学模式上有重要的作用。交叉联接使用 CROSS JOIN 关键字来创建或者直接将不同的表使用逗号分隔。交叉联接有以下两种语法格式：

```
SELECT  select_list FROM  table_name1 CROSS JOIN  table_name2
```

或者

```
SELECT  select_list FROM  table_name1, table_name2
```

其中：

CROSS JOIN：交叉联接运算符。

【例 2. 2. 28】将学生表与班级表进行交叉联接。

【分析】学生表中有 285 行 7 列数据，班级表中有 8 行 4 列数据，将学生表与班级表进行交叉联接，其结果集为 285×8 =2 280 行，7+4 =11 列。

在 SQL Server Management Studio 查询编辑器中运行以下命令：

```
USE SCDB
GO
SELECT  *
FROM Student CROSS JOIN Class
GO
```

或者

```
USE SCDB
GO
SELECT  *
FROM Student, Class
GO
```

运行结果如图 2-33 所示。

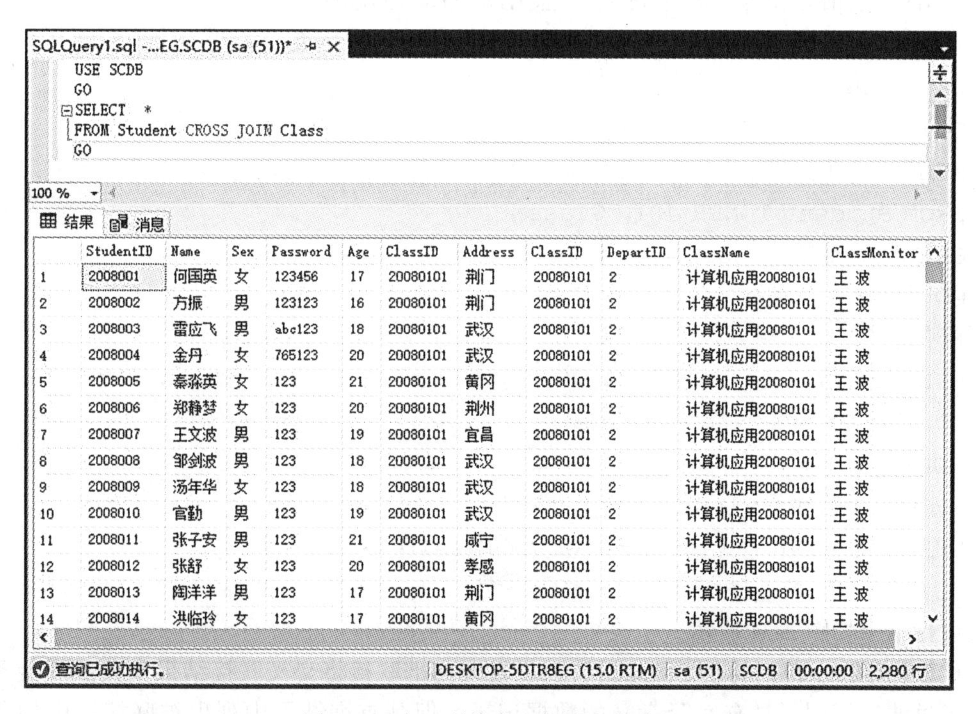

	StudentID	Name	Sex	Password	Age	ClassID	Address	ClassID	DepartID	ClassName	ClassMonitor
1	2008001	何国英	女	123456	17	20080101	荆门	20080101	2	计算机应用20080101	王 波
2	2008002	方振	男	123123	16	20080101	荆门	20080101	2	计算机应用20080101	王 波
3	2008003	雷应飞	男	abc123	18	20080101	武汉	20080101	2	计算机应用20080101	王 波
4	2008004	金丹	女	765123	20	20080101	武汉	20080101	2	计算机应用20080101	王 波
5	2008005	秦淼英	女	123	21	20080101	黄冈	20080101	2	计算机应用20080101	王 波
6	2008006	郑静梦	女	123	20	20080101	荆州	20080101	2	计算机应用20080101	王 波
7	2008007	王文波	男	123	19	20080101	宜昌	20080101	2	计算机应用20080101	王 波
8	2008008	邹剑波	男	123	18	20080101	武汉	20080101	2	计算机应用20080101	王 波
9	2008009	汤年华	女	123	18	20080101	武汉	20080101	2	计算机应用20080101	王 波
10	2008010	官勤	男	123	19	20080101	武汉	20080101	2	计算机应用20080101	王 波
11	2008011	张子安	男	123	21	20080101	咸宁	20080101	2	计算机应用20080101	王 波
12	2008012	张舒	女	123	20	20080101	孝感	20080101	2	计算机应用20080101	王 波
13	2008013	陶洋洋	男	123	17	20080101	荆门	20080101	2	计算机应用20080101	王 波
14	2008014	洪临玲	女	123	17	20080101	黄冈	20080101	2	计算机应用20080101	王 波

图 2-33　交叉联接产生的笛卡儿乘积

二、内部联接

内部联接是组合两个表的常用方法。它只包含满足联接条件的数据行，是将交叉联接结果集按照联接条件进行过滤的结果。内部联接有以下两种语法格式：

```
SELECT select_list
FROM table_name1 [INNER] JOIN table_name2
ON table_name1.list=table_name2.list
```

或者

```
SELECT select_list
FROM table_name1, table_name2
WHERE table_name1.list=table_name2.list
```

其中：

[INNER] JOIN：内部联接运算符。如果在 JOIN 关键字前面没有明确指定联接类型，则默认的联接类型是内部联接。

ON：用于建立联接条件的关键字。

【例 2.2.29】检索学生信息和学生相应的班级信息。

【分析】与例 2.2.28 不同，本题是将两个表做内部联接，需要一个联接条件，两个表的 ClassID 列的值要相等，即 Student.ClassID=Class.ClassID。

在 SQL Server Management Studio 查询编辑器中运行以下命令：

```
USE SCDB
GO
SELECT  *
FROM Student INNER JOIN Class
ON Student.ClassID=Class.ClassID
GO
```

或者

```
USE SCDB
GO
SELECT  *
FROM Student, Class
WHERE Student.ClassID=Class.ClassID
GO
```

运行结果如图 2-34 所示。

比较【例 2.2.29】和【例 2.2.28】，可以发现内部联接将交叉联接结果集按照联接条件进行了过滤，得到了具有实际意义的数据记录，但其查询结果中列出被联接表中的所有列，包括重复的列，图 2-34 中 ClassID 就是重复列。为消除这一重复列，可以将语句修改为：

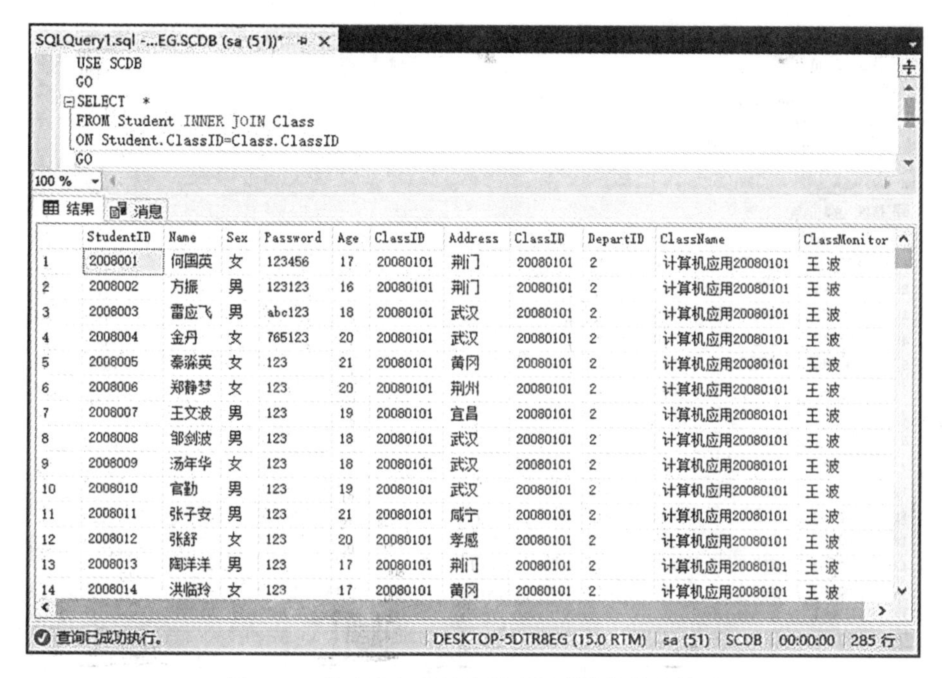

图 2-34　学生表与班级表做内部联接的检索结果

```
USE SCDB
GO
SELECT  Student.*, DepartID, ClassName, ClassMonitor
FROM Student INNER JOIN Class
ON Student.ClassID=Class.ClassID
GO
```

运行结果如图 2-35 所示。

以上是对两个表做检索，在实际应用中，经常会对多个表进行检索，并且还会指定其他的条件。下面通过具体的例子为大家讲解。

【例 2.2.30】检索“计算机应用 20080101”班学生选修课程的情况，要求显示班级名称、学号、姓名、课程名称、任课教师、上课时间。

【分析】本例涉及 Class、Student、Course 和 SC 共 4 个表，需要同时满足 3 个联接条件：Student. ClassID = Class. ClassID，Student. StudentID = SC. StudentID，Course. CourseID = SC. CourseID，并且还要满足 ClassName = '计算机应用 20080101' 的条件。

在 SQL Server Management Studio 查询编辑器中运行以下命令：

```
USE SCDB
GO
SELECT  ClassName, StudentID, Name, CourseName, Teacher, Course
```

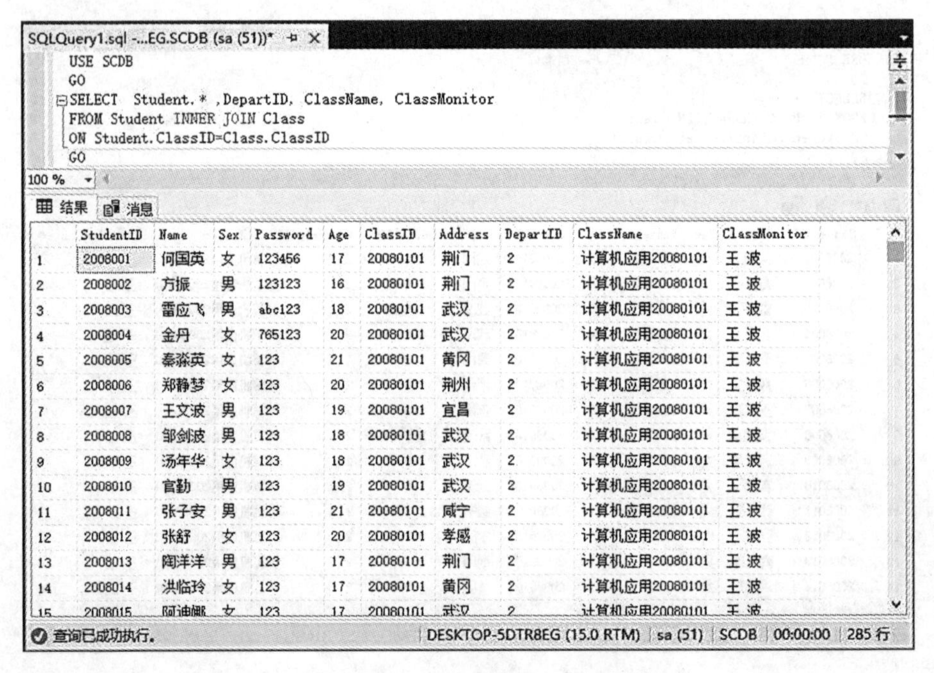

图 2-35 消除内部联接的重复列

```
Time
    FROM Student
        INNER JOIN Class
        ON Student.ClassID=Class.ClassID
        INNER JOIN sc
        ON Student.StudentID=SC.StudentID
        INNER JOIN Course
        ON Course.CourseID=SC.CourseID
    WHERE ClassName='计算机应用 20080101'
    GO
```

或者

```
    USE SCDB
    GO
    SELECT  ClassName, StudentID, Name, CourseName, Teacher, Course
Time
    FROM Student, Class, Course, SC
    WHERE Student.ClassID=Class.ClassID
        AND Student.StudentID=SC.StudentID
```

```
    AND Course.CourseID=SC.CourseID
    AND ClassName='计算机应用20080101'
GO
```

运行结果出现图 2-36 所示的错误信息。

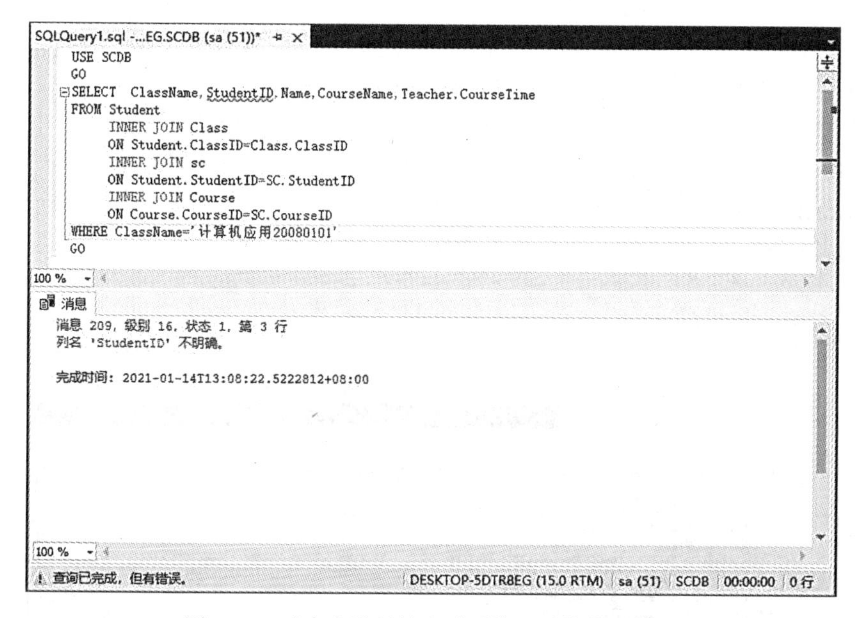

图 2-36　对多表进行检索时系统显示的错误信息

出错的原因是列名 StudentID 不明确，因为 Student 表、SC 表中均有 StudentID 列，SQL Server 不清楚要使用哪个表的 StudentID 列，所以出错。在引用的多表中，如果列名在多个表中同名，为了避免列名不明确，在 SELECT 子句中必须在列名前加上表名前缀，即"表名 . 列名"，即将 StudentID 改为 Student. StudentID。修改后的语句为：

```
USE SCDB
GO
SELECT ClassName, Student.StudentID, Name, CourseName, Teacher,
CourseTime
FROM Student
    INNER JOIN Class
    ON Student.ClassID=Class.ClassID
    INNER JOIN sc
    ON Student.StudentID=SC.StudentID
    INNER JOIN Course
    ON Course.CourseID=SC.CourseID
WHERE ClassName='计算机应用20080101'
```

```
GO
```

或者

```
USE SCDB
GO
SELECT  ClassName, Student.StudentID, Name, CourseName, Teacher,
CourseTime
FROM Student, Class, Course, SC
WHERE Student.ClassID=Class.ClassID
AND Student.StudentID=SC.StudentID
AND Course.CourseID=SC.CourseID
AND ClassName='计算机应用 20080101'
GO
```

运行结果如图 2-37 所示。

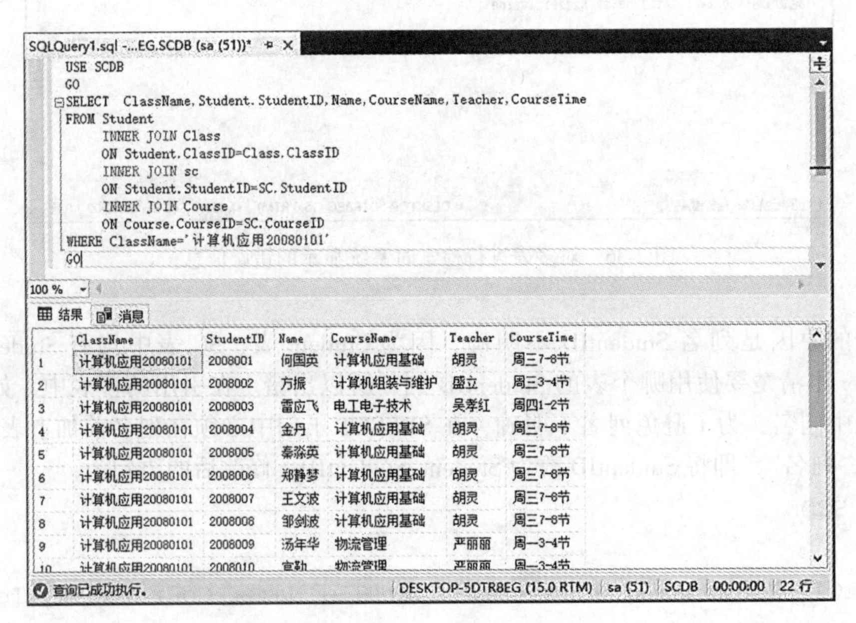

图 2-37　对多表进行检索的结果

三、外部联接

内部联接是保证两个表中所有的行都要满足联接条件，但是外部联接则不然。在外部联接中，不仅仅是那些满足条件的数据，某些不满足条件的数据也会显示在结果集中。外部联接分为左外联接、右外联接和全外联接。左外联接是对联接条件中左边的表不加限制，即以左表中每行的数据去匹配右表中的数据行，如果符合联接条件则返回到结果集中，如果没有找到匹配行，则左表的行仍然保留，并且返回到结果集中，相应的右表中的数据行被填上 NULL 值后也返回到结果集中；右外联接是对联接条件中右边的表不加限制，即以右表中每行的数据去匹配左表中的数据行，如果符合联接条件则返回到结果集中，如果没有找到匹配行，则右表的行仍然保留，并且返回到结果集中，相应的左表中的数据行被填上 NULL 值后也返回到结果集中；全外联接对两个表都不加限制，所有两个表中不匹配的行都会包括在结果集中。

(1)左外联接语法格式如下：

```
SELECT  select_list
FROM table_name1 LEFT [OUTER] JOIN  table_name2
ON table_name1.list=table_name2.list
```

【例 2.2.31】使用左外联接检索学生报名信息，包括课程编号、课程名称、学生学号，并按学号的降序排序。

为比较数据，先使用内部联接检索学生报名信息。

采用内部联接，在 SQL Server Management Studio 查询编辑器中运行以下命令：

```
USE SCDB                 --内部联接
GO
SELECT Course.CourseID, CourseName, StudentID
FROM Course INNER JOIN SC
     ON Course.CourseID=SC.CourseID
ORDER BY StudentID DESC
GO
```

运行结果如图 2-38 所示，得到 255 行数据。

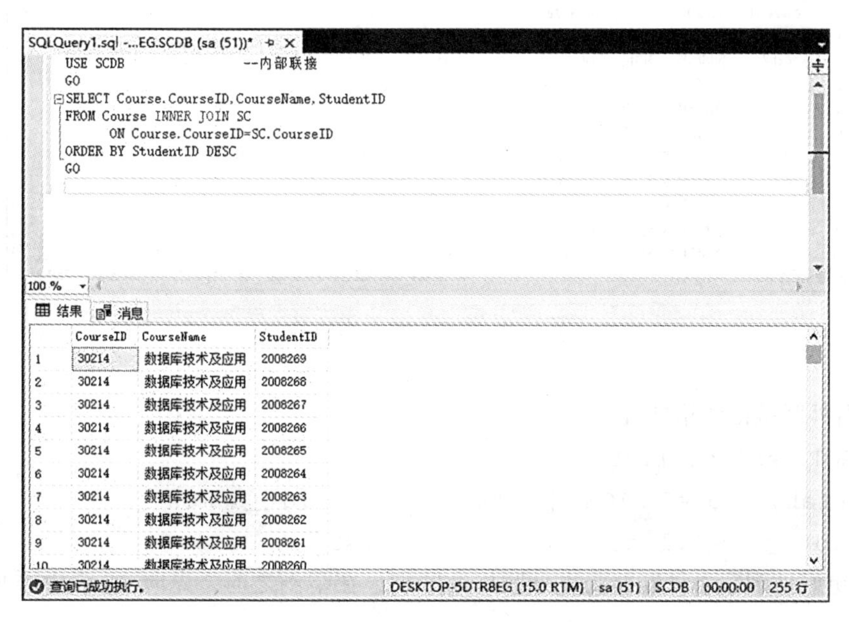

图 2-38　内部联接检索结果

使用左外联接，在 SQL Server Management Studio 查询编辑器中运行以下命令：

```
USE SCDB            —左外联接
GO
SELECT Course.CourseID, CourseName, StudentID
FROM Course LEFT JOIN SC
    ON Course.CourseID=SC.CourseID
ORDER BY StudentID DESC
GO
```

运行结果如图 2-39 所示，得到 259 行数据。与图 2-38 的数据比较，可以看出多出了 4 条数据，因为使用左外联接时，先计算两个表的内部联接，然后取出 Course(左表)中 CourseID 与 SC(右表)中 CourseID 任一数据行都不匹配的行，用空值填充来自 SC(右表)的那些行，再把这些行增加到内部联接的结果集中。多出的 4 条数据说明课程编号为 10101、10103、10107 和 61008 的课程没有任何学生选修。

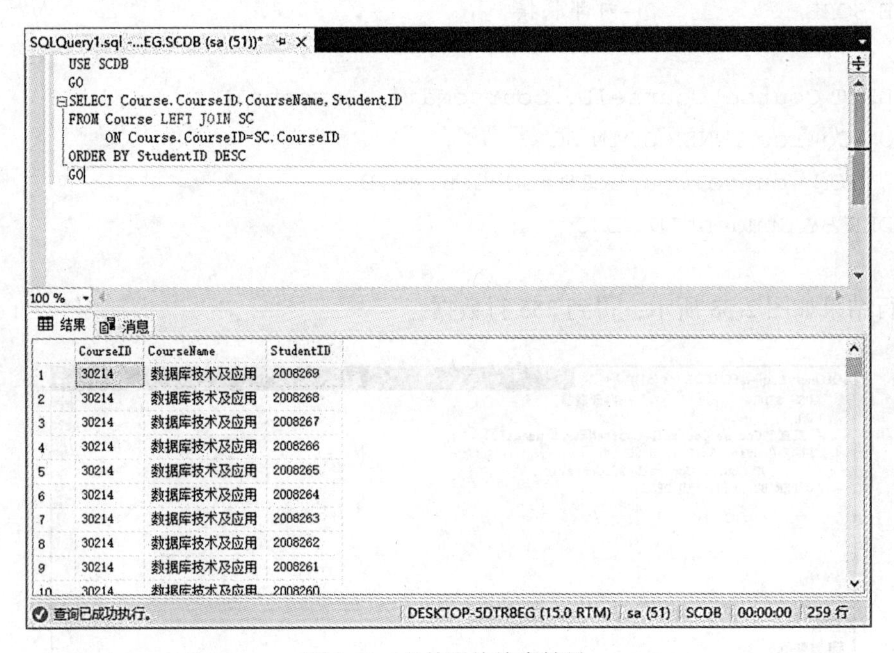

图 2-39 左外联接检索结果

(2)右外联接语法格式如下：

```
SELECT  select_list
FROM table_name1 RIGHT [OUTER] JOIN  table_name2
ON table_name1.list=table_name2.list
```

为了更好地观察右外联接与左外联接的区别，在举例之前，先向 SC 表中添加了一条记录：

```
学号            课程编号      成绩
20008001        60101         85
```

注意：该记录中课程编号 60101 的课程在 Course 中是不存在的。

【**例 2.2.32**】使用右外联接检索学生报名信息，包括课程编号、课程名称、学生学号，并按学号的降序排序。

在 SQL Server Management Studio 查询编辑器中运行以下命令：

```
USE SCDB
GO
SELECT Course.CourseID, CourseName, StudentID
FROM Course RIGHT JOIN SC
    ON Course.CourseID=SC.CourseID
ORDER BY StudentID DESC
GO
```

运行结果如图 2-40 所示，得到 256 行数据。因为使用右外联接时，先计算两个表的内部联接，然后取出 SC(右表)中 CourseID 与 Course(左表)中 CourseID 任一数据行都不匹配的那些行，用空值填充来自 Course(左表)的那些行，再把这些行增加到内部联接的结果集中。本例中第 255 行数据说明 SC 表中课程编号为 60101 的课程在 Course 表中不存在。

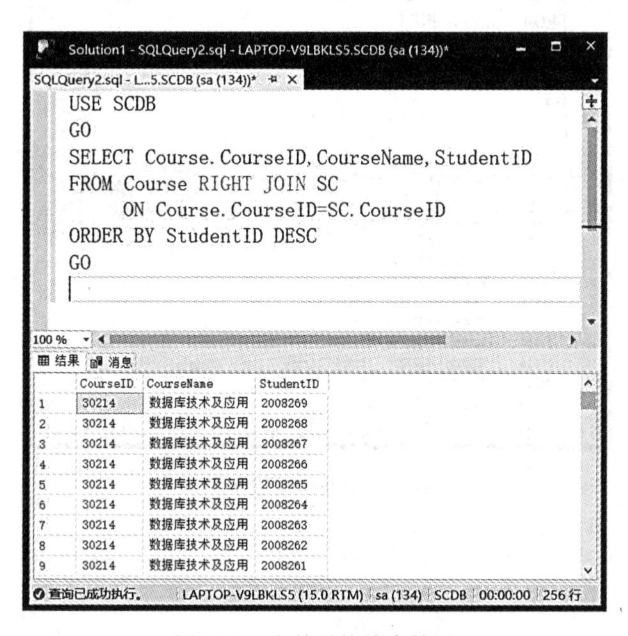

图 2-40　右外联接检索结果

(3)全外联接语法格式如下：

```
SELECT  select_list
FROM table_name1 FULL [OUTER] JOIN  table_name2
```

```
ON table_name1.list=table_name2.list
```

【例 2.2.33】使用全外联接检索学生报名信息，包括课程编号、课程名称、学生学号，并按学号的降序排序。

在 SQL Server Management Studio 查询编辑器中运行以下命令：

```
USE SCDB
GO
SELECT Course.CourseID, CourseName, StudentID
FROM Course FULL JOIN SC
    ON Course.CourseID=SC.CourseID
ORDER BY StudentID DESC
GO
```

运行结果如图 2-41 所示，得到 260 行数据。因为全外联接包含了两个表中都不匹配的数据行，它完成左外连接和右外联接的操作，包括了左表与右表中所有不满足条件的行。

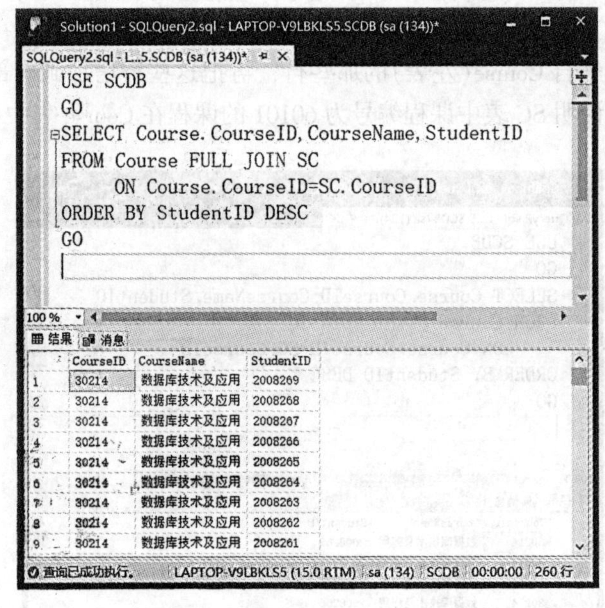

图 2-41　全外联接检索结果

四、自联接

联接操作不仅可以在不同的表上进行，也可以在同一张表内进行自身联接，即将同一个表的不同行联接起来。自联接可以看作一张表的两个副本之间的联接。对一个表使用自联接方式时，需要为该表定义一个别名，在 SELECT 子句中引用的列名也要使用表的别名进行限定，其他内容与两个表的联接操作完全相似。定义别名的方法：在 FROM 子句中将要定义别名的表名用空格间隔，然后紧随所定义的别名；或者两者之间用 AS 连接。如要给 Student 表定义别名 S1，可以表示为：`FROM Student S1` 或 `FROM Student AS S1`。

【例 2.2.34】检索班级相同但生源地不同的学生信息，包括学生的学号、姓名、班级编号、生源地。

【分析】本题是对 Student 进行检索，将 Student 表进行自身联接，需将 Student 表定义别名 S1、S2，将 FROM 子句写为：`FROM Student AS S1 INNER JOIN Student AS S2`；联接条件为：`S1.ClassID=S2.ClassID AND S1.Address<>S2.Address`。

在 SQL Server Management Studio 查询编辑器中运行以下命令：

```
USE SCDB
GO
SELECT DISTINCT S1.StudentID, S1.Name, S1.ClassID, S1.Address
FROM Student S1 INNER JOIN Student S2
    ON S1.ClassID=S2.ClassID AND S1.Address<>S2.Address
GO
```

或者

```
USE SCDB
GO
SELECT DISTINCT S1.StudentID, S1.Name, S1.ClassID, S1.Address
FROM Student  S1, Student  S2
WHERE S1.ClassID=S2.ClassID AND S1.Address<>S2.Address
GO
```

运行结果如图 2-42 所示。

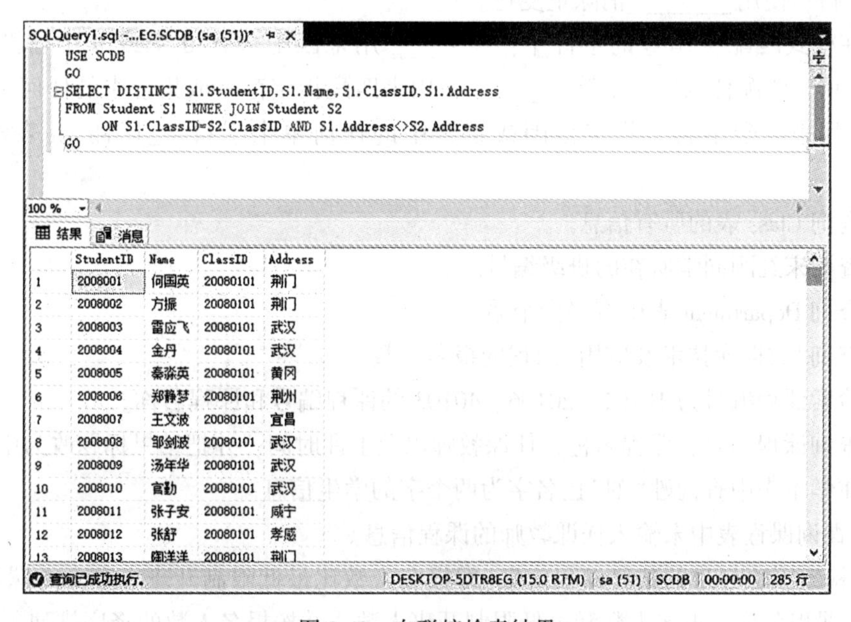

图 2-42　自联接检索结果

任务小结

数据查询是数据库系统中最基本也是最重要的操作。通过本任务的实施应熟练掌握各种查询方法，包括单表单条件查询、单表多条件查询、多表多条件查询，并能对查询结果进行排序、分组等。

实训练习

实训八　简单数据查询

【实训目的】

1. 熟练掌握 SELECT 语句的基本语法和用法。

2. 学会使用 SELECT 语句进行简单数据查询。

【实训准备】

1. 认真阅读本实训内容。

2. 认真学习并掌握有关表的基本数据查询的相关知识。

3. 请先将完整的 SCBD 数据库附加到 SQL Server 2019 中。

4. 实训过程中注意做好相关记录。

【实训内容】

1. SELECT 语句有很多的使用方法：使用________检索表中的所有列；使用________返回前 n 行；使用________消除重复行。

2. 在模式匹配符作查询条件中：________用来匹配包含 0 个或 *n* 个任意字符串；________用来匹配任意单个字符；________用来匹配指定范围或集合中的任何单个字符；________用来匹配不属于指定范围或集合中的任何单个字符。_[^丽]%表示的意思是____________。

3. 查询 Class 表的所有信息。

4. 查询宋红刚同学所在的班级编号。

5. 查询 Department 表中有多少个系。

6. 查询“数据库技术及应用”课程的报名人数。

7. 检索课程编号为 10101、20106、40103 的课程编号和课程名称。

8. 查询课程编号、课程名称、任课教师以及上课时间，并把结果标题改为中文。

9. 在学生表中查询姓“刘”且名字为两个字的学生信息。

10. 查询课程表中未输入任课教师的课程信息。

11. 检索无法开班的选修课程信息(即报名人数比最低限制开班人数少的课程信息)，要求显示课程名称、报名人数和最低限制开班人数，并按报名人数的降序排列。

【实训报告要求】

1. 将实训过程中所进行的各项工作和步骤记录在实训报告上。

2. 把实训过程中遇到的问题记录下来。

3. 结合具体的操作写出实训的心得体会。

实训九　复杂数据查询

【实训目的】

学会使用 SELECT 语句进行复杂数据查询。

【实训准备】

1. 认真阅读本实训内容。

2. 认真学习并掌握有关表的复杂数据查询以及多表查询的相关知识。

3. 请先将完整的 SCBD 数据库附加到 SQL Server 2019 中。

4. 实训过程中注意做好相关记录。

【实训内容】

1. COMPUTE 子句中常使用的行聚合函数有：求最小值函数________、求最大值函数________、求平均值函数________、COUNT( ) 是________、SUM( )是________。

2. 按类别显示课程表的课程编号、课程名称、课程所属类别、报名人数，并计算每类课程的平均报名人数。

3. 读语句

```
USE SCDB
GO
SELECT Kind AS '课程所属类别', AVG(RegisterNum) '报名人数'
FROM Course
GROUP BY Kind
GO
```

以上语句的意思是：____。

4. 检索平均报名人数大于 25 人的课程类和每类平均报名人数。

5. 检索年龄大于平均年龄的学生的学号、姓名、性别、年龄和班级编号。

6. 检索“电子商务 20080103”班的所有学生的学号和姓名，要求使用 IN 运算符的嵌套查询实现。

7. 从班级表中检索班级名，从课程表中检索课程名，使用 UNION 运算符合并这两个检索结果。

8. 查询学号从 2008038~2008055 的学生选课信息，包含学号、所选课程编号、所选课程名称，课程上课时间。

9. 读语句

```
USE SCDB
```

```
GO
SELECT  Student.StudentID, Name
FROM Student
INNER JOIN SC
ON Student.StudentID=SC.StudentID
INNER JOIN Course
ON Course.CourseID=SC.CourseID
WHERE CourseName='计算机应用基础'
GO
```

以上语句的意思是：________________________________。

10. 检索生源地相同但班级不同的学生信息，包括学生的学号、姓名、班级编号、生源地。

【实训报告要求】

1. 将实训过程中所进行的各项工作和步骤记录在实训报告上。
2. 把实训过程中遇到的问题记录下来。
3. 结合具体的操作写出实训的心得体会。

任务三　创建和管理索引

任务引入

数据库中的索引与书籍中的目录类似，在一本书中，利用目录可以快速查找到所需要的信息，无须阅读整本书，在数据库中，索引使数据库程序无须对整个表进行扫描，就可以在其中找到所需要的数据。当创建数据库并优化其性能时，应该为数据查询所使用表的列创建索引，建立索引后，SQL Server 2019 会根据索引的有序排列，通过高效的查找算法找到相关数据。因此，对表建立索引，可以加快数据的查询速度和减少系统的响应时间。

任务目标

了解索引的基础知识。

掌握创建索引的方法。

学会管理和维护索引。

必备知识

一、索引概述

为了方便理解索引，先来看书的目录，索引与目录类似，如果想快速查找而不是逐页查找指定的内容，可以通过目录中章节的页号找到其对应的内容。类似地，索引通过记录表中的关键值指向表中的记录，这样数据库引擎就不用扫描整个表而定位到相关的记录。相反，如果没有索引，则会导致 SQL Server 搜索表中的所有记录，以获取匹配结果。可以说创建索引就是加快检索表中数据的方法。因此，对于包含大量数据的表来说，设计索引，可以大大提高操作效率。在书中，目录是内容和页码的清单，而在数据库中，索引是数据和存储位置的列表。

SQL Server 中一个表的存储是由数据页和索引页两个部分组成的。数据页用来存放除了文本和图像数据以外的所有与表的某一行相关的数据，索引页包含组成特定索引的列中的数据。索引是一个单独的、物理的数据库结构，它是某个表中一列或若干列的值的集合和相应的指向表中物理标识这些值的数据页的逻辑指针清单。通常，索引页面相对于数据页面来说小得多。当进行数据检索时，系统先搜索索引页面，从索引项中找到所需数据的指针，再直接通过指针从数据页面中读取数据。

同时，索引也是建立在表上的可选对象。索引的关键在于通过一组排序后的索引键来取代默认的全表扫描检索方式，从而提高检索效率。索引在逻辑上和物理上都与相关的表的数据无关，当创建或删除一个索引时，不会影响基本的表、数据库应用或其他索引，当插入、更改和删除相关的表记录时，SQL Server 会自动管理索引，如果删除索引，所有的应用仍然可以继续工作。因此，在表上创建索引不会对表的使用产生任何影响，但是，在表中的一列或多列上创建索引可以为数据的检索提供快捷的存取路径，提高检索速度。

索引一旦建立后，当在表上进行 DML 操作时，SQL Server 会自动维护索引，并决定何时使用索引。索引的使用对用户是透明的，用户不需要在执行 SQL 语句时指定使用哪个索引及如何使用索引，也就是说，无论表上是否创建有索引，SQL 语句的用法不变。用户在进行操作时，不需要考虑索引的存在，索引只与系统性能相关。

二、索引的作用

索引是以表列为基础的数据库对象，它保存着表中排序的索引列，并且记录了索引列在数据表中的物理存储位置，实现了表中数据的逻辑排序，其主要目的是提高 SQL Server 系统的性能，加快数据的查询速度和减少系统的响应时间。

索引除了可以提高查询表内数据的速度以外，还可以使表和表之间的连接速度加快。例如，在实现数据的参照完整性时，可以将表的外键制作成索引，这样将加速表与表之间的连接。

三、建立索引的原则

索引是建立在表上的可选对象，设计索引的目的是为了提高查询的速度。但索引的存在也会让系统付出一定的代价：创建索引和维护索引都会消耗时间，当对表中的数据进行增加、删除和修改操作时，索引就要进行维护，否则索引的作用就会下降；另外，每个索引都会占用一定的物理空间，如果占用的物理空间过多，就会影响到整个 SQL Server 系统的性能。因此，为了防止使用索引后增加系统的负担反而降低系统的性能，在创建索引时需要判断考察：哪些列适合创建索引，哪些列不适合创建索引。

一般来说，适合在这些列上创建索引：

(1)在经常需要搜索的列上创建索引，可以加快搜索的速度。

(2)在作为主键的列上创建索引，强制该列的唯一性和组织表中数据的排列结构。

(3)在经常用在连接的列上创建索引，这些列主要是一些外键，可以加快连接的速度。

(4)在经常使用在 WHERE 子句中的列上创建索引，加快条件的判断速度。

(5)在经常需要排序的列上创建索引，因为索引已经排序，这样查询可以利用索引的排序，加快排序查询时间。

(6)在经常需要根据范围进行搜索的列上创建索引，因为索引已经排序，其指定的范围是连续的。

同样，对于有些列不适合创建索引。一般来说，不适合创建索引的列具有下列特点：

(1)对于那些在查询中很少使用或者参考的列上不适合创建索引，因为列很少使用，所以索引对提高查询速度并没有实质性的贡献。相反，由于增加了索引，反而降低了系统的维护速度，并且增大了空间需求。

(2)对于那些只有很少数据值的列也不适合创建索引。例如学生表的性别列，只有列值“男”和“女”，增加索引，并不能明显加快检索速度。

(3)对于那些定义为 text、ntext、image 或 bit 等数据类型的列上不适合创建索引，因为这些列的值不能被索引。

(4)当修改性能远远大于检索性能时，此列则不适合创建索引。

四、索引的分类

在 Microsoft SQL Server 2019 系统中，有两种基本类型的索引：聚集索引和非聚集索引。除此之外，还有唯一索引、包含索引、索引视图、全文索引、XML 索引等。在这些索引类型中，聚集索引和非聚集索引是数据库引擎中索引的基本类型，是理解唯一索引、包含性索引和索引视图的基础。

1. 聚集索引

聚集索引对表中的数据按列进行排序，然后再重新存储到磁盘上。在聚集索引中，表中各行的物理顺序与键值的逻辑顺序相同。由于表中的数据行只能以一种排序方式存储在磁盘上，所以一个表只能有一个聚集索引。聚集索引对表中的数据一一进行排序，因此用聚集索引查找数据很快。聚集索引通常可加快 UPDATE 和 DELETE 操作的速度，因为这些操作需要读取大量的数据。

聚集索引在使用中具有以下特点：

(1)每一个表只能有一个聚集索引，因为表中数据的物理顺序只有一个。

(2)表中行的物理顺序和索引中行的物理顺序是相同的，在创建任何非聚集索引之前创建聚集索引，这是因为聚集索引改变了表中行的物理顺序，数据行按照一定的顺序排列，并且自动维护这个顺序。

(3)聚集索引的平均大小大约是数据表的百分之五，但是，实际的聚集索引的大小常常根据索引列的大小变化而变化。

(4)在索引的创建过程中，SQL Server 临时使用当前数据库的磁盘空间，当创建聚集索引时，需要 120%的表空间的大小，因此，一定要保证有足够的空间来创建聚集索引。

2. 非聚集索引

非聚集索引具有完全独立于数据行的结构，使用非聚集索引不会影响数据表中记录的实际存储顺序。非聚集索引使用索引存储，因此它比聚集索引需要较少的存储空间。非聚集索引中各行的物理顺序与键值的逻辑顺序不匹配。

非聚集索引不会对表和视图进行物理排序。如果表中不存在聚集索引，则表是未排序的。

在表或视图中，最多可以建立 250 个非聚集索引，或者 249 个非聚集索引和 1 个聚集索引。

3. 唯一索引

唯一索引确保索引键不包含重复的值，因此，表或视图中的每一行在某种程度上是唯一的。例如，如果在表中的“姓名”字段上创建了唯一索引，则以后输入的姓名将不能同名。

创建 PRIMARY KEY 或 UNIQUE 约束会在表中指定的列上自动创建唯一索引。创建 UNIQUE 约束与手动创建唯一索引没有明显的区别，进行数据查询的方式相同，而且查询优化器不区分唯一索引是由约束创建还是手动创建的。如果存在重复的键值，则无法创建唯一索引。

聚集索引和非聚集索引都可以是唯一索引。

4. 复合索引

如果需要对多个字段的组合创建索引，即一个索引中含有多个字段，可以建立复合索引。一个复合索引中最多可以有 16 个字段组合，并且复合索引中的所有字段必须在同一个表中。

任务实施

一、创建索引

在 SQL Server 2019 中，可以使用“对象资源管理器”和 Transact-SQL 语句两种方法创建索引。

1. 在“对象资源管理器”中创建索引

【例 2.3.1】在 SCDB 数据库中的 Student 表上创建基于 Name 列，名为 Student_index 的不唯一、非聚集索引。

(1)在 SQL Server Management Studio 的“对象资源管理器”面板中，选择要创建索引的表 Student，然后展开 Student 表前面的“+”号，选中“索引”选项右击，在弹出的快捷菜单中选择“新建索引”命令，如图 2-43 所示。

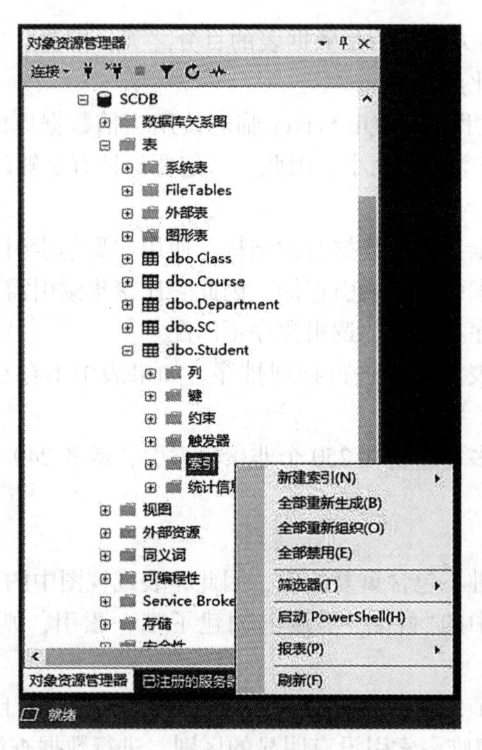

图 2-43　选择“新建索引”命令

(2)选择“新建索引”命令，进入如图 2-44 所示的“新建索引”窗口，在该窗口中列出了 Student 表上要建立的索引，包含其名称、是否聚集索引、是否设置唯一索引等。输入索引名称为“Student_index”，选择“非聚集”选项。

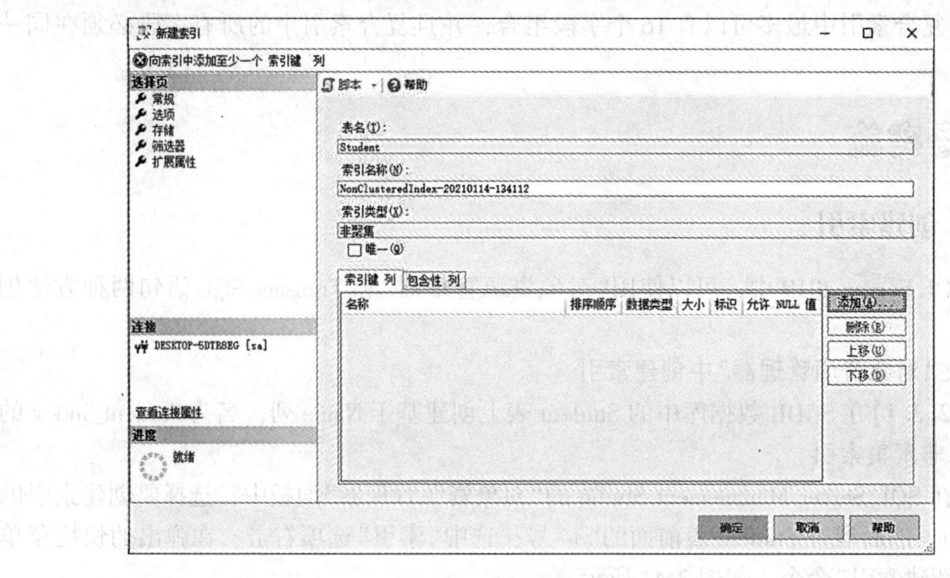

图 2-44　“新建索引”窗口

(3)单击“添加”按钮进入图 2-45 所示的界面，在列表中选择需要创建索引的 Name 列(对于复合索引，可以选择多个组合列)。

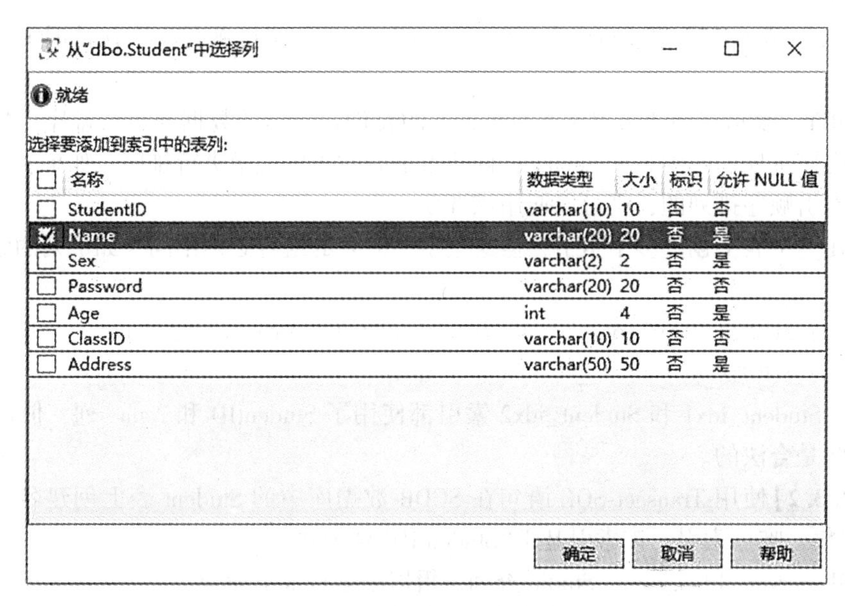

图 2-45　新建索引选择列

(4)单击“确定”按钮，SQL Server 将完成索引的创建。

2. 使用 Transact-SQL 语句创建索引

创建索引使用 CREATE INDEX 语句。其语法如下：

```
CREATE [UNIQUE] [CLUSTERED | NONCLUSTERED]
INDEX index_name
ON{table_name | view_name}
([column1 [ASC | DESC], column2 [ASC | DESC], …] | [express])
[TABLESPACE tablespace_name]
[PCTFREE n1]
[STORAGE (INITIAL n2)]
[NOLOGGING]
[NOLINE]
[NOSORT];
```

其中：

UNIQUE：表示唯一索引，默认情况下，不使用该选项。

CLUSTERED：建立聚集索引。

NONCLUSTERED：建立非聚集索引。

PCTFREE：指定索引在数据块中的空闲空间。对于经常插入数据的表，应该为表中索引指定一个较大的空闲空间。

NOLOGGING：表示在创建索引的过程中不产生任何重做日志信息。默认情况下，不使用该选项。

ONLINE：表示在创建或重建索引时，允许对表进行 DML 操作。默认情况下，不使用该选项。

NOSORT：表示在创建索引时不对数据表的要创建索引的数据列重新排序。默认情况下，不使用该选项。否则 SQL Server 在创建索引时对表中记录进行排序。如果表中数据已经是按该索引顺序排列的，则可以使用该选项。

可以在一个表上创建多个索引，但这些索引的列的组合必须不同。如下列的索引是合法的：

```
CREATE INDEX Student_idx1 ON Student (StudentID, Name)
CREATE INDEX Student_idx2 ON Student (Name, StudentID)
```

其中，Student_idx1 和 Student_idx2 索引都使用了 StudentID 和 Name 列，但由于顺序不同，因此是合法的。

【例 2.3.2】使用 Transact-SQL 语句在 SCDB 数据库中的 Student 表上创建名为 StuID_index 的聚集、唯一索引，该索引基于“StudentID”列创建。

在 SQL Server Mdnagement Studio 查询编辑器中运行如下命令：

```
USE SCDB
GO
CREATE UNIQUE CLUSTERED
INDEX StuID_index ON Student(StudentID)
GO
```

用户在创建和使用唯一索引时，应注意如下事项：

UNIQUE 索引既可以采用聚集索引的结构，也可以来用非聚集索引的结构。如果不指明 CLUSTERED 选项，那么 SQL Server 索引默认采用非聚集索引的结构。

建立 UNIQUE 索引的表在执行 INSERT 语句或 UPDATE 语句时，SQL Server 将自动检验新的数据中是否存在重复值。如果存在，则 SQL Server 在第一个重复值处取消语句并返回错误提示信息。

具有相同组合列、不同组合顺序的复合索引彼此是不同的。

如果表中已有数据，那么在创建 UNIQUE 索引时，SQL Server 将自动检验是否存在重复值，若有重复值，则不能创建 UNIQUE 索引。

二、查看索引信息

建立索引后，可以对表索引信息进行查询。下面介绍两种方法：

1. 在“对象资源管理器”中查看索引信息

在 SQL Server Management Studio 的“对象资源管理器”面板中，使用与创建索引同样的方法，打开图 2-46 所示的快捷菜单，选择“属性”命令，即可看到该索引对应的信息。

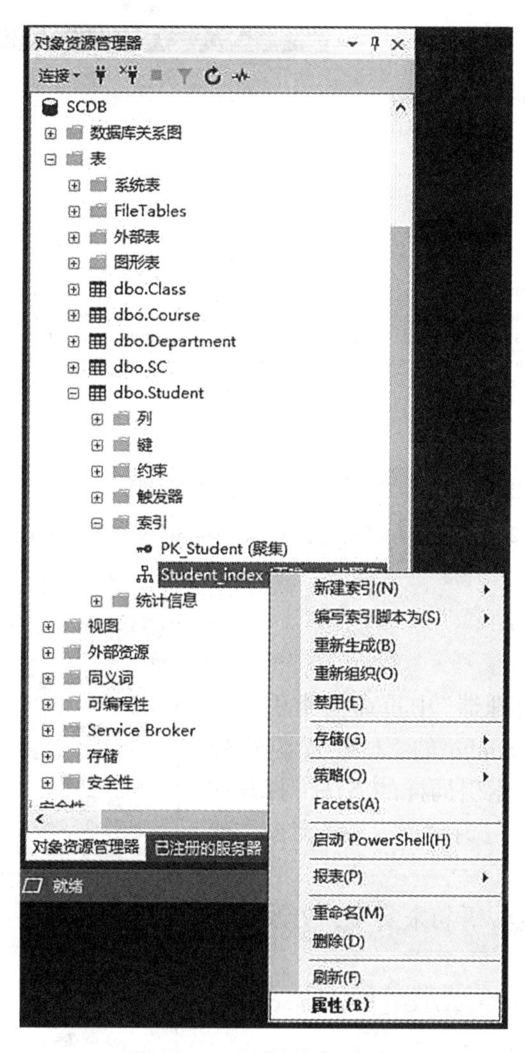

图 2-46　选择“属性”命令

2. 使用系统存储过程 sp_helpindex 查看指定表的索引信息

【例 2.3.3】使用系统存储过程 sp_helpindex 查看 SCDB 数据库中 Student 表的索引信息。

在 SQL Server Management Studio 查询编辑器中运行如下命令：

```
USE SCDB
GO
EXEC sp_helpindex Student
GO
```

运行结果如图 2-47 所示。

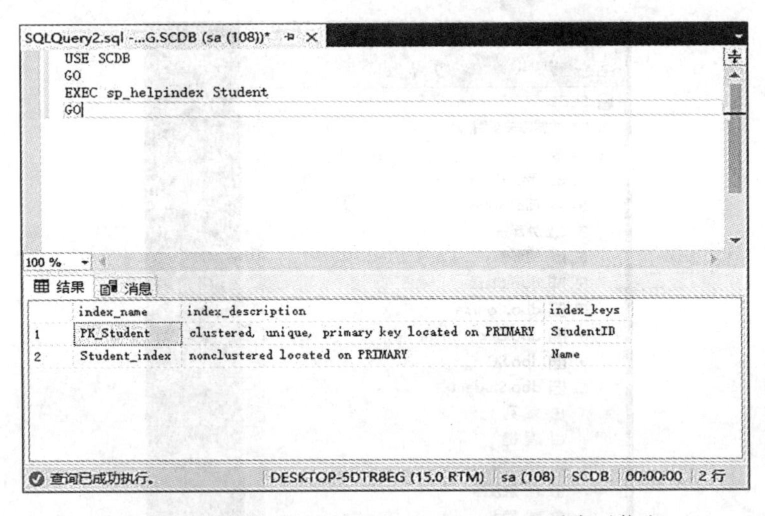

图 2-47　使用系统存储过程 sp_helpindex 查看索引信息

三、重命名索引

(1)在“对象资源管理器”中重命名索引。在 SQL Server Management Studio 的“对象资源管理器”面板中，使用与创建索引同样的方法，打开如图 2-48 所示的快捷菜单，选择“重命名”命令，然后直接输入新名即可。

(2)通过 Transact-SQL 语句来实现，更改索引名称的命令格式如下：

```
EXEC sp _ rename'table _ name.old _index_name', 'new_index_name'
```

其中：

table_name：索引所在的表名称。

old_Index_name：要重新命名的索引的名称。

new_Index_name：新的索引名称。

【例 2.3.4】使用 Transact-SQL 语句将 SCDB 数据库的 Student 表的索引 Student_index 重新命名为 new_Student_index。

在 SQL Server Management Studio 查询编辑器中运行如下命令：

```
USE SCDB
GO
EXEC sp_rename 'Student.Student_
```

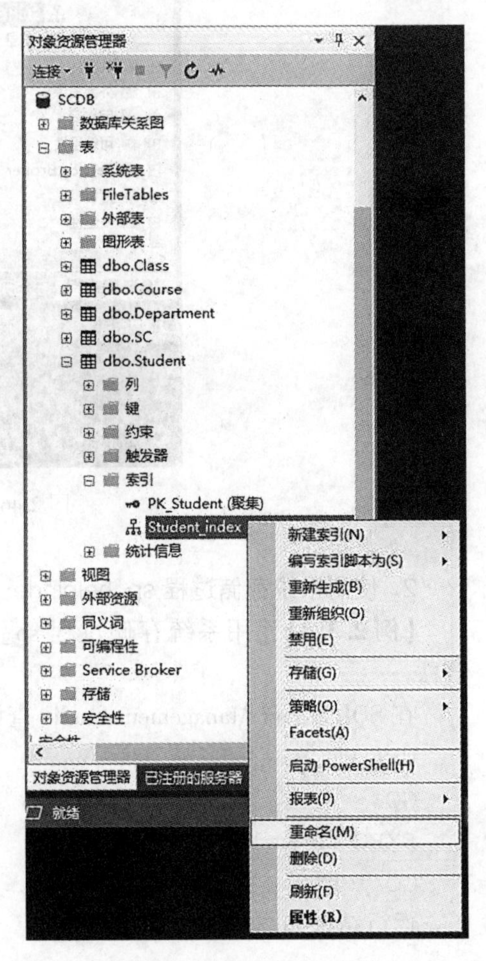

图 2-48　选择“重命名”命令

```
index', 'new_Student_index'
    GO
```

在查询编辑器中运行如上命令后将返回图 2-49 所示的警告信息，但索引已经被重命名了。

图 2-49　重命名索引

提示：为保证任务的连贯性，重命名后应按原样恢复。

四、删除索引

1. 在"对象资源管理器"中删除索引

在 SQL Server Management Studio 的"对象资源管理器"面板中展开 SCDB 数据库，单击"表"选项展开 Student 表，再展开"索引"前面的"+"号，选中索引名为 Student_index 的索引，右击，在弹出的快捷菜单中选择"删除"命令，进入图 2-50 所示的窗口，单击"确定"按钮，即可删除该索引。

提示：为保证任务的连贯性，删除后应按原样恢复。

2. 使用 Transact-SQL 语句删除索引

使用 Transact-SQL 语句删除索引的语法格式如下：

```
DROP INDEX
table_name , index_name[ , Table_name, index_name…]
```

其中：

table_name：索引所在的表名称。

index_name：要删除的索引的名称。

图 2-50　删除索引窗口

【例 2.3.5】使用 Transact-SQL 语句删除以上创建的索引 StuID_index。

在 SQL Server Management Studio 查询编辑器中运行如下命令：

```
USE SCDB
GO
DROP   INDEX   Student.StuID_index
GO
```

提示：为保证任务的连贯性，删除后应按原样恢复。

在用 DROP INDEX 命令删除索引时，需要注意如下事项：

不能用 DROP INDEX 语句删除由 PRIMARY KEY 约束或 UNIQUE 约束创建的索引。要删除这些索引必须先删除 PRIMARY KEY 约束或 UNIQUE 约束。

在删除聚集索引时，表中的所有非聚集索引都将被重建。

【例 2.3.6】如把 Student 表中的 StudentID 设为主键，即在索引列表中生成名为 PK_Student 的索引，尝试使用 Transact-SQL 语句删除该索引，查看有何结果。

在 SQL Server Management Studio 查询编辑器中运行如下命令：

```
USE SCDB
GO
DROP INDEX Student.PK_Student
GO
```

返回结果如图 2-51 所示。这是因为 PK_Student 索引为 PRIMARY KEY 约束创建的索引，必须删除 PRIMARY KEY 约束后才能删除此索引。

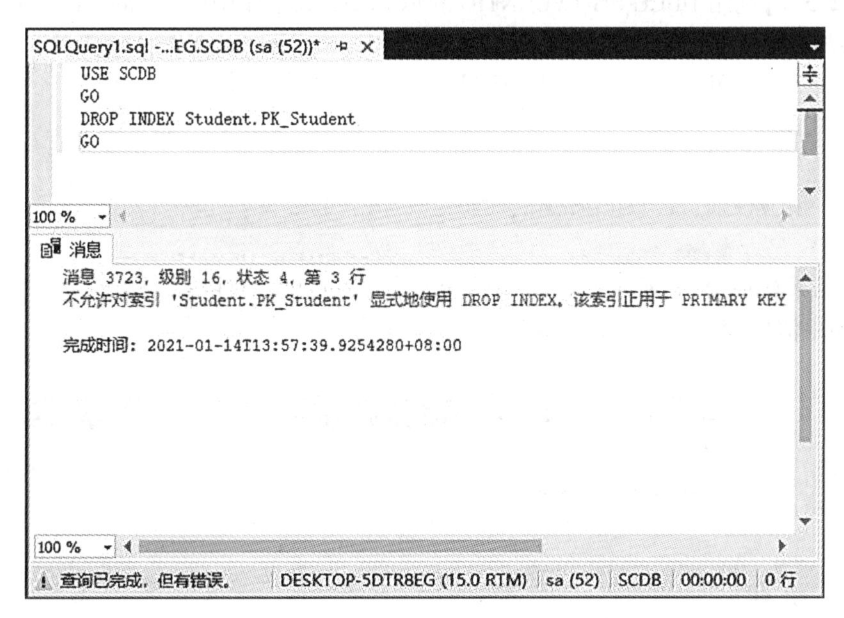

图 2-51　用 DROP INDEX 删除由 PRIMARY KEY 约束创建的索引

知识拓展

在索引创建之后，由于频繁地对数据进行增加、删除和修改等操作，使得索引页产生了碎块。因此，为了提高系统性能，必须对索引进行维护。

1. 显示索引的碎块信息

使用 DBCC SHOWCONTIG 语句，可以显示表的数据和索引的碎块信息。当执行 DBCC SHOWCONTIG 语句时，SQL Server 浏览叶级上的整个索引页，来确定表或者指定的索引是否产生严重碎块。

DBCC SHOWCONTIG 语句还能确定数据页和索引页是否已经满了。当对表进行大量的修改或者增加大量的数据之后，或者表的查询速度非常慢时，应该在这些表上执行 DBCC SHOWCONTIG 语句。

其语法格式：

```
DBCC SHOWCONTIG
[ ({table_name | table_id |view_name | view_id}
  [ , index_name | index_id ] )]
```

各参数说明：

(1) table_name | table_id | view_name | view_id：是要对其碎片信息进行检查的表或视图。如果未指定，则对当前数据库中的所有表和索引视图进行检查。

(2) index_name | index_id：是要对其碎片信息进行检查的索引。如果未指定，则该

语句对指定表或视图的基索引进行处理。

【例 2.3.7】利用 DBCC SHOWCONTIG 获取 SCDB 数据库中的 Student 表的 PK_Student 索引的碎片信息。

在 SQL Server Management Studio 查询编辑器中运行如下命令：

```
USE SCDB
GO
DBCC SHOWCONTIG (Student, PK_Student)
GO
```

运行结果如图 2-52 所示。在返回的统计信息中，需要注意扫描密度，其理想值为 100%。如果值比较低，那就需要清理表上的碎片了。

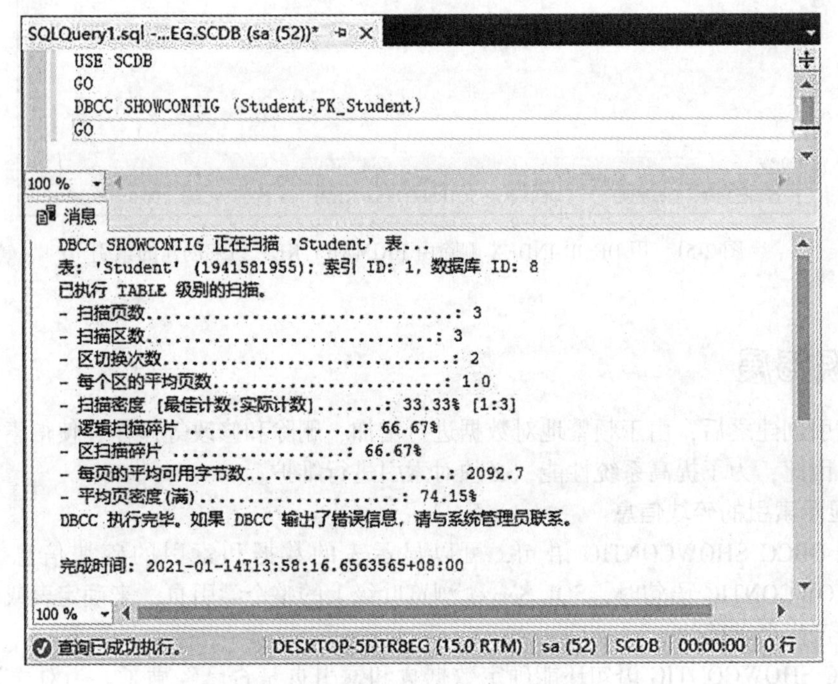

图 2-52　使用 DBCC SHOWCONTIG 语句扫描表

2. 整理碎片

使用 DBCC INDEXDEFRAG 对表的索引进行碎片整理。DBCC INDEXDEFRAG 对索引的叶级进行碎片整理，以便页的物理顺序与叶结点从左到右的逻辑顺序相匹配，从而提高索引扫描性能。其语法如下：

```
DBCC INDEXDEFRAG
(   { database_name | database_id | 0 }
        , { table_name | table_id | view_name | view_id }
        , { index_name | index_id }
```

```
    )
    [ WITH NO_INFOMSGS ]
```

各参数说明如下：

(1)database_name | database_id | 0：是对其索引进行碎片整理的数据库。如果指定0，则使用当前数据库。

(2)table_name | table_id | view_name | view_id：是对其索引进行碎片整理的表或视图。表名和视图名称必须符合标识符规则。

(3)index_name | index_id：是要进行碎片整理的索引。

(4)WITH NO_INFOMSGS：禁止显示所有信息性消息(有从0到10的严重级别)。

DBCC INDEXDEFRAG 是联机操作，但不会妨碍运行查询或更新。若索引的碎片相对较少，则整理该索引的速度比生成一个新索引要快，这是因为碎片整理所需的时间与碎片的数量有关。

【例2.3.8】利用 DBCC INDEXDEFRAG 命令对 SCDB 数据库中 Student 表的 PK_Student 索引进行碎片整理。

在 SQL Server Management Studio 查询编辑器中运行如下命令：

```
USE SCDB
GO
DBCC INDEXDEFRAG (SCDB, Student, PK_Student)
GO
```

运行结果如图 2-53 所示。

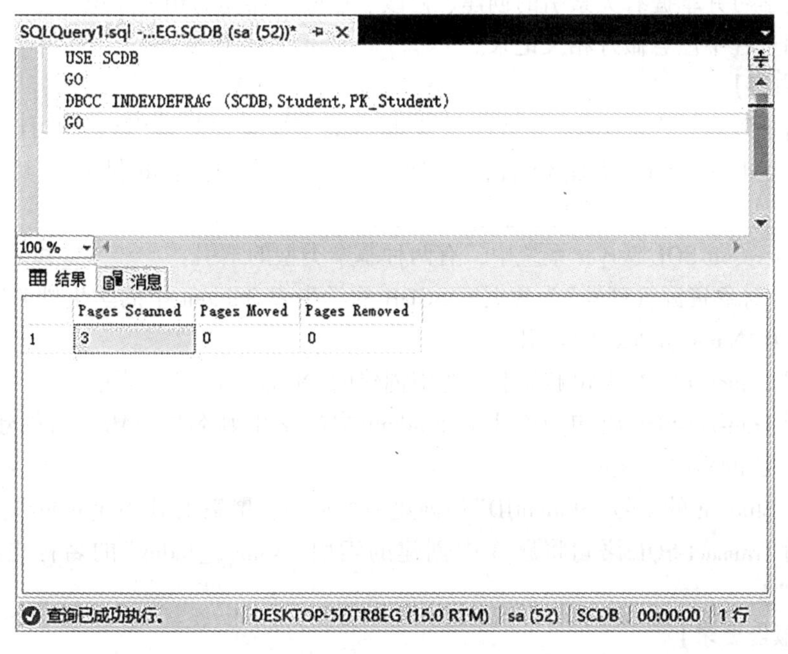

图 2-53　使用 DBCC INDEXDEFRAG 命令进行碎片整理

任务小结

索引可以用来快速访问数据库表中的特定信息。通过本任务的实施应熟练掌握索引的创建、修改、删除等操作。

实训练习

实训十　创建和管理索引

【实训目的】

1. 了解索引的基础知识。
2. 学会使用“对象资源管理器”创建索引。
3. 学会使用 Transact-SQL 语句创建索引。
4. 学会使用“对象资源管理器”重命名索引。
5. 学会使用 Transact-SQL 语句重命名索引。
6. 学会使用“对象资源管理器”删除索引。
7. 学会使用 Transact-SQL 语句删除索引。

【实训准备】

1. 认真阅读本实训内容。
2. 认真学习并掌握有关索引的创建、修改、删除等操作的相关知识。
3. 实训过程中注意做好相关记录。

【实训内容】

1. 索引是以表列为基础的________，它保存着表中排序的索引列，并且记录了索引列在数据表中的物理存储位置，实现了表中数据的逻辑排序，其主要目的是____。

2. 在 Microsoft SQL Server 系统中，有两种基本类型的索引：________和________。

3. 使用“对象资源管理器”为数据库 SCDB 的学生表 Student 中的学生姓名“NAME”列创建一个名为“Name_index”的索引。

4. 使用 Transact-SQL 语句删除上一题中创建的“Name_index”的索引。

5. 使用 Transact-SQL 语句为学生表 Student 中的学生姓名“NAME”列创建一个名为“Name2_index”的索引。

6. 为表 Student 的学号“StudentID”列创建一个唯一、聚集索引“Stu_index”。

7. 使用 Transact-SQL 语句将题 3 中创建的索引“Name2_index”的名称更改为“Stu_Name_index”。

【实训报告要求】

1. 将实训过程中所进行的各项工作和步骤记录在实训报告上。

2. 将实训过程中遇到的问题记录下来。
3. 结合具体的操作写出实训的心得体会。

任务四　创建和使用视图

任务引入

视图(View)作为一种数据库对象，为用户提供了一个可以检索数据表中的数据的方式。用户通过视图来浏览数据表中感兴趣的部分或全部数据，而数据的物理存储位置仍然在表中。

任务目标

了解视图的基本概念、作用和特点。
掌握创建、修改和删除视图的方法。
能灵活运用视图来简化表以及简化数据的查询。

必备知识

视图是一个虚拟表，并不表示任何物理数据，只是用来查看数据的窗口而已。视图与真正的表很类似，也是由一组命名的列和数据行所组成，其内容由查询所定义。但是视图并不是以一组数据的形式存储在数据库中，数据库中只存储视图的定义，而不存储视图对应的数据，这些数据仍存储在导出视图的基本表中。当基本表中的数据发生变化时，从视图中查询出来的数据也随之改变。

视图中的数据行和列都来自于基本表，是在视图被引用时动态生成的。使用视图可以集中、简化和制定用户的数据库显示，用户可以通过视图来访问数据，而不必直接去访问该视图的基本表。

视图由视图名和视图定义两部分组成。视图是从一个或几个表导出来的表，它实际上是一个查询结果，视图的名字和视图对应的查询存储在数据字典中。例如，数据库 SCDB 中有学生表 Student(StudentID，Name，Sex，Password，Age，ClassID，Address)，此表为基本表，对应一个存储文件。可以在其基础上定义一个学生基本情况的视图 Student_View (StudentID，Name，Sex，Age，Address)，在数据库中只存储 Student_View 视图的定义，而 Student_View 视图的记录不重复存储。在用户看来，视图是通过不同路径去看一个实际表，就像一个窗口，我们通过窗口去看外面的高楼，可以看到高楼的不同部分，而透过视图可以看到数据库中自己感兴趣的内容。

任务实施

一、创建视图

用户必须拥有数据库所有者授予的创建视图的权限才可以创建视图，同时，用户也必须对定义视图时所引用到的表有适当的权限。视图的创建者必须拥有在视图定义中引用的任何对象的许可权，如相应的表、视图等，才可以创建视图。视图的命名必须遵循标识符规则，对每一个用户都是唯一的。视图名称不能和创建该视图的用户的其他任何一个表的名称相同。视图的定义可以加密，以保证其定义不会被任何人(包括视图的拥有者)获得。

1. 在“对象资源管理器”中创建视图

【例 2.4.1】利用“对象资源管理器”在 SCDB 数据库中创建一个名为 V_Student 的视图，该视图仅查看 Student 表中来自“荆门”的学生的基本信息。

(1)启动 SQL Server Management Studio，在“对象资源管理器”的树形目录中，找到 SCDB，展开该数据库。

(2)选择“视图”选项，右击，在弹出的快捷菜单中选择“新建视图”命令，如图 2-54 所示。

(3)在弹出的“添加表”对话框选择 Student 表，单击“添加”按钮，然后单击“关闭”按钮关闭“添加表”对话框，如图 2-55 所示。

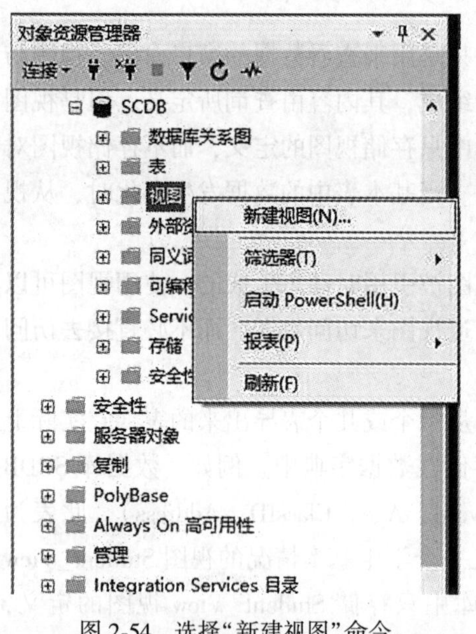

图 2-54 选择“新建视图”命令

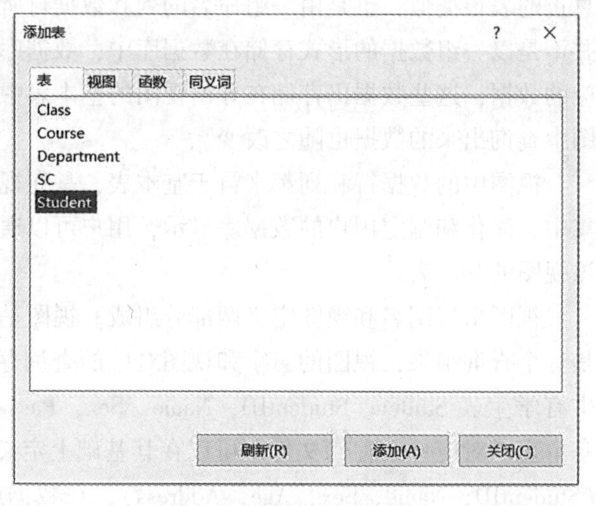

图 2-55 添加 Student 表

(4)在图 2-56 的代码编辑窗口编辑代码。

(5)单击工具栏的按钮，弹出图 2-57 所示的视图保存对话框，输入视图的名称“V_Student”，单击“确定”按钮，即完成视图的创建。

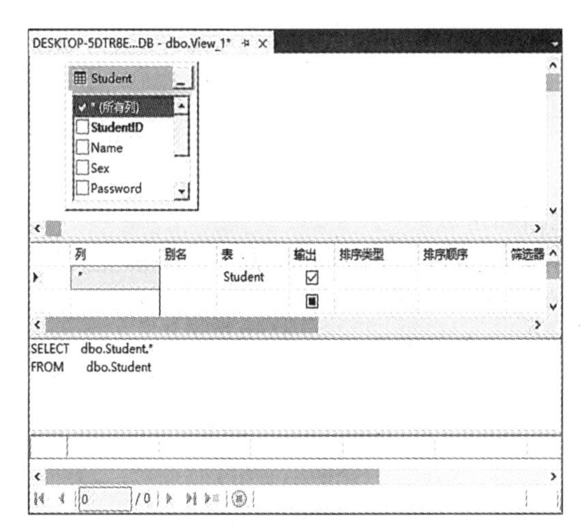

图 2-56　编辑代码

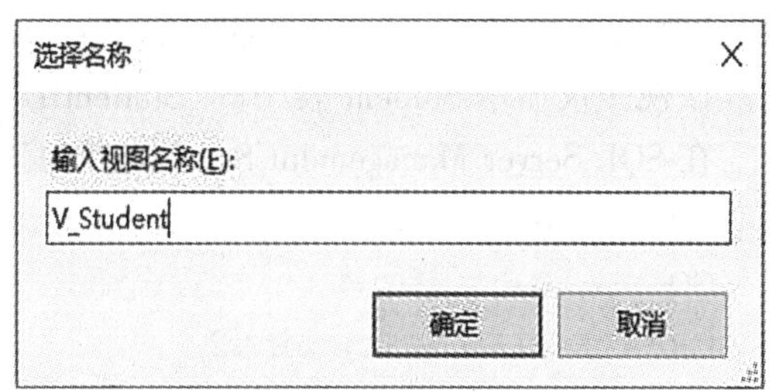

图 2-57　保存视图对话框

视图创建后可以在 SQL Server Management Studio 窗口中查看视图的返回结果。

(1)在“对象资源管理器”面板中展开“数据库”选项，然后展开“SCDB”选项。

(2)展开“视图”选项，在视图列表中右击 V_Student 视图，在弹出的快捷菜单中选择“编辑前 200 行”命令，返回结果如图 2-58 所示。

StudentID	Name	Sex	Password	Age	ClassID	Address
2008001	何国英 ...	女	123456	17	20080101	荆门 ...
2008002	方振 ...	男	123123	16	20080101	荆门 ...
2008003	雷应飞 ...	男	abc123	18	20080101	武汉 ...
2008004	金丹 ...	女	765123	20	20080101	武汉 ...
2008005	秦淼英 ...	女	123	21	20080101	黄冈 ...
2008006	郑静梦 ...	女	123	20	20080101	荆州 ...
2008007	王文波 ...	男	123	19	20080101	宜昌 ...
2008008	邹剑波 ...	男	123	18	20080101	武汉 ...
2008009	汤年华 ...	女	123	18	20080101	武汉 ...
2008010	官勤 ...	男	123	19	20080101	武汉 ...
2008011	张子安 ...	男	123	21	20080101	咸宁 ...
2008012	张舒 ...	女	123	20	20080101	孝感 ...
2008013	陶洋洋 ...	男	123	17	20080101	荆门 ...
2008014	洪临玲 ...	女	123	17	20080101	黄冈 ...
2008015	阿迪娜 ...	女	123	17	20080101	武汉 ...
2008016	娜孜亚 ...	女	123	18	20080101	荆门 ...
2008017	陈应俭 ...	男	123	18	20080101	荆州 ...

图 2-58　查看视图的返回结果

2. 使用 Transact-SQL 语句创建视图

基本语法如下：

```
CREATE  VIEW  view_name
[WITH  ENCRYPTION]
AS
select_statement
```

其中，WITH ENCRYPTION 子句表示对视图加密。

【例 2.4.2】使用 Transact-SQL 语句在 SCDB 数据库中创建一个名为 V_ Student2 的视图。该视图仅显示 Student 表中的“StudentID”和“Address”列。

在 SQL Server Management Studio 查询编辑器中运行如下命令：

```
USE SCDB
GO
CREATE VIEW V_Student2
AS
SELECT StudentID, Address
FROM Student
GO
```

视图创建成功后，可以通过查询语句来检查视图是否建立以及视图的返回结果。

在 SQL Server Management Studio 查询编辑器中运行如下命令：

```
USE SCDB
GO
SELECT  *
FROM V_Student2
GO
```

运行结果如图 2-59 所示，表示视图创建成功同时返回相应视图的结果。

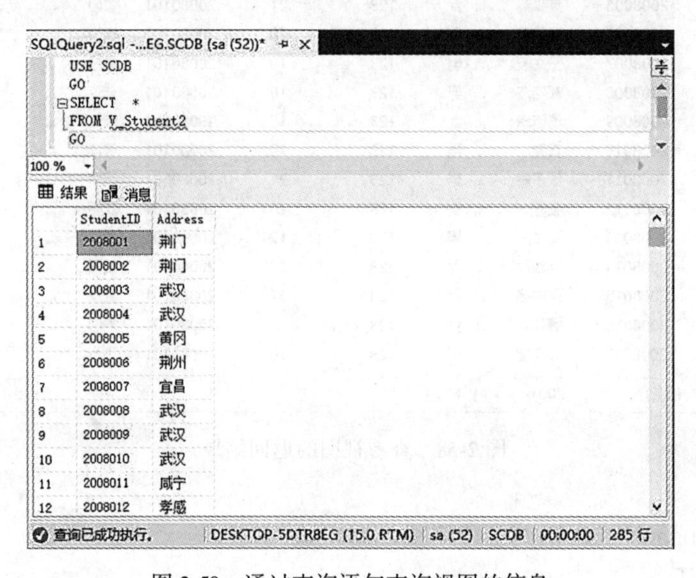

图 2-59 通过查询语句查询视图的信息

以上创建的视图比较简单，下面来创建几个较复杂的视图。

【例 2.4.3】使用 Transact-SQL 语句在 SCDB 数据库中创建一个名为 V_Student_Grade 的视图。要求仅显示 StudentID、Name 和 Grade（本例学习视图应用——两个或多个基本表连接组成的查询）。

实例分析：本例要显示的 StudentID 和 Name 在 Student 表中，而 Grade 在 SC 表中，所有这些信息是来自两个表，需要对这两个表进行组合查询。

在 SQL Server Management Studio 查询编辑器中运行如下命令：

```
USE SCDB
GO
CREATE VIEW V_Student_Grade
AS
SELECT Student.StudentID, Student.Name, SC.Grade
FROM Student, SC
WHERE Student.StudentID=SC.StudentID
GO
```

视图创建好后，运行如下查询命令：

```
USE SCDB
GO
SELECT *
FROM V_Student_Grade
GO
```

在“结果”面板中返回的结果，如图 2-60 所示。

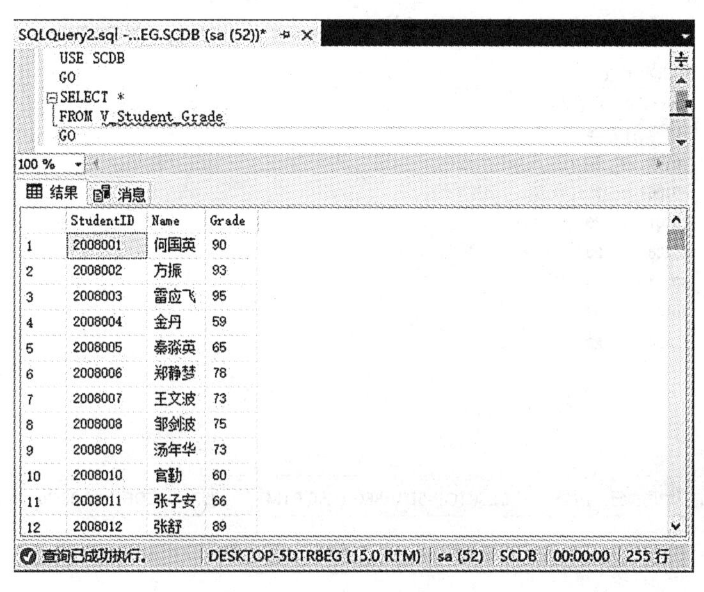

	StudentID	Name	Grade
1	2008001	何国英	90
2	2008002	方振	93
3	2008003	雷应飞	95
4	2008004	金丹	59
5	2008005	秦淼英	65
6	2008006	郑静梦	78
7	2008007	王文波	73
8	2008008	邹剑波	75
9	2008009	汤年华	73
10	2008010	官勤	60
11	2008011	张子安	66
12	2008012	张舒	89

图 2-60　验证多表组合视图

【例 2. 4. 4】使用 Transact-SQL 语句创建视图 V_student3，使其能显示 SC 表中每门课程被选修的实际人数(本例学习视图应用——基本表的统计汇总)。

在 SQL Server Management Studio 查询编辑器中运行如下命令：

```
USE SCDB
GO
CREATE VIEW V_student3
AS
SELECT CourseID, Count( * ) '选修人数'
FROM SC
GROUP BY (CourseID)
GO
```

视图创建成功后，在 SQL Server Management Studio 查询编辑器中运行如下查询命令：

```
USE SCDB
GO
SELECT *
FROM V_student3
GO
```

查询该视图的返回结果如图 2-61 所示。

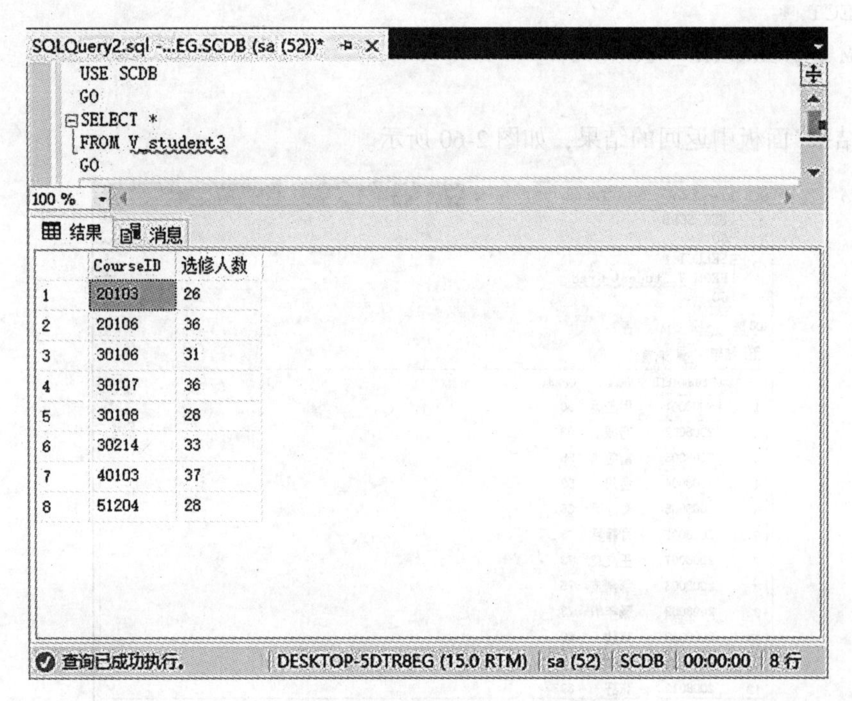

	CourseID	选修人数
1	20103	26
2	20106	36
3	30106	31
4	30107	36
5	30108	28
6	30214	33
7	40103	37
8	51204	28

图 2-61　验证表的统计汇总视图

【**提示**】在本例题中，必须为 count(*)列指定列名(本例取名为“选修人数”)，若不指定列名，则在运行时会报错。

在创建视图时，还要注意视图必须满足以下几点限制：

(1)不能将规则或者 DEFAULT 定义关联于视图。

(2)定义视图的查询中不能含有 ORDER BY、COMPUREA、COMPUTER BY 子句和 INTO 关键字。

(3)如果视图中的某一列是一个算术表达式、构造函数或者常数，而且视图中两个或者更多的不同列拥有一个相同的名字(这种情况通常是因为在视图的定义中有一个连接，而且这两个或者多个来自不同表的列拥有相同的名字)，此时，用户需要为视图的每一列指定列的名称。

二、显示视图的信息

1. 在“对象资源管理器”中显示视图的信息

【**例 2.4.5**】在 SQL Server Management Studio 窗口中查看和修改视图 V_Student 的定义信息。

(1)在“对象资源管理器”面板中展开“数据库”选项，然后展开“SCDB”选项。

(2)展开“视图”选项，在视图列表中可以见到名为 V_Student 的视图。如果没有看到，单击“刷新”按钮，刷新一次。

(3)右击 V_Student 视图，在弹出的快捷菜单中选择“设计”命令，打开如图 2-62 所示窗口，可以在该对话框中直接对视图的定义进行修改。

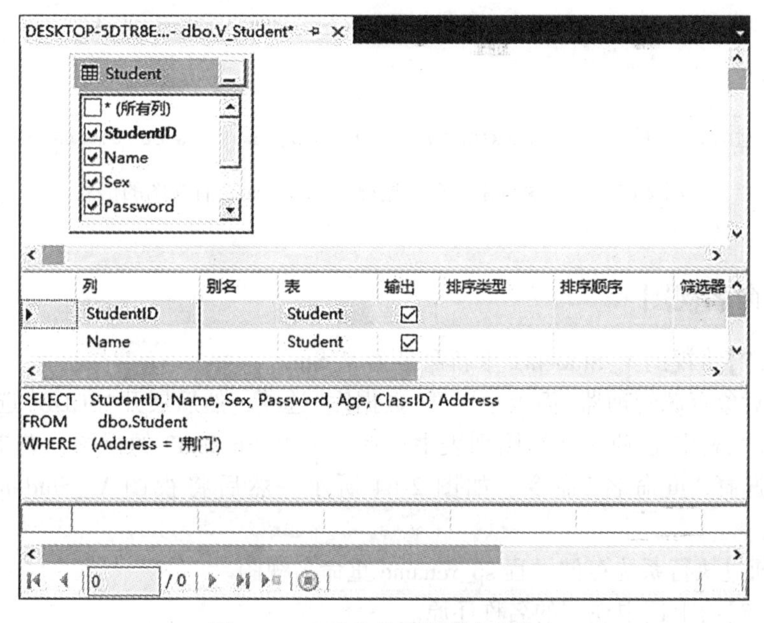

图 2-62　查看和修改视图定义信息

2. 通过执行系统存储过程 sp_helptext 查看视图的信息

【例 2.4.6】通过执行系统存储过程 sp_helptext 查看视图 V_Student2 的定义信息。

在 SQL Server Management Studio 查询编辑器中运行如下命令：

```
USE SCDB
GO
EXEC sp_helptext 'V_Student2'
GO
```

运行结果如图 2-63 所示。

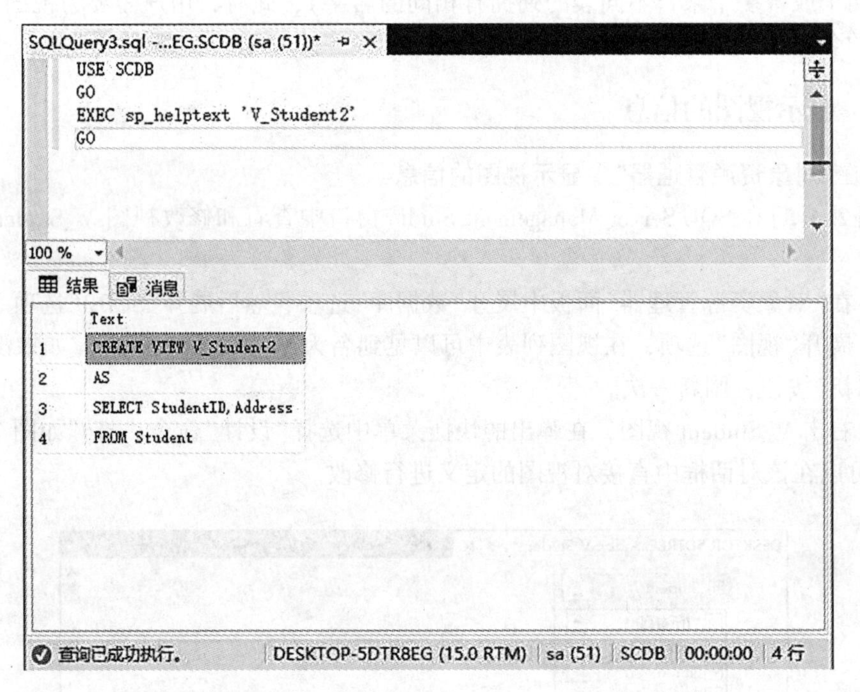

图 2-63　通过执行系统存储过程 sp_helptext 查看视图的信息

三、重命名视图

【例 2.4.7】将视图 V_Student2 重新命名为 V_Stu2。

(1)在“对象资源管理器”面板中展开“数据库”选项，然后展开“SCDB”选项。

(2)展开“视图”选项，在视图列表中选择名为 V_Student2 的视图，右击，在弹出的快捷菜单中选择“重命名”命令，如图 2-64 所示，然后将视图 V_Student2 重新命名为V_Stu2。

也可以通过执行系统存储过程 sp_rename 重命名视图。

【例 2.4.8】将上例中视图的名称还原。

在 SQL Server Management Studio 查询编辑器中运行如下命令：

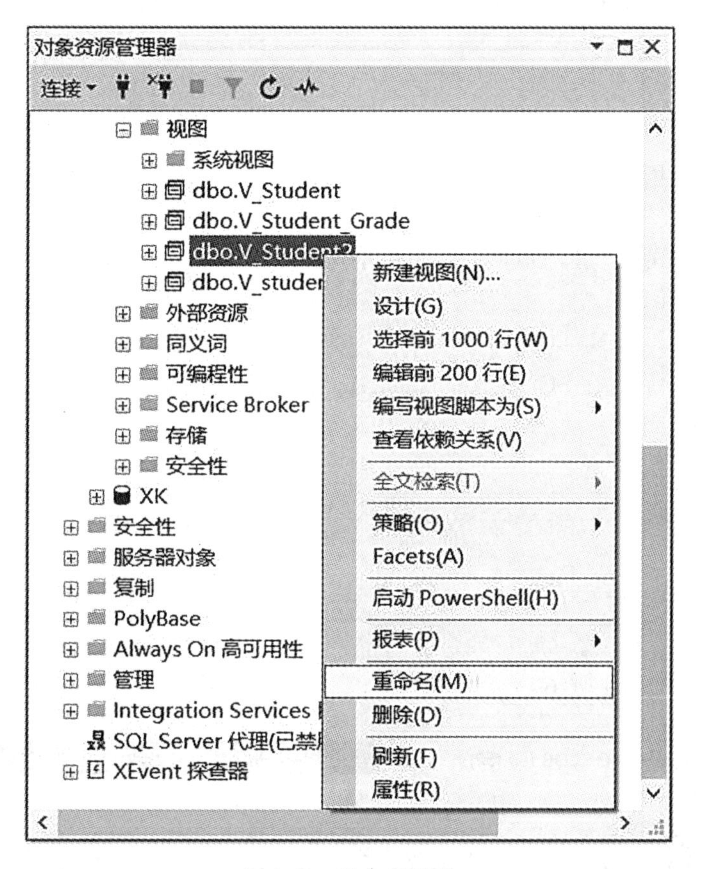

图 2-64　重命名视图

```
USE SCDB
GO
EXEC sp_rename 'V_Stu2', 'V_Student2'
GO
```

四、视图的修改和删除

1. 视图的修改

视图的修改是由 ALTER 语句来完成的，基本语法如下：

```
ALTER VIEW view_name
[WITH ENCRYPTION]
AS
Select_statement
```

【例 2.4.9】使用 Transact-SQL 语句修改视图 V_Student，使其仅仅显示每一个学生的学号、姓名和所在的班级编号，并要求加密。

在 SQL Server Management Studio 查询编辑器中运行如下命令：

```
USE SCDB
GO
ALTER VIEW V_Student
WITH ENCRYPTION
AS
SELECT StudentID, Name, ClassID
FROM Student
GO
```

视图修改成功后，在 SQL Server Management Studio 查询编辑器中查看该视图的信息，运行如下命令：

```
USE SCDB
GO
SELECT *
FROM V_student
GO
```

执行结果如图 2-65 所示。

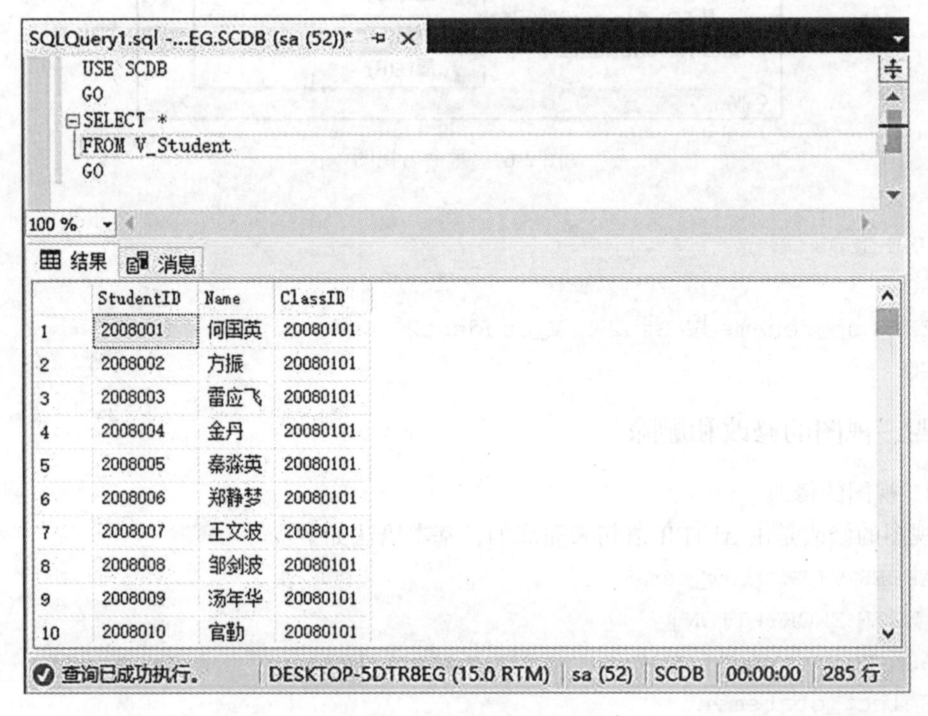

图 2-65　验证视图的修改

2. 视图的删除

视图的删除是通过 DROPVIEW 语句来实现的。

【例 2.4.10】使用 Transact-SQL 语句删除视图 V_Student。

在 SQL Server Management Studio 查询编辑器中运行如下命令:

```
USE SCDB
GO
DROP VIEW  V_Student
GO
```

【例 2.4.11】使用 SQL Server Management Studio 的"对象资源管理器"面板删除视图 V_Student。

(1)在"对象资源管理器"面板中展开"SCDB"选项。

(2)展开"视图"选项,在其详细列表中右击 V_Student,在弹出的快捷菜单中选择"删除"命令。

知识拓展

一、使用视图的优点

数据保密。对不同的用户定义不同的视图,使用户只能看到与自己有关的数据。

简化查询操作。为复杂的查询建立一个视图,用户不必输入复杂的查询语句,只需针对此视图做简单的查询即可。

保证数据的逻辑独立性。对于视图的操作,例如,查询只依赖于视图的定义,当构成视图的基本表需要修改时,只需要修改视图定义中的子查询部分,而基于视图的查询不用改变。

二、使用视图的缺点

当更新视图中的数据时,实际上是对基本表的数据进行更新。事实上,当从视图中插入或者删除数据时,情况也是这样。然而,某些视图是不能更新数据的,这些视图有如下特征:

有 UNION 等集合操作符的视图。

有 GROUP BY 子句的视图。

有诸如 AVG、SUM 或者 MAX 等函数的视图。

使用 DISTINCT 关键字的视图。

连接表的视图(其中有一些例外)。

任务小结

视图的使用方式和数据表的使用方式基本一样,但使用视图能给访问数据库带来更大的灵活性和安全性。通过本任务的实施应熟练掌握视图的创建、修改、删除等操作，充分利用视图方便地进行数据处理。

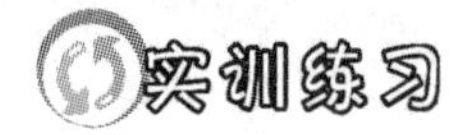

实训十一　创建和使用视图

【实训目的】

1. 掌握视图的基本知识。
2. 学会使用“对象资源管理器”创建视图。
3. 熟练掌握 Transact-SQL 语句创建视图。
4. 学会使用 Transact-SQL 语句重命名视图。
5. 学会使用 Transact-SQL 语句删除视图。

【实训准备】

1. 认真阅读本实训内容。
2. 认真学习并掌握有关视图的创建与管理的相关知识。
3. 请先将完整的 SCBD 数据库附加到 SQL Server 2019 中。
4. 实训过程中注意做好相关记录。

【实训内容】

1. 视图是一个________，并不表示任何物理数据，只是用来查看数据的窗口而已。视图中的数据行和列都来自________，它实际上是一个查询结果。

2. 使用“对象资源管理器”在 SCDB 数据库中创建一个名为 V_Address_Student 的视图，该视图仅查看 Student 表中来自“武汉”的学生的基本信息。

3. 使用 Transact-SQL 语句在 SCDB 数据库中创建一个名为 V_Stu 的视图。该视图仅显示 Student 表中的“StudentID”“NAME”“Sex”列。

4. 通过执行系统存储过程 sp_helptext 查看视图 V_Address_Student 的定义信息。

5. 将题 2 中创建的视图 V_Address_Student 重新命名为 Add_Stu。

6. 使用 Transact-SQL 语句修改题 2 中创建的视图 V_ Stu，使其显示每一个学生的学号和姓名，并要求加密。

7. 使用 Transact-SQL 语句删除视图 Add_Stu。

【实训报告要求】

1. 将实训过程中所进行的各项工作和步骤记录在实训报告上。
2. 将实训过程中遇到的问题记录下来。
3. 结合具体的操作写出实训的心得体会。

任务五　创建和使用存储过程

任务引入

当用户使用一串 Transact-SQL 语句访问服务器上的数据时，首先将 Transact-SQL 语句发送到服务器，由服务器编译 Transact-SQL 语句，并进行优化产生查询的执行计划，之后数据库引擎执行查询计划，最终将执行结果发回客户程序。每当执行一段 Transact-SQL 语句时，都要重复以上操作。是否可以免去以上重复操作，而是将用户经常执行的可以实现某种特殊功能的代码看成一个集合，当用户需要使用这段代码时直接调用呢？SQL Server 提供了存储过程这一数据库对象来解决以上问题。

任务目标

了解存储过程的基本概念和作用。
了解存储过程的分类。
学会创建和执行存储过程的方法。
学会管理和维护存储过程。
掌握存储过程的重编译处理。
学会系统存储过程和扩展存储过程的调用。

必备知识

存储过程是在数据库服务器端执行的一组 Transact-SQL 语句的集合，经编译后存放在数据库服务器中。它能够向用户返回数据、向数据库表中写入和修改数据，还可以执行系统函数和管理操作。用户在编程过程中只需要给出存储过程的名称和必需的参数，就可以方便地调用它们。

存储过程可以提高应用程序的处理能力，降低编写数据库应用程序的难度，同时还可以提高应用程序的效率。存储过程的处理非常灵活，允许用户使用声明的变量，还可以有输入输出参数，返回单个或多个结果集以及处理后的结果值。

SQL Server 2019 提供了 3 种存储过程：用户自定义存储过程、系统存储过程和扩展存储过程。

1. 用户自定义存储过程

用户自定义存储过程也就是用户自行创建并存储在用户数据库中的存储过程，它用于完成用户指定的某一特定功能(如查询用户所需的数据信息)。

2. 系统存储过程

SQL Server 2019 不仅提供用户自定义存储过程的功能，而且也提供许多可作为工具使用的系统存储过程。系统存储过程通常使用“sp_”为前缀，主要用于管理 SQL Server 和显示有关数据库及用户的信息。这些存储过程可以在程序中调用，完成一些复杂的与系统相关的任务，所以用户在开发自定义的存储过程前，最好能清楚地了解系统存储过程，以免重复开发。

系统存储过程在 master 数据库中创建并保存，可以从任何数据库中执行这些存储过程。另外用户自定义存储过程最好不要以“sp_”开头，因为用户存储过程与系统存储过程重名时，用户的存储过程将不会被调用。

系统存储过程所能完成的操作多达千百项。例如，sp_help 提供关于存储过程或其他数据库对象的报告；sp_helptext 显示存储过程和其他对象的文本；sp_depends 列举引用或依赖指定对象的所有存储过程；sp_tables 取得数据库中关于表和视图的相关信息；sp_renamedb 更改数据库的名称等。

SQL Server 2019 系统存储过程是为用户提供方便的，它们使用户可以很容易地从系统表中提取信息、管理数据库，并执行涉及更新系统表的其他任务。

3. 扩展存储过程

扩展存储过程(Extended Stored Procedures)是用户可以使用外部程序语言编写的存储过程。通过扩展存储过程可以弥补 SQL Server 2019 的不足，并按需要自行扩展其功能。扩展存储过程在使用和执行上与一般的存储过程完全相同。可以将参数传递给扩展存储过程，扩展存储过程也能够返回结果和状态值。

扩展存储过程的名称通常以 xp_开头。扩展存储过程是以动态链接库(DLLS)的形式存在，能让 SQL Server 2019 动态地装载和执行。扩展存储过程存储在系统数据库 master 中。

任务实施

一、创建和执行存储过程

1. 创建和执行简单存储过程

(1)创建存储过程的 SQL 语法格式如下：

```
CREATE PROCEDURE procedure_name
[ WITH ENCRYPTION ]
[ WITH RECOMPILE ]
AS
Sql_statement
```

其中：

WITH　ENCRYPTION：对存储过程进行加密。

WITH　RECOMPILE：对存储过程重新编译。

【例 2.5.1】使用 Transact-SQL 语句在 SCDB 数据库中创建一个名为 p_ Student 的存储过程。该存储过程返回 Student 表中所有学生的生源地为“武汉”的记录。

在 SQL Server Management Studio 查询编辑器中运行如下命令：

```
USE SCDB
GO
CREATE PROCEDURE p_Student
AS
SELECT *
FROM Student
WHERE Address ='武汉'
GO
```

(2)执行存储过程。在存储过程创建成功后，用户可以执行存储过程来检查存储过程的返回结果。执行存储过程主要有两种方法：一是在 SQL Server Management Studio 的查询编辑器中运用 Transact-SQL 语句执行；二是在 SQL Server Management Studio 的对象资源管理器中直接用鼠标操作执行存储过程。

在 SQL Server Management Studio 查询编辑器中执行存储过程的操作步骤如下：

① 打开 SQL Server Management Studio 查询编辑器。

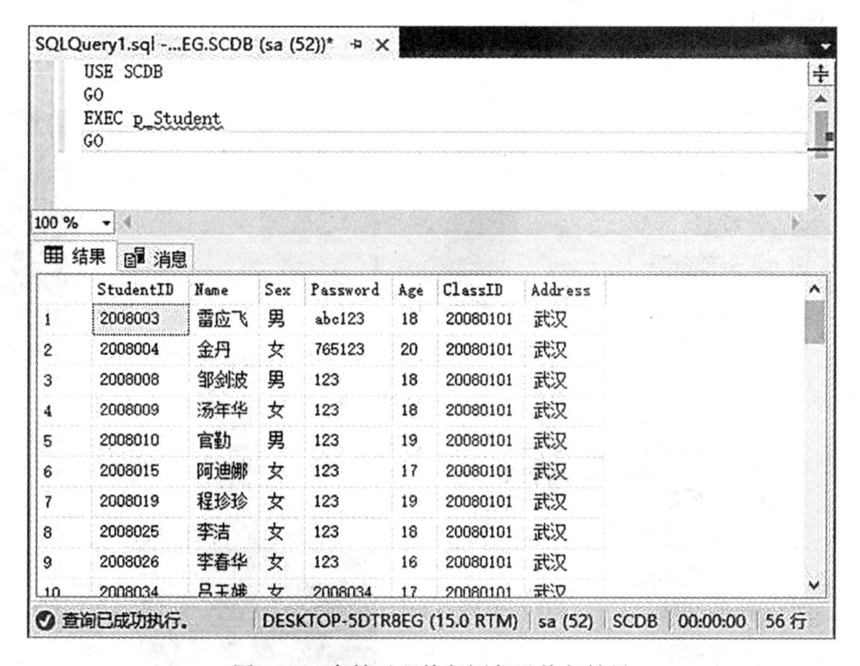

	StudentID	Name	Sex	Password	Age	ClassID	Address
1	2008003	雷应飞	男	abc123	18	20080101	武汉
2	2008004	金丹	女	765123	20	20080101	武汉
3	2008008	邹剑波	男	123	18	20080101	武汉
4	2008009	汤年华	女	123	18	20080101	武汉
5	2008010	宫勤	男	123	19	20080101	武汉
6	2008015	阿迪娜	女	123	17	20080101	武汉
7	2008019	程珍珍	女	123	19	20080101	武汉
8	2008025	李洁	女	123	18	20080101	武汉
9	2008026	李春华	女	123	16	20080101	武汉
10	2008034	[illegible]	女	2008034	17	20080101	武汉

图 2-66　存储过程执行语句及执行结果

② 在 SQL Server Management Studio 查询编辑器中输入执行存储过程的 Transact-SQL 语句，然后单击执行。

执行存储过程的 Transact-SQL 语句基本语法如下：

```
EXEC procedure_name
```

【例 2.5.2】使用 Transact-SQL 语句执行上例中创建的存储过程 p_Student。

在 SQL Server Management Studio 查询编辑器中运行如下命令：

```
USE SCDB
GO
EXEC p_Student
GO
```

在运行完毕后，在 SQL Server Management Studio 查询编辑器中返回的结果如图 2-66 所示，表示存储过程创建成功，同时返回相应存储过程的结果。

在 SQL Server Management Studio 的“对象资源管理器”中执行存储过程的步骤如下：

① 在“对象资源管理器”中展开数据库“SCDB”选项。

② 再展开“可编程性”选项，然后展开“存储过程”选项，在“存储过程”列表中可以看见创建的名为 dbo. p_Student 的存储过程，如图 2-67 所示。

③ 选择存储过程 dbo. p_Student，右击，在弹出的快捷菜单中选择“执行存储过程”命令，如图 2-68 所示。

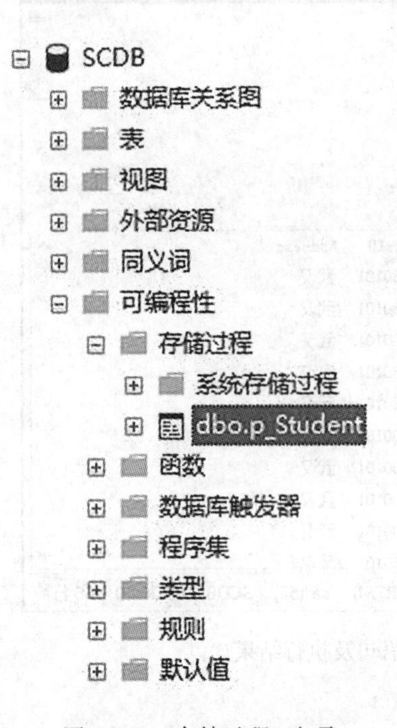

图 2-67 “存储过程”选项

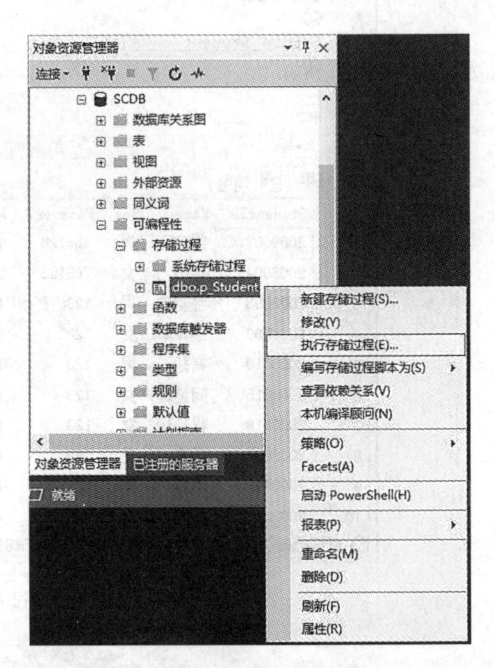

图 2-68 选择“执行存储过程”命令

④ 弹出“执行过程”窗口，单击的“确定”按钮即可执行该存储过程，如图 2-69 所示。

⑤ 单击“确定”按钮后，图 2-69 窗口关闭，在 SQL Server Management Studio 面板中打

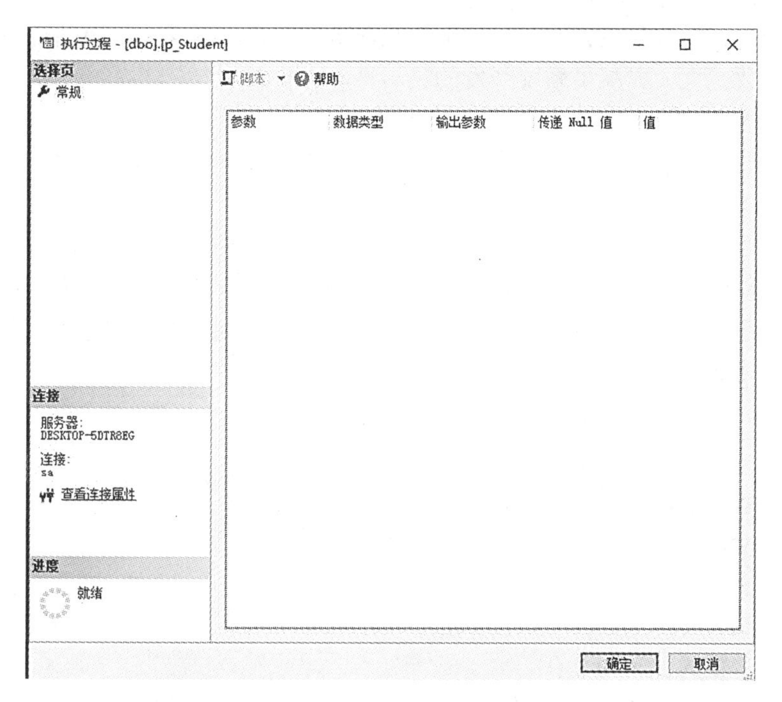

图 2-69　“执行过程”窗口

开一个新的查询窗口，在编辑区显示执行的 Transact-SQL 语句，在结果区显示执行的结果，如图 2-70 所示。

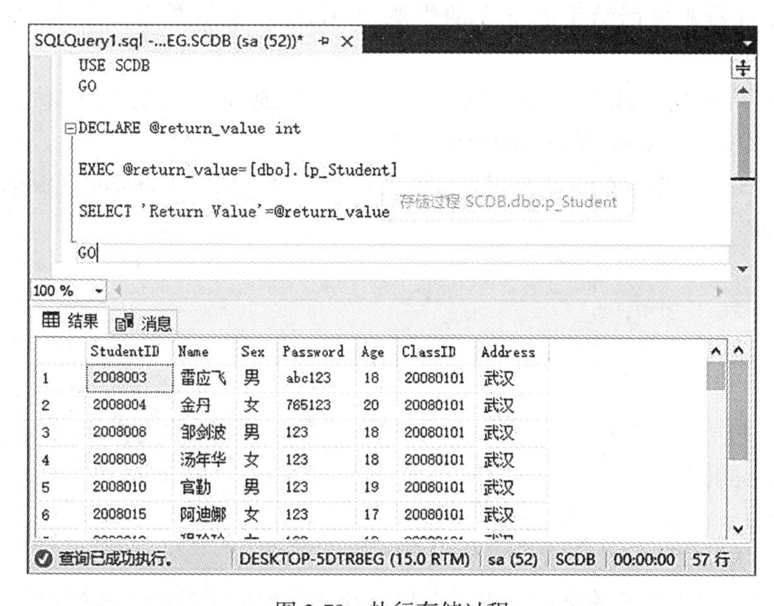

图 2-70　执行存储过程

2. 创建和执行带参数的存储过程

由于视图没有提供参数，对于行的筛选只能绑定在视图定义中，灵活性不大。而存储过程提供了参数，大大提高了系统开发的灵活性。

向存储过程设定输入、输出参数的主要目的是通过参数向存储过程输入和输出信息来扩展存储过程的功能。通过设定参数，可以多次使用同一存储过程并按用户要求查找所需的结果。

(1)带输入参数的存储过程。输入参数是指由调用程序向存储过程传递的参数，它们在创建存储过程语句中被定义，在执行存储过程中给出相应的变量值。为了定义接受输入参数的存储过程，需要在 CREATE PROCEDURE 语句中声明一个或多个变量作为参数。

其语法格式如下：

```
CREATE PROCEDURE procedure_name
@ parameter_name datatype =[default]
[with encryption]
[with recompile]
AS
Sql_statement
```

其中，各参数的含义如下：

@ parameter name：存储过程的参数名，必须以符号@ 为前缀。

Datatype：参数的数据类型。

Default：参数的默认值，如果在执行存储过程中未提供该参数的变量值，则使用 default 值。

【例 2.5.3】使用 Transact-SQL 语句在 SCDB 数据库中创建一个名为 p_Student2 的存储过程。该存储过程能根据给定的学生的生源地 Address 显示对应的学生表 Student 中的记录。

由于使用了变量，所以需要定义该变量，把“生源地”的长度设为 50 位字符串，所以在 AS 之前定义变量@ 生源地 varchar(50)。

①在 SQL Server Management Studio 查询编辑器中运行如下 Transact-SQL 语句：

```
USE SCDB
GO
CREATE PROCEDURE p_Student2
@ Address varchar(50)
AS
SELECT *
FROM Student
WHERE Address =@ Address
GO
```

② 执行含有输入参数的存储过程。在执行存储过程的语句中，通过语句@ parameter_

name= value 给出参数的传递值。当存储过程含有多个输入参数时，参数值可以任意顺序设定，对于允许空值和具有默认值的输入参数可以不给出参数的传递值。

其语法格式如下：

```
EXEC procedure_ name
[@ parameter_name=value]
[, ...n]
```

【例 2.5.4】用参数名传递参数值的方法执行存储过程 p _Student2，分别查询生源地 Address 为“武汉”和“荆门”的记录。

在 SQL Server Management Studio 查询编辑器中运行如下命令：

```
USE SCDB
GO
EXEC p_Student2 @ Address='武汉'
GO
EXEC p_Student2 @ Address='荆门'
GO
```

执行结果如图 2-71 所示。

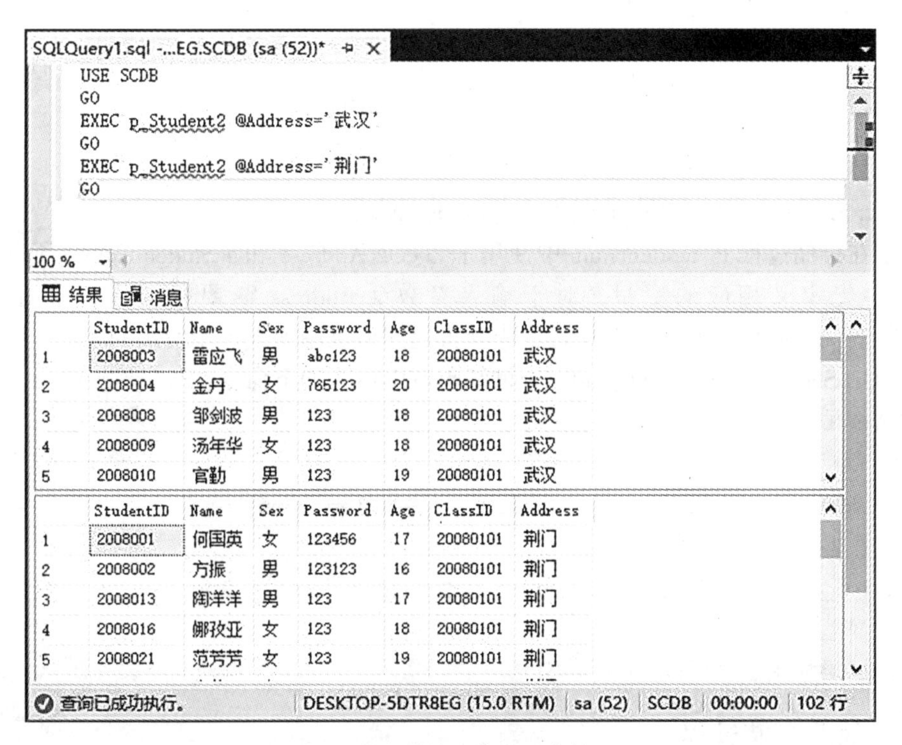

图 2-71　执行带输入参数的存储过程

(2)带输出参数的存储过程。如果需要从存储过程中返回一个或多个值，可以通过在创建存储过程的语句中定义输出参数来实现，为了使用输出参数，需要在 CREATE PROCEDURE 语句中指定 OUTPUT 关键字。

输出参数语法如下：

@ parameter_namedatatype = [default] OUTPUT

【例 2. 5. 5】创建存储过程 P_StudentNum，要求能根据用户给定的学生生源地 Address，统计来自该生源地的学生数量，并将数量以输出变量的形式返回给用户。

在 SQL Server Management Studio 查询编辑器中运行如下命令：

```
USE SCDB
GO
CREATE PROCEDURE p_StudentNum
@ Address VARCHAR(50),
@ StudentNum int OUTPUT
AS
SET @ StudentNum =
(SELECT COUNT( * )
  FROM Student
  WHERE Address =@ Address
)
PRINT @ StudentNum
GO
```

【例 2. 5. 6】执行上例中的存储过程 P_StudentNum。

由于在存储过程 P_StudentNum 中使用了参数@ Address 和@ StudentNum，所以，在测试时需要先定义相应的变量，对于输入参数@ Address 需要赋值，而输出参数@ StudentNum 无须赋值，它是从存储过程中获得返回值供用户进一步使用的。

在 SQL Server Management Studio 查询编辑器中运行如下命令：

```
USE SCDB
GO
DECLARE @ Address VARCHAR(20), @ StudentNum int
SET @ Address ='武汉'
EXEC p_StudentNUM @ Address, @ StudentNum
GO
```

执行结果如图 2-72 所示。

二、修改存储过程

常用的修改存储过程的方法有两种：一种是通过编写 Transact-SQL 语句来修改；另一种是通过 SQL Server Management Studio 中的“对象资源管理器”来进行修改。

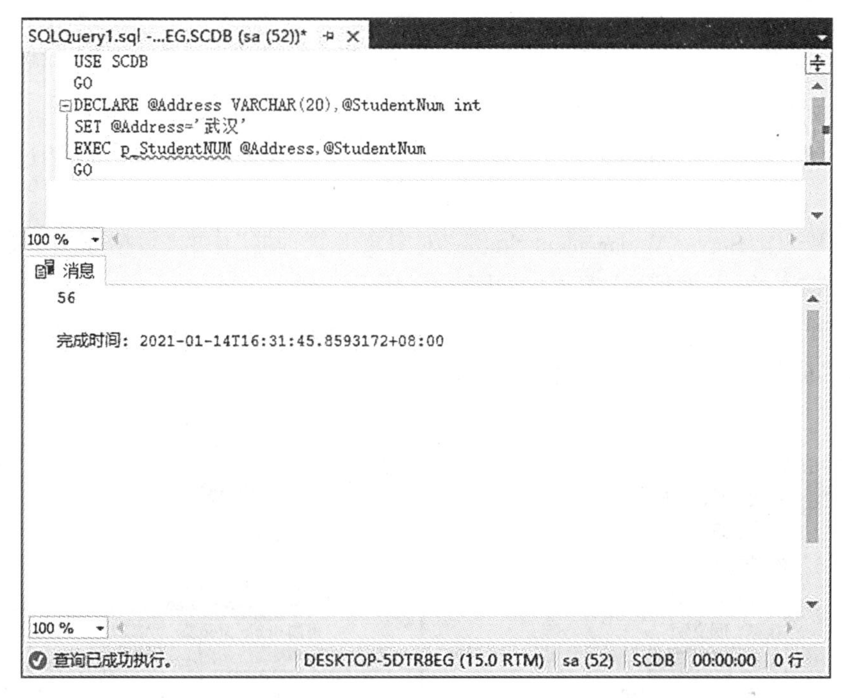

图 2-72　带输出的存储过程执行语句及结果

1. 使用 Transact-SQL 语句修改存储过程

修改存储过程是由 ALTER 语句来完成的，其语法如下：

```
ALTERPROCEDURE procedure_name
[WITH ENCRYPTION]
[WITH RECOMPILE]
AS
Sql_statement
```

【例 2.5.7】使用 Transact-SQL 语句修改存储过程 p_Student，根据用户提供的学生生源地进行查询，并要求加密。

在 SQL Server Management Studio 查询编辑器中运行如下命令：

```
USE SCDB
GO
ALTER PROCEDURE p_Student
@ Address VARCHAR(50)
WITH ENCRYPTION
AS
SELECT StudentID, Name, Address
```

```
FROM Student
WHERE Address =@ Address
GO
```

2. 在“对象资源管理器”面板中修改存储过程

通过 SQL Server Management Studio 中的“对象资源管理器”来修改存储过程的步骤如下：

(1)展开 SQL Server Management Studio“对象资源管理器”中的“数据库”选项，然后展开 SCDB 数据库的“可编程性”选项，如图 2-73 所示。

(2)展开“存储过程”选项，选中要进行修改的存储过程，右击，在弹出的快捷菜单中选择“修改”命令，如图 2-74 所示。

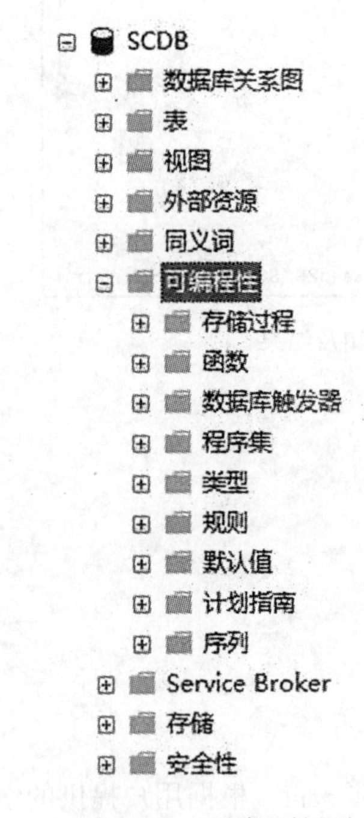

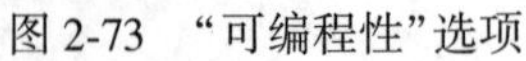
图 2-73 “可编程性”选项

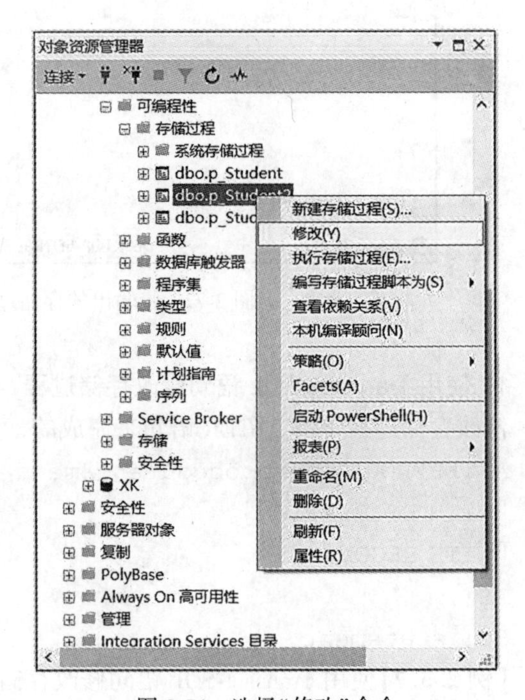

图 2-74 选择“修改”命令

(3)在弹出的修改存储过程窗口中，直接修改该存储过程，修改完毕，保存即可。

三、重命名存储过程

存储过程的重命名一般情况下都是通过 SQL Server Management Studio 窗口中的“对象资源管理器”来进行的，以下就以重命名存储过程 db. p_ Student2 为例，讲解重命名存储过程的具体步骤：

(1)在 SQL Server Management Studio 窗口中打开【对象资源管理器】面板，并展开数据库“SCDB ”选项。

(2)展开“可编程性”选项，选择“存储过程”选项。在存储过程详细列表中，选中存储过程 db. p_Student2，右击，在弹出的快捷菜单中选择“重命名”命令，如图 2-75 所示。

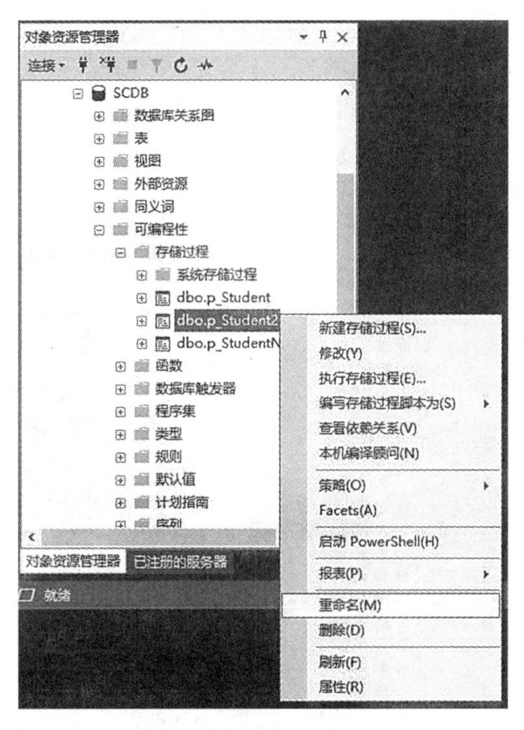

图 2-75　选择“重命名”命令

(3)输入存储过程的新名称即可。

四、删除存储过程

存储过程的删除常用的方法有两种：一种是使用 Transact-SQL 语句来删除；另一种是使用 SQL Server Management Studio 中的“对象资源管理器”来进行删除。

1. 通过 Transact-SQL 语句删除存储过程

存储过程的删除是通过 DROP 语句来实现的。

【例 2. 5. 8】使用 Transact-SQL 语句删除存储过程 p_Student。

在 SQL Server Management Studio 查询编辑器中运行如下命令：

```
USE SCDB
GO
DROP procedure p_Student
GO
```

提示：为保证任务的连贯性，删除后应按原样恢复。

2. 使用“对象资源管理器”删除存储过程

以使用 SQL Server Management Studio 窗口来删除存储过程 p_StudentNum 为例，在“对象资源管理器”中删除存储过程的步骤如下：

(1)在 SQL Server Management Studio 窗口中打开“对象资源管理器”面板，展开 SCDB 选项。

(2)展开“可编程性”选项，展开“存储过程”，选中 dbo. p_StudentNum，右击，在弹出的快捷菜单中选择“删除”命令即可，如图 2-76 所示。

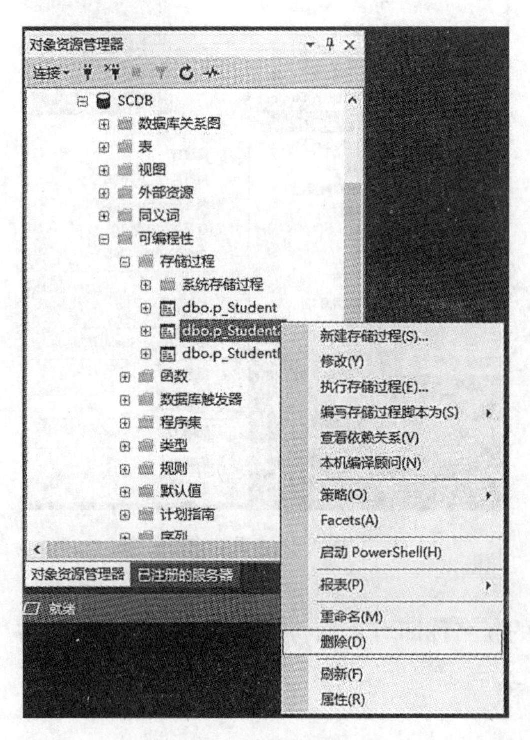

图 2-76　删除存储过程

提示：为保证任务的连贯性，删除后应按原样恢复。

五、存储过程的重编译处理

在存储过程中所用的查询只在编译时进行优化。对数据库进行索引或进行其他会影响数据库统计的更改后，可能会降低已编译的存储过程的效率。通过对存储过程进行重新编译，可以重新优化查询。

SQL Server 2019 为用户提供了 3 种重新编译的方法。

1. 在创建存储过程时使用 WITH RECOMPILE 子句

WITH RECOMPILE 子句可以指示 SQL Server 2019 不将该存储过程的查询计划保存在缓存中，而是在每次运行时重新编译和优化，并创建新的查询计划。

【**例 2.5.9**】使用 Transact-SQL 语句中的 WITH RECOMPILE 子句在 SCDB 数据库中创建一个名为 p_Student3 的存储过程，使其在每次运行时重新编译和优化。

在 SQL Server Management Studio 查询编辑器中运行如下命令：

```
USE SCDB
GO
CREATE PROCEDURE p_Student3
@ Address varchar(50)
WITH RECOMPILE
AS
SELECT *
FROM Student
WHERE Address =@ Address
GO
```

这种方法并不常用，因为在每次执行存储过程时都要重新编译，在整体上降低了存储过程的执行速度，除非存储过程本身是一个比较复杂、耗时的操作。编译的时间相对于执行存储过程的时间少。

2. 在执行存储过程时设定重新编译选项

通过在执行存储过程时设定重新编译，可以让 SQL Server 2019 在执行存储过程时重新编译该存储过程，在这一次执行后，新的查询计划又被保存在缓存中。

其语法格式如下：

EXECUTE procedure_name WITH RECOMPILE

【**例 2.5.10**】以重新编译的方式执行存储过程 p_Student3。

在 SQL Server Management Studio 查询编辑器中运行如下命令：

```
USE SCDB
GO
EXECUTE P_Student3 '武汉' WITH RECOMPILE
GO
```

执行结果如图 2-77 所示。

此方法一般在存储过程创建后、数据发生了显著变化时使用。

3. 通过系统存储过程设定重新编译选项

其语法如下：

```
EXEC sp_recompile OBJECT
```

其中，OBJECT 为当前数据库中的存储过程、表或视图的名称。

【**例 2.5.11**】执行下面的语句将导致 Student 表的触发器和存储过程在下次运行时被重新编译。

在 SQL Server Management Studio 查询编辑器中运行如下命令：

```
USE SCDB
```

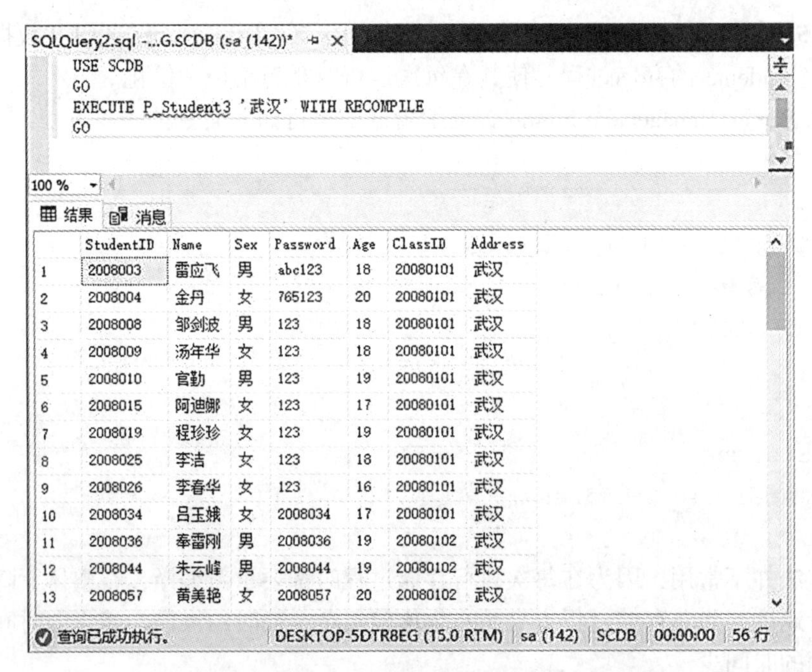

图 2-77　以重新编译的方式执行存储过程执行结果

```
GO
EXEC sp_recompile Student
GO
```

执行结果如图 2-78 所示。

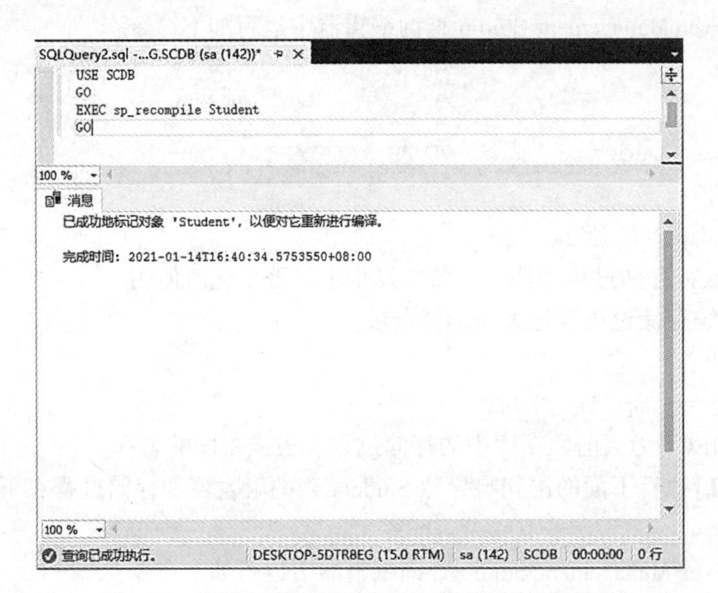

图 2-78　系统存储过程设定重新编译选项执行结果

六、系统存储过程和扩展存储过程

1. 系统存储过程

在 SQL Server 2019 中许多管理工作是通过执行系统存储过程来完成的。系统存储过程的创建和保存在 master 数据库中，都是以“sp_”为前缀的，可以在任何数据库中使用系统存储过程。

一般情况下，用户创建的存储过程最好不要以“sp_”为前缀。

SQL Server 2019 中的系统存储过程为用户提供了很多功能，下面介绍 sp_addlogin 系统存储过程的使用。

【例 2.5.12】使用 sp_addlogin 系统存储过程分别创建：

(1)用户名为 Student01、没有默认数据库的登录 ID。

(2)用户名为 Student02、密码为 02、没有默认数据库的登录 ID。

(3)用户名为 Student03、密码为 03、默认数据库为 SCDB 的登录 ID。

说明： sp_addlogin 用于创建新的 SQL Server 登录，该登录允许用户使用 SQL Server 身份验证连接到 SQL Server 实例。

在 SQL Server Management Studio 查询编辑器中运行如下命令：

```
USE SCDB
GO
EXEC sp_addlogin 'Student01'
GO
EXEC sp_addlogin 'Student02', '02'
GO
EXEC sp_addlogin 'Student03', '03', 'SCDB'
GO
```

2. 扩展存储过程

扩展存储过程提供从 SQL Server 到外部程序的接口，以便进行各种维护活动。

下面以扩展存储过程的使用举几个例子，以便于学习相关知识点。

扩展存储过程 xp_cmdshell 以操作系统命令行解释器的方式执行给定的命令字符串，并以文本的方式返回输出。

【例 2.5.13】执行下面的 xp_cmdshell 语句，返回指定目录的匹配文件列表。

在 SQL Server Management Studio 查询编辑器中运行如下命令：

```
USE master
GO
EXEC xp_cmdshell 'dir E:\*.exe'
GO
```

在查询编辑器中返回的执行结果如图 2-79 所示。

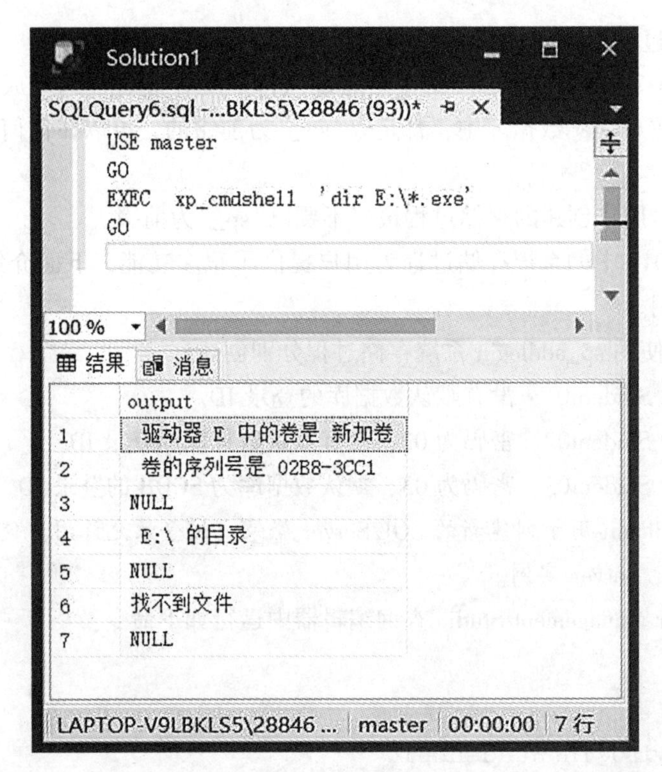

图 2-79　执行扩展存储过程 xp_cmdshell 'dir E:*.exe' 的返回结果

说明：xp_cmdshell 选项是服务器配置选项，使系统管理员能够控制是否可以在系统上执行 xp_cmdshell 扩展存储过程。默认情况下，xp_cmdshell 选项在新安装的软件上处于禁用状态，但是可以使用基于策略的管理或运行 sp_configure 系统存储过程来启用它，启用代码如下所示：

```
EXEC sp_configure 'show advanced options', 1
RECONFIGURE
GO
EXEC sp_configure 'xp_cmdshell', 1
RECONFIGURE
GO
```

【例 2.5.14】执行下面的扩展存储过程 xp_loginconfig 语句，报告 SQL Server 在 Windows XP 上运行时的登录安全配置。

在 SQL Server Management Studio 查询编辑器中运行如下命令：

```
USE master
GO
```

```
EXEC xp_loginconfig
GO
```

运行结果如图 2-80 所示。

图 2-80　执行扩展存储过程 xp_loginconfig 的返回结果

知识拓展

在应用程序中对数据库进行操作时，开发人员往往习惯于在代码中编写一些 SQL 语句，这些语句会占用程序的很大篇幅，而且不便于其他地方的重用，这不仅会导致程序的运行效率低，还会产生安全隐患。

使用存储过程可以避免在应用程序中写入过多的 SQL 语句，有利于提高应用程序的性能和安全性。此外，存储过程可以增加数据层的抽象级别，屏蔽数据库的修改操作，从而保证程序的其他部分不会因为某些小的数据布局和个别变化而需要改动，使应用程序更易于维护和扩展。

可以将存储过程的特点归纳如下：

(1)能够在单个存储过程中执行一系列的 Transact-SQL 语句，也能够在一个存储过程中调用其他的存储过程。

(2)存储过程是保存在服务器端的已经编译的 Transact-SQL 语句，因此比一般的 Transact-SQL 语句执行速度快，同时减少了网络流量，节省了大量时间和数据量。

(3)存储过程可以使用控制流语句和变量，大大增强了 SQL 的功能。

(4)存储过程在提交前会自动检查语法，避免了一些不必要错误的出现。

(5)存储过程是管理员放在服务器端的 Transact-SQL 语句，可以设置用户对存储过程的使用权限，从而保证了数据库访问的安全性。

任务小结

利用存储过程可以将一些重复性的工作存储下来，当下次再需要做相同工作时可以直接使用。通过本任务的实施应熟练掌握存储过程的创建方法、执行存储过程以及重命名和删除存储过程的方法等。

实训练习

实训十二　创建和使用存储过程

【实训目的】

1. 掌握存储过程的基本知识。
2. 熟练掌握 Transact-SQL 语句创建存储过程。
3. 学会使用 Transact-SQL 语句执行存储过程。
4. 学会使用 Transact-SQL 语句重命名存储过程。
5. 学会使用 Transact-SQL 语句删除存储过程。

【实训准备】

1. 认真阅读本实训内容。
2. 认真学习并掌握有关存储过程的创建与管理的相关知识。
3. 请先将完整的 SCBD 数据库附加到 SQL Server 2019 中。
4. 实训过程中注意做好相关记录。

【实训内容】

1. 存储过程是在数据库服务器端执行的一组____________，经编译后存放在数据库服务器中。它能够向用户________、向数据库表中________，还可以执行系统函数和管理操作。

2. SQL Server 提供了三种存储过程：________、________和________。

3. 用户自定义存储过程是________在用户数据库中的存储过程，它用于完成用户指定的某一特定功能(如查询用户所需的数据信息)。系统存储过程通常使用________为前缀，主要用于管理 SQL Server 和显示有关数据库及用户的信息。扩展存储过程是用户可以使用________的存储过程。

4. 使用 Transact-SQL 语句在 SCDB 数据库中创建一个名为 CC_Student 的存储过程。该存储过程返回 Student 表中所有生源地为“荆门”的学生信息。

5. 使用 Transact-SQL 语句执行题 4 中创建的存储过程 CC_Student。

6. 使用 Transact-SQL 语句修改题 4 中创建的存储过程 CC_Student，要求根据用户提供的生源地进行查询，并要求加密。

7. 使用 Transact-SQL 语句删除存储过程 CC_Student。

【实训报告要求】

1. 将实训过程中所进行的各项工作和步骤记录在实训报告上。
2. 将实训过程中遇到的问题记录下来。
3. 结合具体的操作写出实训的心得体会。

任务六　创建和使用触发器

任务引入

触发器是一种特殊的存储过程，在满足某种特定条件时，触发器可以自动执行，完成各种复杂的任务。触发器通常用于实现强制业务规则和数据完整性。

任务目标

了解触发器的概念。

学会创建触发器的方法。

掌握触发器的管理和维护。

必备知识

一、触发器的概念

触发器是一种特殊类型的存储过程。存储过程是通过存储过程名被调用执行的，而触发器主要是通过事件触发而被执行的。

触发器(Trigger)不仅能实现完整性规则，而且能保证一些较复杂业务规则的实施。所谓触发器就是一类由事件驱动的特殊过程，一旦由某个用户定义，任何用户对该触发器指定的数据进行增加、删除或修改操作时，系统将自动激活相应的触发器，在核心层进行集中的完整性控制。

在 SQL Server 2019 数据库系统中，存储过程和触发器都是 SQL 语句和流程控制语句的集合。就本质而言，触发器也是一种存储过程，它是一种在基本表被修改时自动执行的内嵌过程，主要通过事件进行触发而被执行，存储过程可以通过存储过程名字而被直接调用。当对某一张表进行诸如 INSERT 、DELETE 或 UPDATE 操作时，SQL Server 2019 就会自动执行触发器所定义的 SQL 语句，从而确保对数据的处理符合由这些 SQL 语句所定义的规则。触发器的主要作用是其能实现由主键和外键所不能保证的复杂的参照完整性和数据的一致性。除此之外，触发器还有其他许多不同的功能。

二、触发器的分类

1. AFTER 触发器

AFTER 触发器将在数据变动(INSERT、UPDATE 和 DELETE 操作)完成以后才被触发。可以对变动的数据进行检查，如果发现错误将拒绝接受或回滚变动的数据。AFTER 触发器只能在表中定义，在同一个数据表中可以创建多个 AFTER 触发器。

2. INSTEAD OF 触发器

INSTEAD OF 触发器将在数据变动以前被触发，并取代变动数据的操作(INSERT、UPDATE 和 DELETE 操作)，而去执行触发器定义的操作。INSTEAD OF 触发器可以在表或视图中定义。每个 INSERT、UPDATE 和 DELETE 语句最多可以定义一个 INSTEAD OF 触发器。

任务实施

一、创建触发器

使用 CREATE TRIGGER 命令创建触发器，其基本语法如下：

```
CREATE TRIGGER trigger_name
ON {table | view}
{FOR | AFTER | INSTEAD OF}{[ INSERT][,][UPDATE][,][DELETE]}
[WITH ENCRYPTION]
AS
IF  UPDATE(column_name)
[{and | or} UPDATE(column_name)…]
sql_statement
```

其中：

trigger_name：触发器的名称，用户可以选择是否指定触发器所有者名称。

table | view：执行触发器的表或视图，可以选择是否指定表或视图的所有者名称。

FOR | AFTER：FOR 和 AFTER 同义，指定触发器只有在触发 SQL 语句中指定的所有操作都已成功执行后才激发。所有的应用级联操作和约束检查也必须成功完成后，才能执行此触发器。

INSTEAD OF：指定执行触发器而不是执行触发语句，从而替代触发语句的操作。可以为表或视图中的每个 INSERT、UPDATE 或 DELETE 语句定义一个 INSTEAD OF 触发器。如果在对一个可更新的视图定义时使用了 WTTH CHECK OPTION 选项，则 INSTEAD OF 触发器不允许在这个视图上定义。用户必须用 ALTER VIEW 删除选项后，才能定义

INSTEAD OF 触发器。

{[INSERT][,][UPDATE][,][DELETE]}：指在表或视图上执行哪些数据修改语句时激活触发器的关键字。这其中必须至少指定一个选项。在触发器定义中允许使用以任意顺序组合的关键字。如果指定的选项多于一个，需要用逗号分隔。对于 INSTEAD OF 触发器，不允许在具有 ON DELETE 级联操作引用关系的表上使用 DELETE 选项。同样，也不允许在具有 ON UPDATE 级联操作引用关系的表上使用 UPDATE 选项。

WITH ENCRYPTION：加密含有 CREATE TRIGGER 语句正文文本的 syscomments 项，这是为了满足数据安全的需要。

Sql_statesment：定义触发器被触发后，将执行数据库操作。它指定触发器执行的条件和动作。触发器条件是除引起触发器执行的操作外的附加条件；触发器动作是指当前用户执行激发触发器的某种操作并满足触发器的附加条件时，触发器所执行的动作。

IF UPDATE：指定对表内某列做增加或修改内容时，触发器才起作用，它可以指定两个以上列，列名前可以不加表名，IF 子句中多个触发器可以放在 BEGIN 和 END 之间。

【例 2.6.1】在 SCDB 数据库的 Student 表上创建一个 Student _trigger1 的触发器，当执行 INSERT 操作时，将显示一条“数据插入成功！”的消息。

在 SQL Server Management Studio 查询编辑器中运行如下命令：

```
USE SCDB
GO
CREATE TRIGGER Student_trigger1
ON Student
FOR INSERT
AS
PRINT '数据插入成功！'
GO
```

当用户向 SCDB 表中插入数据时将触发触发器，而且数据被插入表中在 SQL Server Management Studio 查询编辑器中运行如下命令：

```
USE SCDB
GO
INSERT INTO Student
VALUES('2008290', '何新', '男', '2008290', '19', '20080504', '武汉')
GO
```

运行结果如图 2-81 所示，并给出了提示信息。

用户可以用 SELEGT * FROM Student 语句查看表的内容，可以发现上述记录已经插入 Student 表中。这是由于在定义触发器时，指定的是 FOR 选项，因此 AFTER 是默认设置。此时，触发器只有在触发 SQL 语句的 INSERT 中指定的所有操作都已成功执行后才能激发。因此，用户仍能将数据插入 Student 表中。有什么办法能实现在触发器被执行的同时，取消触发器的 SQL 语句的操作呢？答案是使用 INSTEAD OF 关键字来实现。

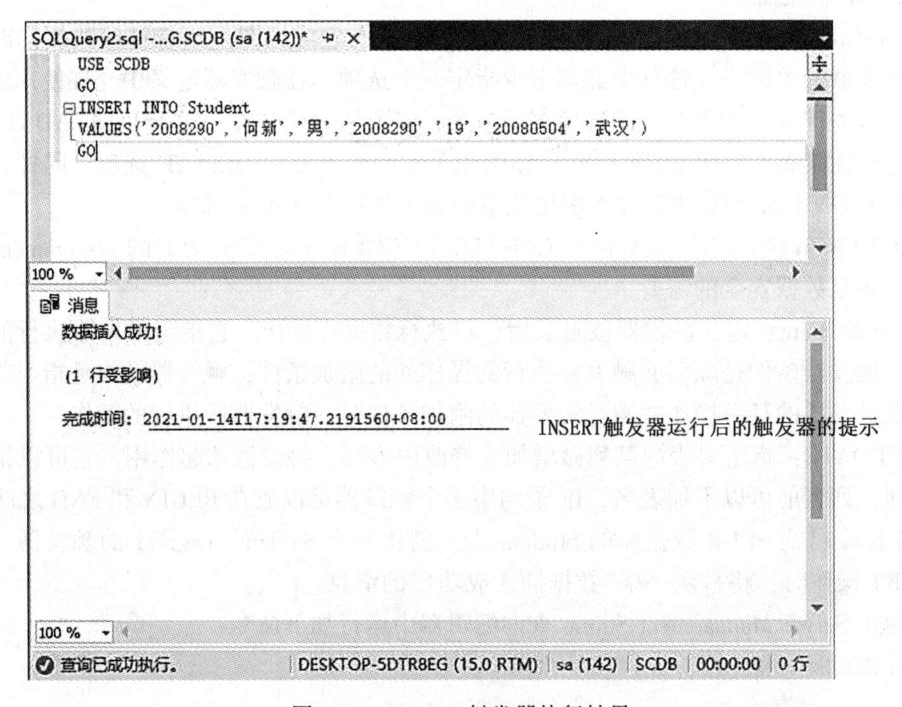

图 2-81　INSERT 触发器执行结果

【例 2.6.2】在 SCDB 数据库的 Student 表上创建一个 Student_trigger2 的触发器，当执行 DELETE 操作时触发器被触发，且要求触发触发器的 DELETE 语句在执行后被取消，即删除不成功。

在 SQL Server Management Studio 查询编辑器中运行如下命令：

```
USE SCDB
GO
CREATE TRIGGER Student_trigger2
ON Student
INSTEAD OF DELETE
AS
PRINT'数据删除不成功!'
GO
```

然后将上例中在学生表 Student 中插入的学号为 2008290 的学生信息删除，在 SQL Server Management Studio 查询编辑器中运行如下命令：

```
USE SCDB
GO
DELETE
FROM Student
```

```
WHERE StudentID='2008290'
GO
```

运行结果如图 2-82 所示，并给出了提示信息。

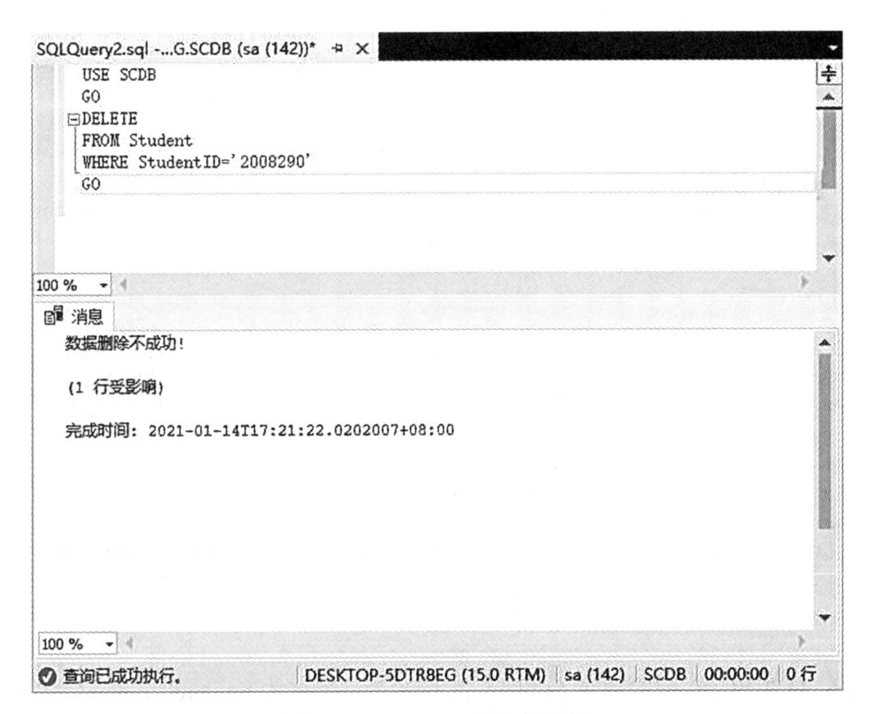

图 2-82　DELETE 触发触发器

在 SQL Server Management Studio 查询编辑器中运行如下命令：

```
USE SCDB
GO
SELECT *
FROM Student
WHERE StudentID='2008290'
GO
```

运行结果如图 2-83 所示，用户此时可以发现上例新添加的记录仍然保留在 Student 表中，可见在定义触发器时，定义的 INSTEAD OF 选项取消了触发 Student_trigger2 的 DELETE 操作，所以该记录未被删除。

在带有 UPDATE 触发器的表上执行 UPDATE 语句时，将触发 UPDATE 触发器。使用 UPDATE 触发器时，用户可以通过定义 IF UPDATE(column_name)语句来实现。当特定列被更新时触发触发器，而不管更新影响的是表中的一行还是多行。如果用户需要实现多个特定列中的任意一列被更新时触发触发器，可以在触发器定义中通过使用多个 IF UPDATE(column_name)语句来实现。

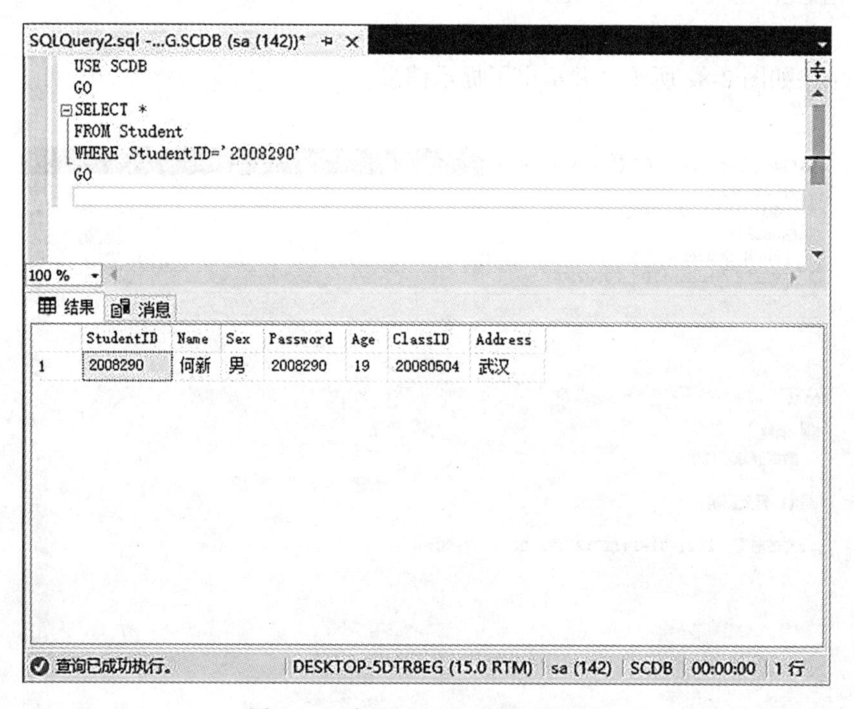

图 2-83　验证 DELETE 触发器结果

【例 2.6.3】在 SCDB 数据库的 Student 表上建立一个名为 Student_trigger3 的触发器，该触发器将被 UPDATE 操作激活，该触发器将不允许用户修改表的年龄“Age”列(本例将不使用 INSTEAD OF，而是通过 ROLLBACK TRANSACTION 子句恢复原来数据的方法来实现字段不被修改)。

在 SQL Server Management Studio 查询编辑器中运行如下命令：

```
USE SCDB
GO
CREATE TRIGGER Student_trigger3
ON Student
FOR UPDATE
AS
IF UPDATE(Age)
BEGIN
ROLLBACK TRANSACTION
END
GO
```

如此建好触发器后试着执行 UPDATE 操作，在 SQL Server Management Studio 查询编辑器中运行如下命令：

```
USE SCDB
GO
UPDATE Student
SET Age=20
WHERE StudentID='2008290'
GO
```

运行结果如图 2-84 所示，可以发现上述更新操作并不能实现对表中“Age”列的更新。

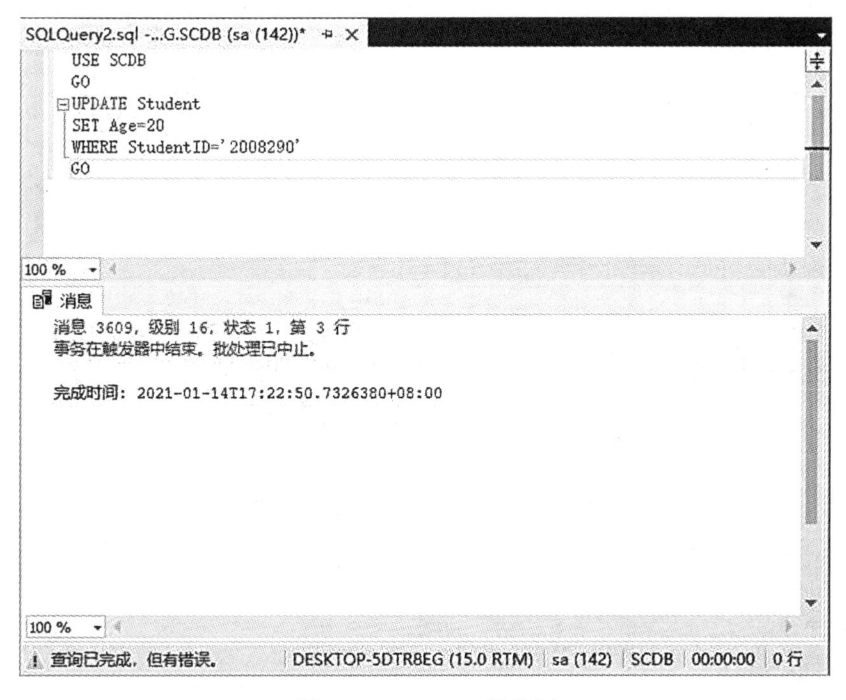

图 2-84　UPDATE 触发器

但是 UPDATE 操作可以对没有建立保护性触发的其他列进行更新，而不会激发触发器。

例如，在 SQL Server Management Studio 查询编辑器中运行如下命令：

```
USE SCDB
GO
UPDATE Student
SETAddress='仙桃'
WHERE StudentID='2008290'
GO
```

运行结果如图 2-85 所示。

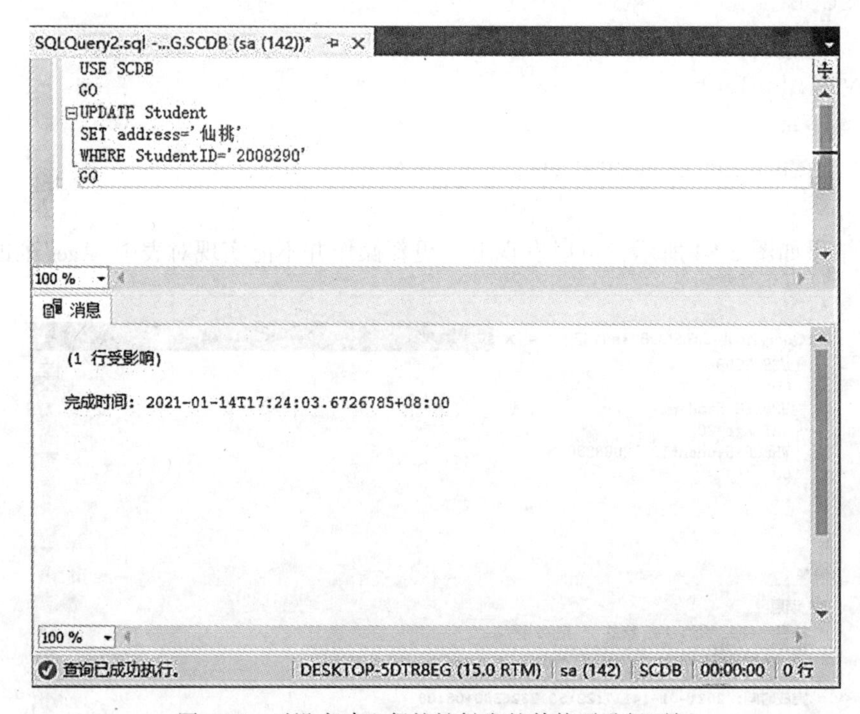

图 2-85　对没有建立保护性触发的其他列进行更新

在 SQL Server Management Studio 查询编辑器中运行如下命令：

```
USE SCDB
GO
SELECT *
FROM Student
WHERE StudentID='2008290'
```

运行结果如图 2-86 所示，可以看到 Address 列已经被更改为“仙桃”了。

【例 2.6.4】在 SCDB 数据库的 Student 表上建立一个名为 Student_trigger4 的 DELETE 触发器，该触发器将对 Student 表中删除记录的操作给出提示信息，并取消当前的删除操作。

在 SQL Server Management Studio 查询编辑器中运行如下命令：

```
USE SCDB
GO
CREATE TRIGGER Student_trigger4
ON Student
FOR DELETE
AS
BEGIN
RAISERROR('Unauthorized! ', 10, 1)
```

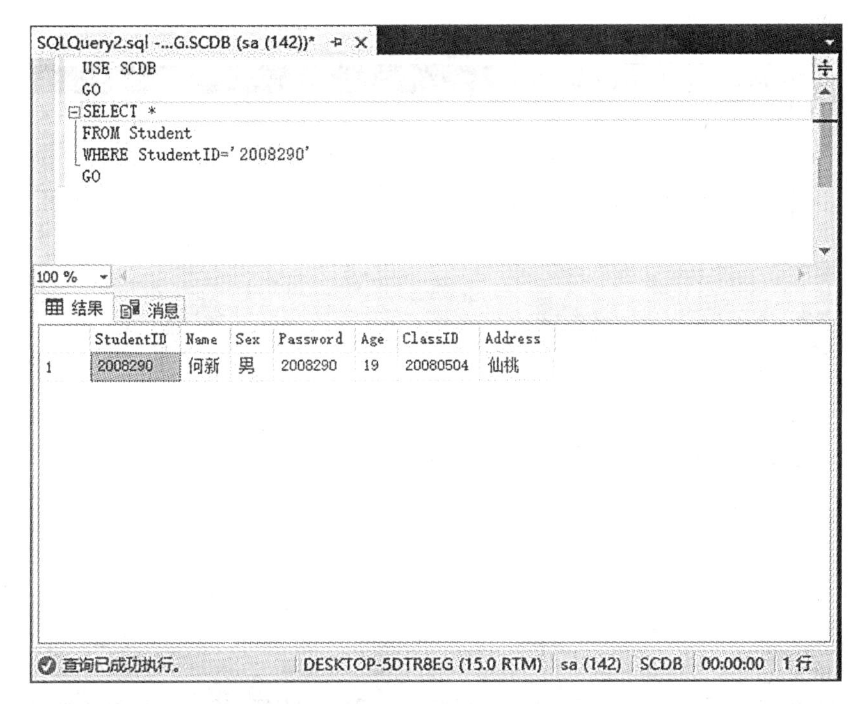

图 2-86　验证 UPDATE 触发器

```
ROLLBACK TRANSACTION
END
GO
```

DELETE 触发器建好后，在 SQL Server Management Studio 查询编辑器中运行如下命令：

```
USE SCDB
GO
DELETE
FROM Student
WHERE StudentID='2008290'
GO
```

运行结果如图 2-87 所示。

验证学号为“2008290”的信息确实未被删除，在 SQL Server Management Studio 查询编辑器中运行如下命令：

```
USE SCDB
GO
SELECT * FROM Student
WHERE StudentID='2008290'
GO
```

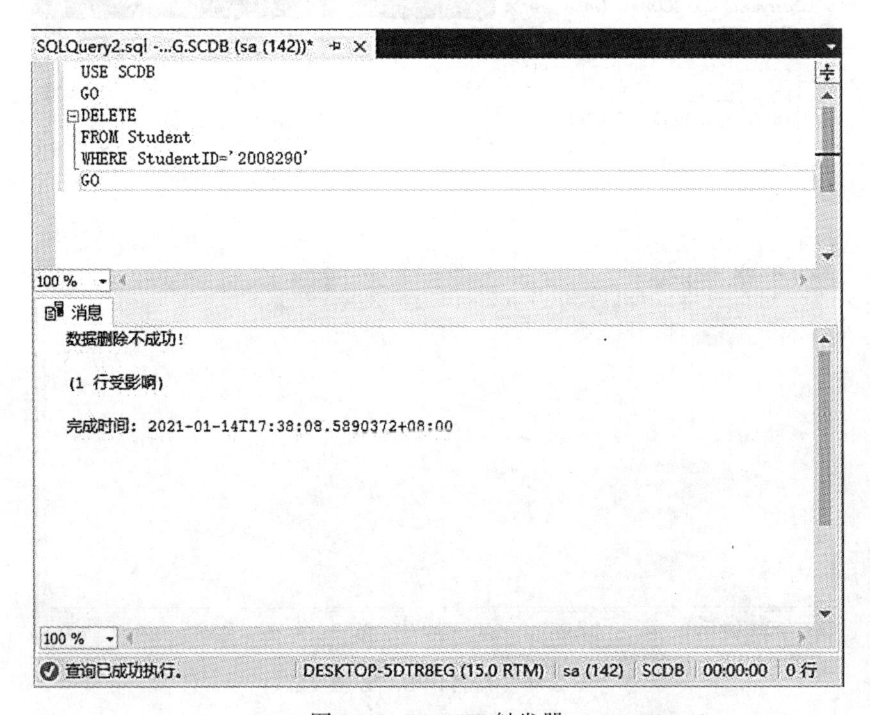

图 2-87 DELETE 触发器

二、管理触发器

1. 查看触发器信息

(1)使用系统存储过程查看触发器信息。系统存储过程 sp_help、sp_helptext、sp_depends 和 sp_helptrigger 分别提供有关触发器的不同信息。执行 sp_help 系统存储过程，可以了解触发器的一般信息(名字、属性、类型、创建时间)；执行 sp_helptext 能够查看触发器的定义信息；执行 sp_depends 能够查看指定触发器所引用的表或指定的表涉及的所有触发器；执行系统存储过程 sp_helptrigger 来查看某特定表上存在的触发器的相关信息。

【例 2.6.5】使用系统过程 sp_helptrigger 查看 Student 表上存在的所有触发器的相关信息。

在 SQL Server Management Studio 查询编辑器中运行如下代码：

```
USE SCDB
GO
EXEC sp_helptrigger Student
GO
```

结果如图 2-88 所示，返回在 Student 表上定义的所有触发器的相关信息。从返回的信息中，用户可以了解到触发器的名称、所有者以及触发条件的相关信息。

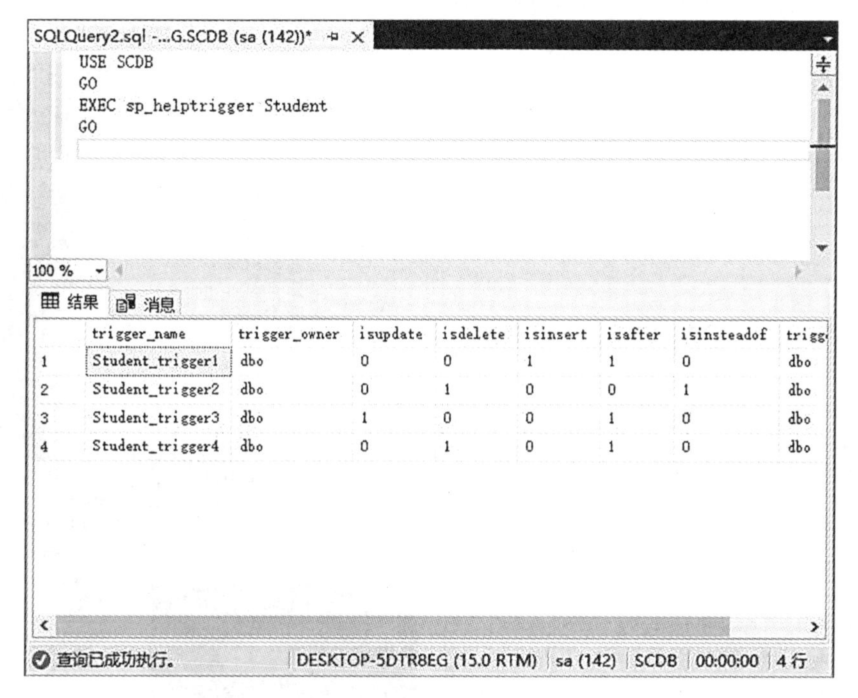

图 2-88　执行系统过程 sp_helptrigger 查看触发器

(2)使用系统表查看触发器信息。用户可以通过查询系统表 sysobjects 得到触发器的相关信息。

【例 2.6.6】使用系统表 sysobjects 查看数据库 SCDB 上存在的所有触发器的相关信息。

在 SQL Server Management Studio 查询编辑器中运行如下代码：

```
USE SCDB
GO
SELECT name
FROM sysobjects
WHERE type = 'TR'
GO
```

查询结果返回在 SCDB 数据库上定义的所有触发器的名称，如图 2-89 所示。

(3)在 SQL Server Management Studio 的“对象资源管理器”面板中查看触发器。使用 SQL Server Management Studio 的“对象资源管理器”面板可以方便地查看数据库中某个表上的触发器的相关信息。

【例 2.6.7】使用“对象资源管理器”查看表 Student 的触发器 Student_trigger1 的代码。

具体操作：在 SQL Server Management Studio 的“对象资源管理器”面板中，展开“数据库”选项，接着展开“SCDB”选项，然后展开“表”选项，选中“dbo. Student”选项并展开，最后再展开“触发器”选项，选中要查看的触发器 Student_trigger1，右击，在弹出的快捷菜单选择“修改”命令查看该触发器的代码，如图 2-90 所示。

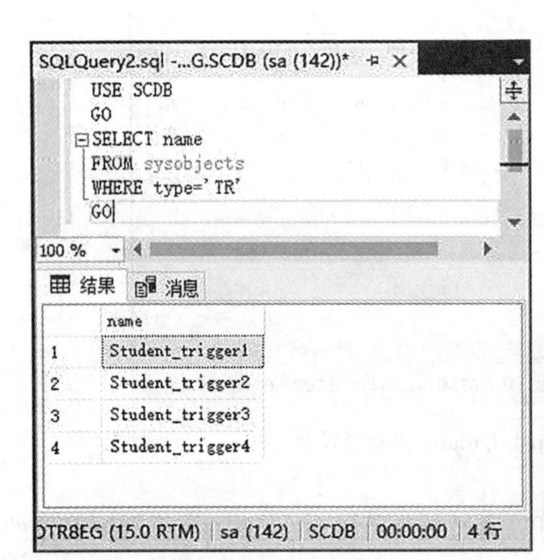

图 2-89　使用系统表 sysobjects 查看触发器

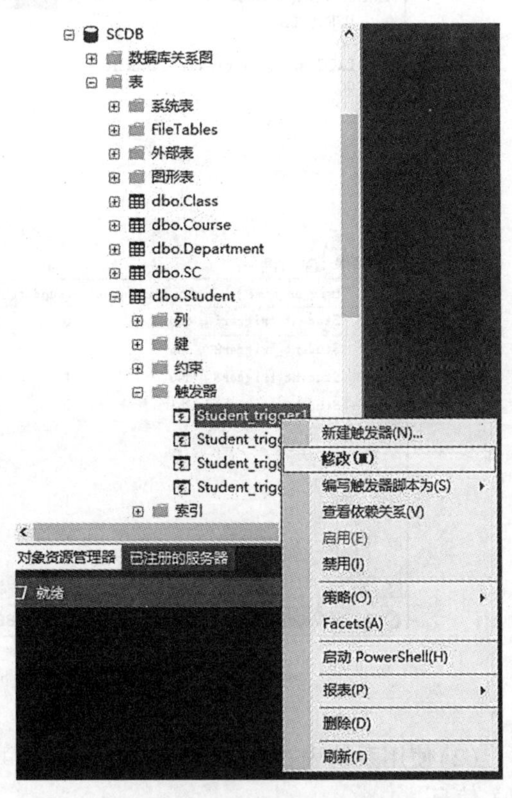

图 2-91　选择“修改”命令

2. 修改触发器

(1)重命名触发器。使用 sp_rename 命令修改触发器的名字，其语法格式为：

```
EXEC sp_rename oldname, newname
```

其中，oldname 指触发器原来的名称，newname 指触发器的新名称。

【例 2.6.8】使用 sp_rename 将 Student_trigger1 重命名为 Stu_trigger1。

在 SQL Server Management Studio 查询编辑器中运行如下代码：

```
USE SCDB
GO
EXEC sp_rename Student_trigger1, Stu_trigger1
GO
```

运行结果如图 2-91 所示。

(2)修改触发器定义。

① 在 SQL Server Management Studio 窗口中修改触发器定义。在 SQL Server Management Studio 窗口中修改触发器定义，首先要打开相关触发器的代码窗口，其操作步骤可参考【例 2.6.7】，接着根据要求修改触发器代码即可。

图 2-91　使用 sp_rename 重命名触发器

② 使用 Transact-SQL 语句修改触发器定义。修改触发器的具体语法如下：

```
ALTER TRIGGERtrigger_name
ON [table | view]
{FOR [AFTER | INSTEAD OF ]}{[INSERT][,] [UPDATE] [,] [DELETE]}
[WITH ENCRYPTION]
AS
IF UPDATE(cotumn_name)
[{and | or} UPDATE(column_name)…]
sql_statesment
```

其中，各参数的意义与建立触发器语句中参数的意义相同。

【例 2.6.9】修改 SCDB 数据库中表 Student 上建立的触发器 Student_trigger2，使得在用户执行删除、增加、修改操作时，自动给出错误提示信息，撤销此次操作。

在 SQL Server Management Studio 查询编辑器中运行如下代码：

```
USE SCDB
GO
ALTER TRIGGER Student_trigger2
```

```
ON Student
INSTEAD OF DELETE, INSERT, UPDATE
AS
PRINT '你执行的删除、插入和修改操作无效!'
GO
```

3. 禁止和启动触发器

用户可能会遇到需要禁用某个触发器的场合，例如，用户需要向某个有 INSERT 触发器的表中插入大量数据，这时候需要禁用相关触发器。触发器被禁用，但其仍然存在于表上，只是触发器的动作将不再执行，直到该触发器被重新启用。禁用和启用触发器的语法如下：

```
ALTER TABLE table_name
{ENABLE | DISABLE} TRIGGER
{ALL | trigger_name[, …n]}
```

其中，{ENABLE | DISABLE} TRIGGER 指定启用或禁用触发器。当一个触发器被禁止时，它对表的定义依然存在；然而，当在表上执行 INSERT、UPDATE 或 DELETE 语句时，触发器中的操作将不执行，除非重新启用该触发器。ALL 指定启用或禁止表中所有的触发器；trigger_name 指定要启用或禁止的触发器名称。

【例 2.6.10】禁用 SCDB 数据库中表 Student 上创建的所有触发器。

在 SQL Server Management Studio 查询编辑器中运行如下代码：

```
USE SCDB
GO
ALTER TABLE Student DISABLE TRIGGER ALL
GO
```

如果要重新启用 SCDB 数据库中表 Student 上的所有触发器，在 SQL Server Management Studio 查询编辑器中运行如下代码：

```
USE SCDB
GO
ALTER TABLE Student ENABLE TRIGGER ALL
GO
```

用户可以自己尝试禁用或启用在数据库 SCDB 中 Student 表上的单个触发器。

4. 删除触发器

(1)使用命令 DRDP TRIGGER 删除指定的触发器，具体语法形式如下：

```
DROP TRIGGER trigger_name
```

【例 2.6.11】使用 DROP TRIGGER 命令删除 SCDB 数据库中表 Student 上的触发器 Student_ trigger2。

在 SQL Server Management Studio 查询编辑器中运行如下代码：

```
USE SCDB
```

```
GO
DROP TRIGGER Student_trigger2
GO
```

提示：为保证任务的连贯性，删除后应按原样恢复。

(2)在“对象资料管理器”面板中删除触发器。

按照前面介绍的方法找到相应的触发器并右击，在弹出的快捷菜单中选择“删除”命令即可。

(3)删除触发器所在的表时，SQL Server 2019 将自动删除与该表相关的触发器。

知识拓展

由于在触发器中可以包含复杂的处理逻辑，因此，应该将触发器用来保持低级数据的完整性，而不是返回大量的查询结果。使用触发器主要可以实现以下操作：

1. 强制比 CHECK 约束更复杂的数据完整性

在数据库中要实现数据的完整性约束，可以使用 CHECK 约束或触发器来实现。但是，在 CHECK 约束中不允许引用其他表中的列来完成检查工作，而触发器可以引用其他表中的列来完成数据的完整性约束。

2. 使用自定义的错误提示信息

用户有时需要在数据的完整性遭到破坏或其他情况下，使用预先自定义好的错误提示信息或动态自定义的错误提示信息。通过使用触发器，用户可以捕获破坏数据的完整性的操作，并返回自定义的错误提示信息。

3. 实现数据库中多张表的级联修改

用户可以通过触发器对数据库中的相关表进行级联修改。

4. 比较数据库修改前后数据的状态

触发器提供了访问由 INSERT、UPDATE 或 DELETE 语句引起的数据前后状态变化的能力。因此，用户就可以在触发器中引用由于修改所影响的记录行。

5. 维护规范化数据

用户可以使用触发器来保证非规范数据库中的低级数据的完整性。维护非规范化数据与表的级联是不同的。表的级联指的是不同表之间的主键与外键关系，维护表的级联可以通过设置表的主键与外键的关系来实现。而非规范数据通常是指在表中产生的、冗余的数据值，维护非规范化数据应该通过使用触发器来实现。

任务小结

触发器是一种特殊类型的存储过程，当使用 INSERT、UPDATE 和 DELETE 中的一种或多种数据修改操作在指定表中对数据进行修改时，触发器就会发生。通过本任务的实施应熟练掌握触发器的创建、查看、修改和删除，更好地利用触发器去完成一些常用的规律化操作。

实训练习

实训十三　创建和使用触发器

【实训目的】

1. 掌握存储过程的基本知识。
2. 学会使用 Transact-SQL 语句创建触发器。
3. 学会使用 Transact-SQL 语句重命名触发器。
4. 学会使用 Transact-SQL 语句修改触发器。
5. 学会使用 Transact-SQL 语句删除触发器。

【实训准备】

1. 认真阅读本实训内容。
2. 认真学习并掌握有关触发器的创建与管理的相关知识。
3. 请先将完整的 SCBD 数据库附加到 SQL Server 2019 中。
4. 实训过程中注意做好相关记录。

【实训内容】

1. 触发器是一种特殊类型的________。存储过程是通过存储过程名被________执行的，而触发器主要是通过________而被执行的。

2. 在 SCDB 数据库的 Course 表上创建一个触发器 Course_trigger，当执行 INSERT 操作时，显示一条“数据插入成功！”的消息。

3. 在 SCDB 数据库的 Course 表上创建一个触发器 Course_trigger2，当执行 DELETE 操作时触发器被触发，且要求触发触发器的 DELETE 语句在执行后被取消，即删除不成功。

4. 在 SCDB 数据库的 Course 表上建立一个名为 Course_trigger3 的触发器，该触发器将被 UPDATE 操作激活，不允许用户修改表的课程名称 CourseName 列。

5. 使用系统过程 sp_helptrigger 查看 Course 表上所有触发器的相关信息。

6. 使用系统表 sysobjects 查看数据库 SCDB 上所有触发器的相关信息。

7. 使用 sp_rename 将 Course_trigger 重命名为 Course_trigger1。

8. 修改 SCDB 数据库中表 Course 上建立的触发器 Course_trigger2，使得在用户执行删除、增加、修改操作时，自动给出错误提示信息，撤销此次操作。

9. 使用 DROP TRIGGER 命令删除 SCDB 数据库中表 Course 上的触发器 Course_trigger3。

【实训报告要求】

1. 将实训过程中所进行的各项工作和步骤记录在实训报告上。
2. 将实训过程中遇到的问题记录下来。
3. 结合具体的操作写出实训的心得体会。

学习情景三 管理数据库

在前面的学习情景中操作时使用了学生选课数据库 SCDB，接下来需要对 SCDB 进行日常维护与安全管理，数据库系统的数据库安全问题是关系数据库中非常重要的方面，数据库的安全性则是每个数据库管理员都必须认真考虑的问题。本学习情景将介绍有关内容，主要包括：数据库的安全管理、备份和还原数据库、数据库的分离与附加。

工作任务

- 任务一：数据库的安全管理。
- 任务二：数据库的备份与还原。
- 任务三：数据库的导入导出、分离与附加。

学习目标

- 掌握管理、维护登录和用户的方法。
- 掌握权限类型和权限管理。
- 掌握角色特点和角色管理。
- 熟练操作数据库的备份和还原。
- 熟练操作数据的导入导出。
- 熟练操作数据库的分离和附加。

任务一　数据库的安全管理

任务引入

随着数据库技术的不断发展，数据库的安全问题越来越受到重视，如何保证数据不被泄露以及防止数据被不合法地更改或者破坏呢？SQL Server 2019 为维护数据库系统的安全性提供了完善的管理机制和简单丰富的操作方法。本任务将详细介绍身份验证模式、角色管理、权限管理等安全管理知识。

任务目标

了解登录账户、数据库用户的基本概念。

能够根据数据库安全需求设置 SQL Server 登录身份验证模式。
掌握 SQL Server 登录名和数据库用户的创建和管理的方法。
了解角色的基本概念和类别。
能够根据数据库安全需求进行角色管理。
掌握 SQL Server 角色的创建和管理的方法。
了解权限的基本概念和类别。
能够根据数据库安全需求进行权限管理。
掌握 SQL Server 的权限设置方法。

必备知识

一、理解 SQL Server 的身份验证模式

登录属于服务器级的安全策略，用于连接到 SQL Server 的账号都称为 SQL Server 的登录。用户是为特定数据库定义的，要创建用户，则必须已经定义了该用户的登录权限。只有用合法的登录名才能成功建立与 SQL Server 的连接，因此要连接到数据库，则必须首先创建一个合法的登录。

安全身份验证用来确认登录 SQL Server 的用户的登录账户和密码的正确性，由此来验证该用户是否具有连接 SQL Server 的权限。任何用户在使用 SQL Server 数据库之前，必须经过系统的安全身份验证。SQL Server 2019 提供了两种确认用户对数据库引擎服务的验证模式：

(1)Windows 身份验证：SQL Server 数据库系统通常运行在 Windows 服务器上，而 Windows 作为网络操作系统，本身就具备管理登录、验证用户合法性的能力，因此 Windows 验证模式正是利用了这一用户安全性和账号管理的机制，允许 SQL Server 可以使用 Windows 的用户名和密码。在这种模式下，用户只需要通过 Windows 的验证，就可以连接到 SQL Server，而 SQL Server 本身也就不需要管理一套登录数据。

(2)混合身份验证：用户登录 SQL Server 服务器时，既可以使用 Windows 身份验证，也可以使用 SQL Server 身份验证。

SQL Server 身份验证模式允许用户使用 SQL Server 安全性连接到 SQL Server。在该认证模式下，用户在连接 SQL Server 时必须提供登录名和登录密码，SQL Server 自身执行认证处理，如果输入的登录信息与系统表中的某条记录相匹配，则表明登录成功。

二、角色管理

角色定义了常规的 SQL Server 用户类别，类似于组。利用角色，SQL Server 管理者可以将某些用户设置为某一角色，然后给这个角色授予适当的权限，这样通过对角色进行权限设置便可实现对用户权限的设置，从而避免大量重复的工作，大大减少了管理员的工作量。

SQL Server 提供了用户用于管理工作的预定义服务器角色和数据库角色。用户还可以创建自己的数据库角色，即用户自定义角色。当用户需要执行不同的操作时，只需将该用户加入不同的角色中，而不必对该用户反复授权许可和收回许可，简化和方便了用户的管理。

1. 固定服务器角色

服务器角色是指根据 SQL Server 的管理任务，以及这些任务相对的重要性等级，将具有 SQL Server 管理职能的用户划分为不同的用户组，每一组所具有的管理权限都是 SQL Server 内置的。服务器角色存在于各个数据库之中，要想加入用户，该用户必须有登录账户以便加入角色中。

在 SQL Server 安装时就创建了在服务器级别上应用的预定义的角色，每个角色对应着相应的管理权限。这些固定服务器角色用于授权给 DBA(数据库管理员)，拥有某种或某些角色的 DBA 就会获得与之对应的服务器管理权限。SQL Server 2019 提供了 9 种常用的固定服务器角色，这些角色和相应的权限如表 3-1 所示。

表 3-1　固定服务器角色和相应权限

固定服务器角色	对应的服务器级权限
bulkadmin	批处理操作
dbcreator	创建和修改数据库
diskadmin	管理磁盘文件
processadmin	管理服务器状态和数据库连接
securityadmin	管理登录和创建数据库权限
severadmin	配置服务器选项，并能关闭数据库，修改数据库状态
setupadmin	管理链接服务器并启动过程
sysadmin	可以执行任何服务器行为
public	初始状态时没有权限；所有的数据库用户都是它的成员

2. 数据库角色

数据库角色是为某一用户或某一组用户授予不同级别的管理或访问数据库以及数据库对象的权限，这些权限是数据库专有的。每个数据库都有一系列固定数据库角色，数据库中角色的作用域都只是在其对应的数据库内。

在 SQL Server 安装时，数据库级别上也有一些预定义的角色，在创建每个数据库时都会添加这些角色到新创建的数据库中，每个角色对应着相应的权限。这些数据库角色用于授权给数据库用户，拥有某种或某些角色的用户会获得相应角色对应的权限。此外，还可以使一个用户具有属于同一数据库的多个角色。这些角色和相应的权限如表 3-2 所示。

表 3-2　数据库角色和相应权限

数据库角色	对应的数据库级权限
db_accessadmin	添加、删除 Windows 登录、Windows 组和 SQL Server 登录
db_backupoperator	备份数据库
db_datareader	读取所有用户表的数据
db_datawriter	添加、删除和修改所有用户表数据
db_ddladmin	可以执行数据库定义语言(DDL)命令
db_denydatareader	拒绝读取某个数据库表中的任何数据
db_denydatawriter	拒绝添加、删除和修改某个数据库表中的任何数据
db_owner	可以删除数据库
db_securityadmin	修改角色管理权限

SQL Server 提供了两种类型的数据库角色：

(1)固定的数据库角色。固定的数据库角色是指 SQL Server 已经定义了这些角色所具有的管理、访问数据库的权限，而且 SQL Server 管理者不能修改其所具有的权限。SQL Server 中的每一个数据库中都有一组固定的数据库角色，在数据库中使用固定的数据库角色可以将不同级别的数据库管理工作分配给不同的角色，从而有效地实现工作权限的传递。

(2)用户自定义的数据库角色。固定角色的权限由系统固定不能更改，而系统提供的用户自定义的数据库角色则允许用户灵活地根据需要自定义角色。创建用户定义的数据库角色就是创建一组用户，这些用户具有相同的一组许可。

用户自定义的数据库角色有两种类型：标准角色和应用程序角色。

① 标准角色通过对用户权限等级的认定而将用户划分为不同的用户组，使用户总是相对于一个或多个角色，从而实现管理的安全性。所有的固定的数据库角色或 SQL Server 管理者自定义的某一角色都是标准角色。

② 应用程序角色是一种比较特殊的角色。有些情况下人们只希望某些用户通过特定的应用程序间接地存取数据库中的数据而不是直接地存取数据库数据时，就应该考虑使用应用程序角色。通过应用程序角色，能够以可控制方式来限定用户的语句或者对象许可。

三、权限管理

对于数据库管理而言，数据库安全性意味着必须确保具有特殊数据访问权限的用户能够登录 SQL Server，并且能够访问数据以及对数据库对象实施各种权限范围内的操作，同时还要防止所有的非授权用户的非法操作。

权限用来指定授权用户可使用的数据库对象和可对这些数据库对象执行的操作。用户在登录到 SQL Server 之后，其用户账户所归属的 Windows 组或角色所被赋予的权限决定了该用户能够对哪些数据库对象执行哪种操作以及能够访问、修改哪些数据。在每个数据库中用户的权限独立于用户账号和用户在数据库中的角色，每个数据库都有自己独立的许可系统。

在 SQL Server 中包括 3 种类型的权限：即对象权限、语句权限和预定义权限。

对象权限表示对特定的数据库对象(即表、视图、字段和存储过程)的操作权限，它决定了能对表、视图等数据库对象执行哪些操作。如果用户想要对某一对象进行操作，其必须具有相应的操作权限。表和视图权限用来控制用户在表和视图上执行 SELECT、INSERT、UPDATE 和 DELETE 语句的能力。字段权限用来控制用户在单个字段上执行 SELECT、UPDATE 和 REFERENCES 操作的能力。存储过程权限用来控制用户执行 EXECUTE 语句的能力。

语句权限表示对数据库的操作权限，也就是说，创建数据库或者创建数据库中的其他内容所需要的权限类型被称为语句权限。这些语句通常是一些具有管理性的操作，如创建数据库、表和存储过程等。包括：

```
BACKUP DATABASE
BACKUP LOG
CREATE DATABASE
CREATE DEFAULT
CREATE FUNCTION
CREATE PROCEDURE
CREATE RULE
CREATE TABLE
CREATE VIEW
```

预定义权限是指系统安装以后有些用户和角色不必授权就有的权限。其中的角色包括固定服务器角色和固定数据库角色，用户包括数据库对象所有者。只有固定角色或者数据库对象所有者的成员才可以执行某些操作。执行这些操作的权限被称为预定义权限。

权限的管理包括对权限的授权、否定和收回。在 SQL Server 中，可以使用 SQL Server 管理平台和 Transact-SQL 语句两种方式来管理权限。

任务实施

一、设置服务器身份验证与创建登录账户

【例 3.1.1】设置身份验证模式。

(1)打开 SQL Server 管理平台，在“对象资源管理器”窗口中，右击目标服务器，在弹出的快捷菜单中选择“属性”命令，如图 3-1 所示。

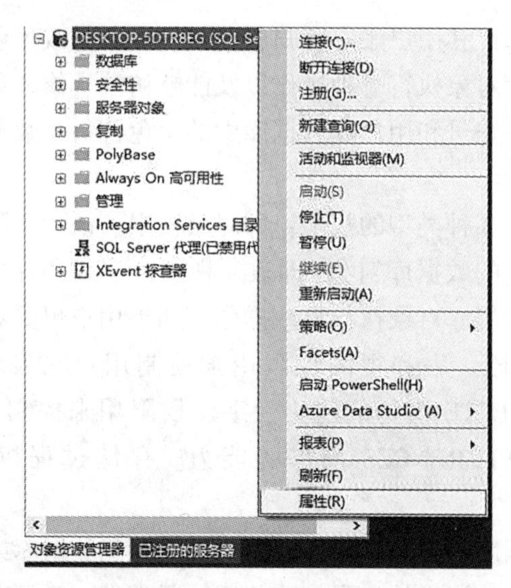

图 3-1　使用对象资源管理器设置身份验证模式

(2)出现“服务器属性”窗口，选择“安全性”选项页，在“服务器身份验证”选项区域中选择所需的验证模式，如图 3-2 所示。

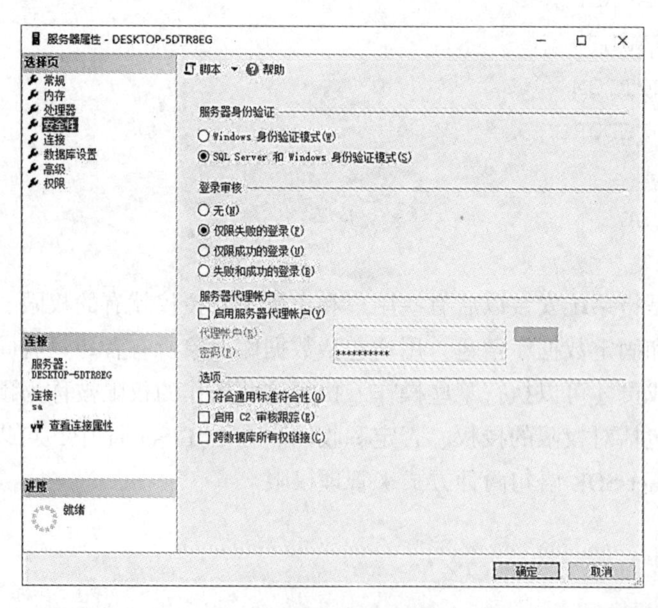

图 3-2　服务器属性窗口

(3)单击“确定”按钮，完成登录验证模式的设置。

【例 3.1.2】创建、管理 SQL Server 登录账户。

(1)打开 SQL Server 管理平台，并连接到目标服务器，在“对象资源管理器”窗口中，单击“安全性”结点前的“+”号，然后展开安全性文件夹。在“登录名”上右击，弹出快捷菜单，从中选择“新建登录名”命令，如图 3-3 所示。

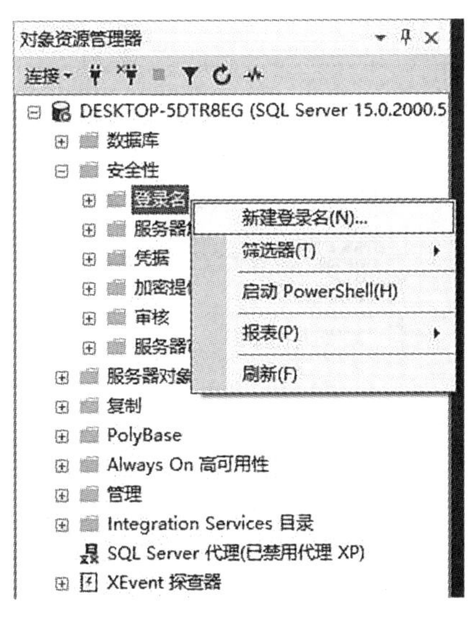

图 3-3　利用[对象资源管理器]创建登录

(2)在弹出窗口选择“常规”选项页，在“登录名”文本框中输入登录名，在身份验证选项栏中选择新建的登录账户采取 Windows 认证模式，或是 SQL Server 认证模式，如图 3-4所示。

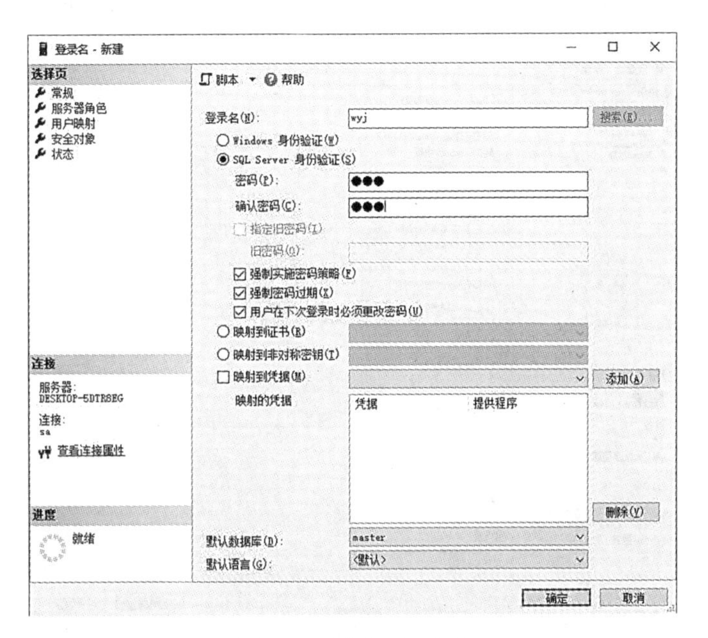

图 3-4　“常规”选项页

(3)选择“服务器角色”选项页，如图 3-5 所示。在服务器角色列表框中，列出了系统的固定服务器角色。在这些固定服务器角色的左端有相应的复选框，打钩的复选框表示该登录账号是相应的服务器角色成员。

图 3-5 “服务器角色”选项页

(4)选择“用户映射”，如图 3-6 所示。上面的列表框列出了“映射到此登录名的用

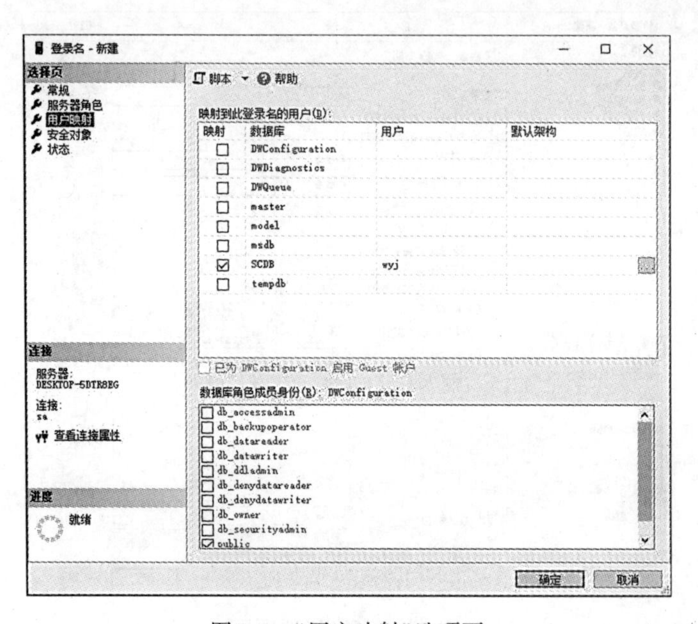

图 3-6 “用户映射”选项页

户”，单击左边的复选框设定该登录账号可以访问的数据库以及该账户在各个数据库中对应的用户名。下面的列表框列出了相应的“数据库角色成员身份”清单，从中可以指定该账户所属的数据库角色。

(5)选择“安全对象”选项页，如图3-7所示。安全对象是SQL Server数据库引擎授权系统控制对其进行访问的资源。单击“搜索”按钮，可对不同类型的安全对象进行安全授予或拒绝。

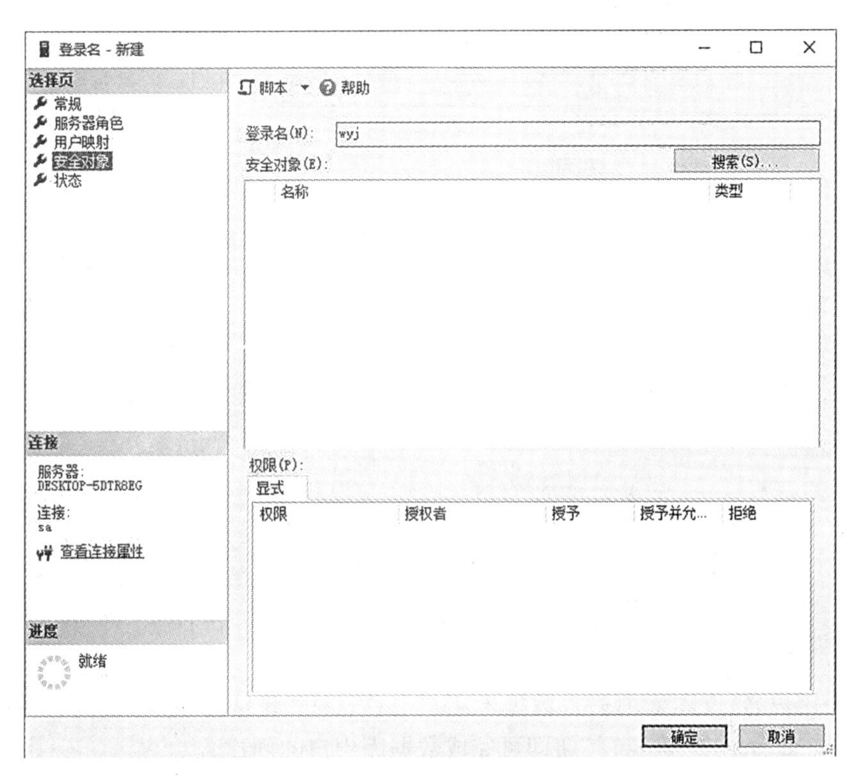

图3-7　“安全对象”选项页

(6)设置完成后，单击“确定”按钮即可完成登录账户的创建。

二、创建、管理数据库用户账户

创建用户是数据库级的安全策略，在为数据库创建新的用户前，必须存在要创建用户的一个登录或者使用已经存在的登录创建用户。

在一个数据库中，用户账户唯一标识一个用户，用户对数据库的访问权限以及对数据库对象的所有关系都是通过用户账户来控制的。

利用SQL Server管理平台可以授予SQL Server登录访问数据库的许可权限。

【例3.1.3】创建一个新数据库用户账户。

(1)打开SQL Server管理平台，展开要登录的服务器和数据库文件夹，然后展开要创建用户的数据库 SCDB，单击“安全性”结点前的“+”，右击“用户”选项，从快捷菜单中选择“新建用户”命令，则出现“数据库用户-新建”窗口框，如图 3-8 所示。

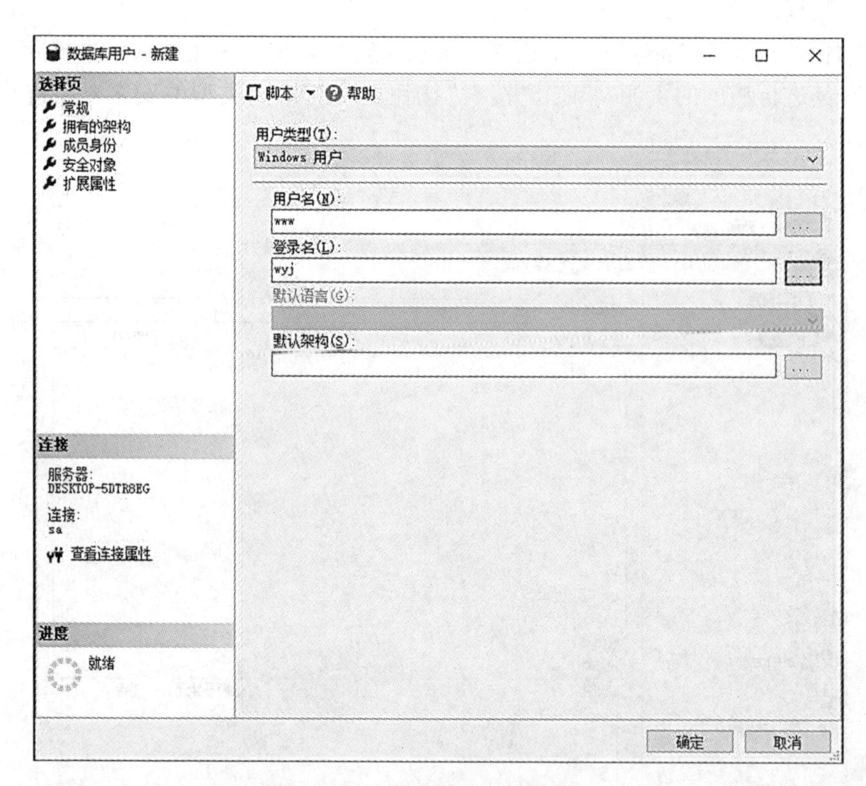

图 3-8 “数据库用户-新建”窗口

(2)在“用户名”文本框内输入数据库用户名称，在“登录名”选择框内选择已经创建的登录账号，最后单击“确定”按钮即可完成数据库用户的创建。

同样，在 SQL Server 管理平台中，也可以查看或者删除数据库用户，方法是：展开数据库 SCDB，单击“安全性”结点前的“+”号，单击“用户”结点前的“+”即显示当前数据库的所有用户，如图 3-9 所示。要删除数据库用户，则在右面的选项页中右击所要删除的数据库用户，从弹出的快捷菜单中选择“删除”命令，则会从当前的数据库中删除该数据库用户。

三、管理服务器角色和数据库角色

【例 3.1.4】使用 SQL Server 管理平台管理服务器角色。

打开 SQL Server 管理平台，展开指定的服务器，单击“安全性”结点前的“+”号，然后单击“服务器角色”结点前的“+”号，选择“sysadmin”角色，从弹出的快捷菜单中选择“属性”命令，则出现“服务器角色属性”窗口，如图 3-10 所示。在该窗口中可以看到属于该角色的成员。单击“添加”按钮则弹出“添加成员”对话框，其中可以选择添加新的登录账号作为该服务器角色成员，单击“删除”按钮则可以从服务器角色中删除选定的账号。

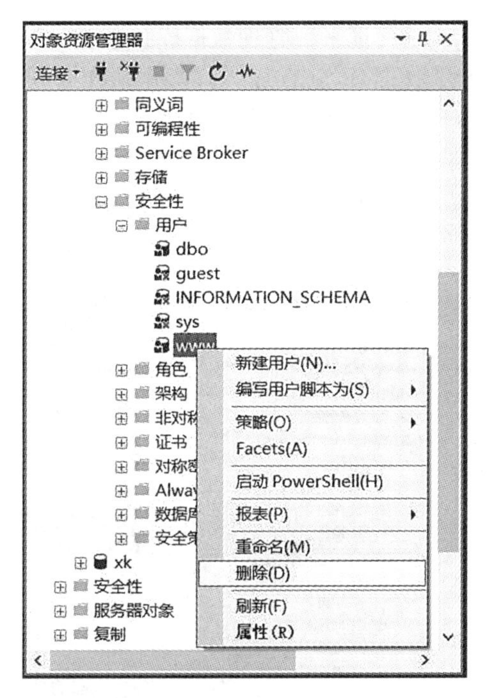

图 3-9　管理数据库用户

图 3-10　“服务器角色属性”窗口

【例 3.1.5】使用 SQL Server 管理平台管理数据库角色。

为使某系教师能够查询数据库 SCDB，创建新的数据库角色 TeaRole，分配对表 Student、Course、SC 的操作权限，并为新创建的角色添加数据库用户成员 www。

(1)打开 SQL Server 管理平台，展开“服务器”|“SCDB”|“安全性”|“角色”结点，右击“数据库角色”结点，从弹出的快捷菜单中选择“新建数据库角色”命令，如图 3-11 所示。

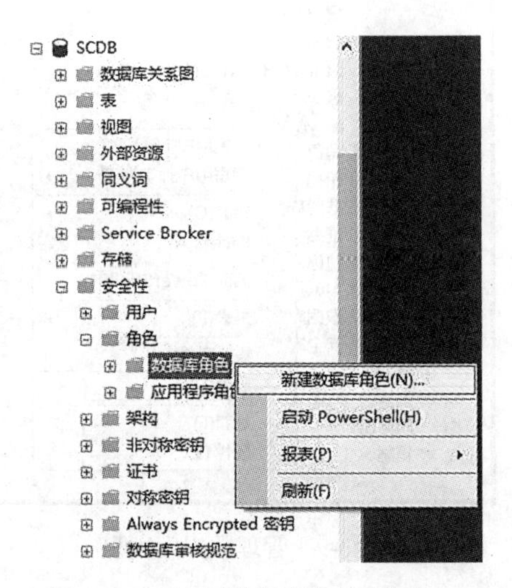

图 3-11　选择“数据库角色”命令

(2)出现“数据库角色-新建”窗口，在“常规”选项页中，添加角色名称“TeaRole”和所有者“dbo”，并选择此角色所拥有的架构。在此也可以单击“添加”按钮为新创建的角色添加数据库用户成员，本例添加数据库用户“www”，如图 3-12 所示。

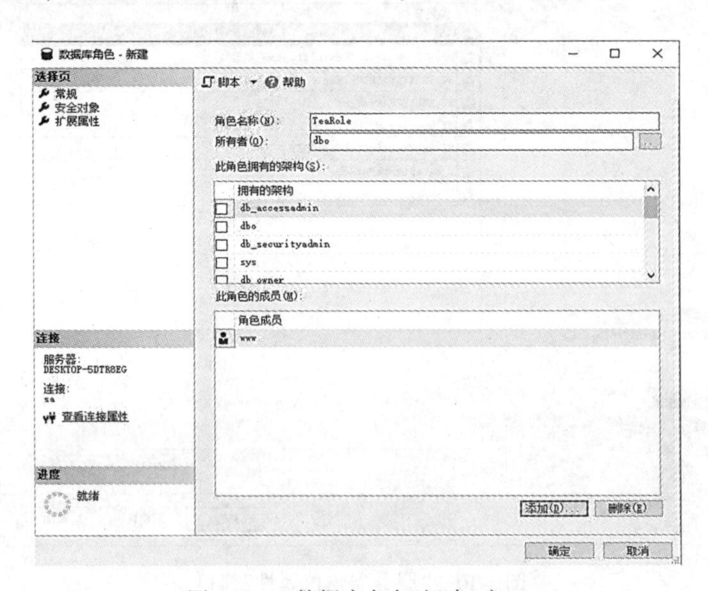

图 3-12　“数据库角色-新建”窗口

(3)选择“安全对象”选项页，如图 3-13 所示，接下来的操作就是为新创建的角色添加所拥有的数据库对象的访问权限。

图 3-13　“数据库角色-新建”的安全对象页

(4)单击“确定”按钮完成数据库角色的创建。

四、权限设置

使用 SQL Server 管理平台管理权限，可通过两种途径实现对用户权限的设定：

【例 3.1.6】使用 SQL Server 管理平台实现面向单一用户的权限设置。

(1)在 SQL Server 管理平台中，展开服务器和数据库，单击“用户”图标，此时将显示数据库的所有用户。在数据库用户清单中，右击要进行权限设置的用户，从弹出的快捷菜单中选择“属性”选项，则出现数据库用户窗口，选择“安全对象”选项页，如图 3-14 所示。

(2)上面的窗口中单击“搜索”按钮，则弹出“添加对象”对话框，如图 3-15 所示。选择“特定对象”单选按钮并单击“确定”按后，出现如图 3-16 所示的对话框。

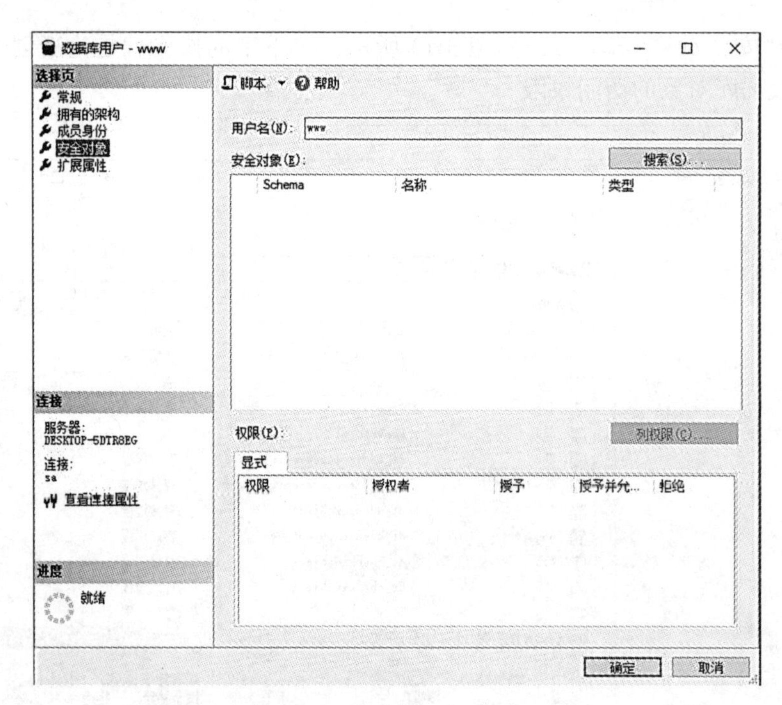

图 3-14 “数据库用户”窗口

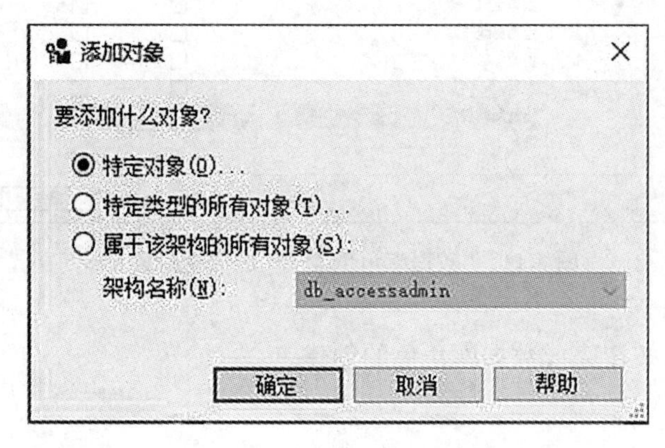

图 3-15 “添加对象”对话框

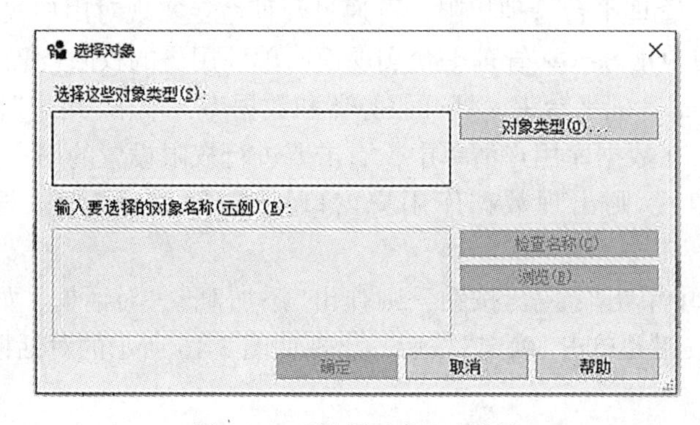

图 3-16 “选择对象”对话框

(3)单击“对象类型”按钮后出现“选择对象类型”对话框，在该对话框中选中“表”复选框，如图 3-17 所示，单击“确定”按钮后返回到“选择对象”对话框，再单击“浏览”按钮，打开“查找对象”对话框，如图 3-18 所示，单击“确定”按钮后返回到“选择对象”对话框，继续单击“确定”按钮，返回到“数据库用户-www”窗口。在该窗口中可以进行对象许可的设置，在该窗口中还可以选择用户对哪些列具有哪些权限。最后单击“确定”按钮即可完成许可的设置，如图 3-19 所示。

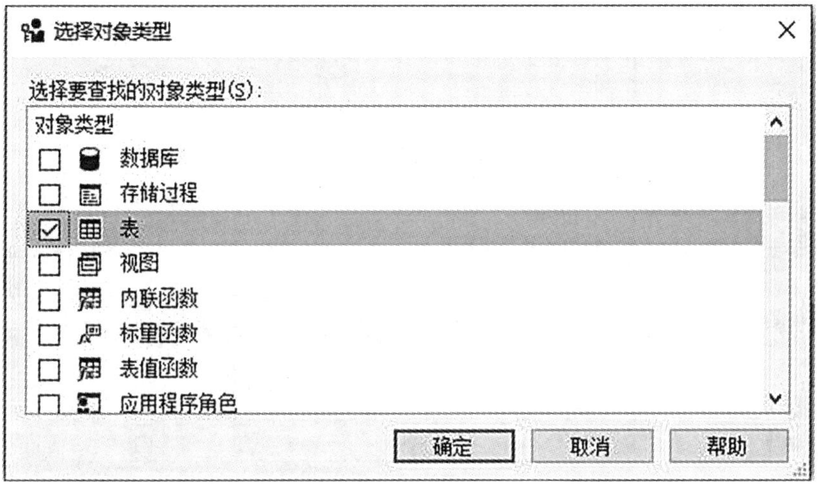

图 3-17　“选择对象类型”对话框

图 3-18　“查找对象”对话框

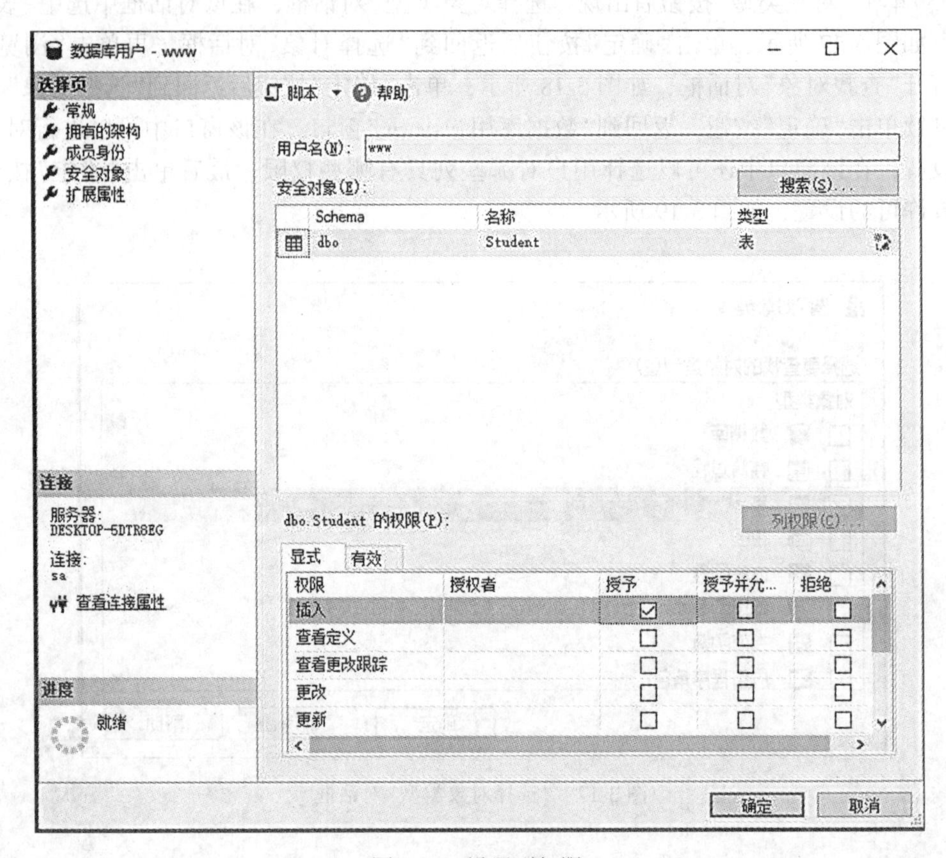

图 3-19　设置列权限

知识拓展

一、使用 Transact-SQL 语句管理权限

Transact-SQL 语句使用 GRANT、REVOKE 和 DENY 3 种命令来管理权限。

(1) GRANT 语句。

① 语句权限与角色的授予。SQL 语言使用 GRANT 语句为用户授予语句权限的语法格式为:

```
GRANT <语句权限>|<角色>[,<语句权限>|<角色>]…
TO <用户名>|<角色>|PUBLIC[,<用户名>|<角色>]…
[WITH ADMIN OPTION]
```

其语义为：将指定的语句权限授予指定的用户或角色。其中：

PUBLIC 代表数据库中的全部用户。

WITH ADMIN OPTION 为可选项，指定后则允许被授权的用户将指定的系统特权或角色再授予其他用户或角色。

【**例 3.1.7**】给用户 www 授予 CREATE TABLE 权限。

给 SCDB 数据库创建一个数据库用户账户“www”，在“查询窗口”中运行如下命令：

```
USE SCDB
GO
GRANT CREATE TABLE
TO www
```

② 对象权限与角色的授予。SQL 语言使用 GRANT 语句为用户授予对象权限的语法格式为：

```
GRANT ALL | <对象权限>[(列名[，列名]…)][，<对象权限>]…ON <对象名>
TO <用户名> | <角色> | PUBLIC[，<用户名> | <角色>]…
[WITH ADMIN OPTION]
```

其语义为：将指定的操作对象的对象权限授予指定的用户或角色。其中：

ALL 代表所有的对象权限。

列名用于指定要授权的数据库对象的一列或多列。如果不指定列名，被授权的用户将在数据库对象的所有列上均拥有指定的特权。实际上，只有当授予 INSERT、UPDATE 权限时才需指定列名。

ON 子句用于指定要授予对象权限的数据库对象名，可以是基本表名、视图名等。

WITH ADMIN OPTION 为可选项，指定后则允许被授权的用户将权限再授予其他用户或角色。

【**例 3.1.8**】给 R1 角色授予 Student 表的 SELECT、UPDATE 权限。

给 SCDB 数据库创建一个用户自定义的数据库角色“R1”，在“查询窗口”中运行如下命令：

```
USESCDB
GO
GRANTSELECT，UPDATE on Student to R1
```

(2)REVOKE 语句。REVOKE 语句与 GRANT 语句相反，它能将当前数据库内的用户或者角色以前被授予或拒绝的权限删除，但该语句并不影响用户或者角色从其他角色中作为成员继承过来的权限。

① 语句权限与角色的收回。数据库管理员可以使用 REVOKE 语句收回语句权限，其语法格式为：

```
REVOKE <语句权限> | <角色> [，<语句权限> | <角色>]…
FROM <用户名> | <角色> | PUBLIC[，<用户名> | <角色>]…
```

【**例 3.1.9**】收回例 3.1.7 用户 www 所拥有的 CREATE TABLE 的语句权限。

```
USE SCDB
GO
REVOKE CREATE TABLE
```

```
FROM www
```

② 对象权限与角色的收回。所有授予出去的权限在必要时都可以由数据库管理员和授权者收回，收回对象权限仍然使用 REVOKE 语句，其语法格式为：

```
REVOKE <对象权限> | <角色> [ , <对象权限> | <角色>]…
FROM <用户名> | <角色> | PUBLIC[ , <用户名> | <角色>]…
```

【例 3.1.10】收回 R1 角色对 Student 表的 SELECT、UPDATE 权限。在“查询窗口”中运行如下命令：

```
USESCDB
GO
REVOKE SELECT, UPDATE
ON Student
FROM R1
```

(3) DENY 语句。DENY 语句用于拒绝给当前数据库内的用户或者角色授予权限，并防止用户或角色通过其组或角色成员继承权限。

① 否定语句权限。其语法形式为：

```
DENY  ALL | <语句权限> | <角色> [ , <语句权限> | <角色>]…
TO  <用户名> | <角色> | PUBLIC[ , <用户名> | <角色>]…
```

② 否定对象权限。其语法形式为：

```
DENY ALL | <对象权限>[ (列名[ , 列名]…) ][ , <对象权限>]…ON <对象名>
TO <用户名> | <角色> | PUBLIC[ , <用户名> | <角色>]…
```

【例 3.1.11】首先给角色 R1 授予 Student 表 SELECT 权限，然后拒绝用户 www 对 Student 表的特定权限(SELECT、INSERT、UPDATE、DELETE)。在“查询窗口”中运行如下命令：

```
GRANT SELECT
ON Student
TO R1
GO
DENY SELECT, INSERT, UPDATE, DELETE
ON Student
TO www
```

任务小结

在本任务中介绍了数据库的安全管理，涉及用户管理、权限管理、角色管理，以及授权、认证等多方面的知识内容。

通过本任务的学习，读者可以深入理解 SQL Server 的安全机制，培养良好的数据库安全意识，以及制定合理的数据库安全策略，也为进一步的学习和掌握其他数据库安全知识奠定基础。

实训练习

实训十四　数据库的安全管理

【实训目的】

1. 掌握创建服务器登录名的方法。
2. 掌握创建数据库用户的方法。
3. 掌握设置数据库对象权限和数据库语句权限的方法。
4. 掌握和管理数据库角色。

【实训准备】

1. 认真阅读本实训内容。
2. 认真学习并掌握有关创建服务器登录名的方法、创建数据库用户的方法。
3. 实训过程中注意做好相关记录。

【实训内容】

1. SQL Server 的安全管理主要包括数据库登录管理、数据库用户管理、____________和____________。

2. SQL Server 提供了两种确认用户对数据库引擎服务的验证模式：____________和________。

3. SQL Server 安全体系结构中的角色分为____________、____________和用户自定义角色。

4. 设置混合身份验证模式。

5. 在 SQL Server 身份验证模式下，创建登录账号 testA，密码自定义。

6. 授予登录账号 testA 固定数据库角色权限 sysadmin。

7. 创建登录账号 testA 在数据库 SCDB 上的用户 userA。

8. 授予用户 userA 对 SCDB 数据库中表 student 的读取、修改权限。

【实训报告要求】

1. 将实训过程中所进行的各项工作和步骤记录在实训报告上。
2. 把实训过程中遇到的问题记录下来。
3. 结合具体的操作写出实训的心得体会。

任务二　数据库的备份与还原

任务引入

在数据库管理方面，稳定性和安全性是数据库管理人员需要考虑的一个重要方面，而备份和恢复是维护这种稳定和安全的一个必要的手段。通过备份和恢复，系统可以一直处于比较正常的运行状态，即使遇到很多较为严重的故障，但由于备份工作的完整性，也可以避免故障带来的严重影响。

任务目标

了解数据库备份和还原的概念。

能够根据数据库安全需求选择合适的备份和还原方法。

熟练掌握 SQL Server 2019 数据库备份和还原的操作。

必备知识

一、理解恢复模式及其设置

1. 恢复模式

恢复模式是一个数据库属性，它用于控制数据库备份和还原操作基本行为。例如，恢复模式控制了将事务记录在日志中的方式、事务日志是否需要备份以及可用的还原操作。

备份和还原操作是在“恢复模式”下进行的。新的数据库可继承 model 数据库的恢复模式。

2. 恢复模式的类型

在 SQL Server 2019 数据库管理系统中，可以选择 3 种恢复模式，即简单恢复模式、完整恢复模式和大容量日志恢复模式。

(1)简单恢复模式。此模式简略地记录大多数事务，所记录的信息只是为了确保在系统崩溃或还原数据备份之后数据库的一致性。由于旧的事务已提交，已不再需要其日志，因而日志将被截断。截断日志将删除备份和还原事务日志。但是，这种简化是有代价的，在灾难事件中有丢失数据的可能。没有日志备份，数据库只可恢复到最近的数据备份时间。

在简单恢复模式下，在每个数据备份后事务日志将被自动截断，也就是说，不活动的日志将被删除。因为经常会发生日志截断，所以没有事务日志备份，这简化了备份和还原。但是，没有事务日志备份，便不可能恢复到失败的时间点。

简单恢复模式并不适合生产系统，因为对生产系统而言，丢失最新的更改是无法接受的。在这种情况下建议使用完整恢复模式。

(2)完整恢复模式。此模式完整地记录了所有的事务，并保留所有的事务日志记录，直到将它们备份。完整恢复模式能使数据库恢复到故障点。

完整恢复模式可在最大范围内防止出现故障时丢失数据，它包括数据库备份和事务日志备份，并提供全面保护，使数据库免受媒体故障影响。

(3)大容量日志恢复模式。此模式简略地记录大多数大容量操作(例如，索引创建和大容量加载)，完整地记录其他事务。大容量日志恢复提高大容量操作的性能，常用作完整恢复模式的补充。

与完整恢复模式(完全记录所有事务)相反，大容量日志恢复模式只对大容量操作进行最小记录(尽管会完全记录其他事务)。大容量日志恢复模式保护大容量操作不受媒体故障的危害，提供最佳性能并占用最小日志空间。但是，大容量日志恢复模式增加了这些大容量复制操作丢失数据的风险，因为最小日志记录大容量操作不会逐个事务重新捕获更改。只要日志备份包含大容量操作，数据库就只能恢复到日志备份的结尾，而不是恢复到某个时间点或日志备份中某个标记的事务。

此外，在大容量日志恢复模式下，备份包含大容量日志记录操作的日志需要访问包含大容量日志记录事务的数据文件。如果无法访问该数据文件，则不能备份事务日志。在这种情况下，必须重做大容量操作。

【例 3.2.1】设置数据库的故障恢复模式。

(1)右击“SCDB”数据库，在快捷菜单中选择“属性”命令，弹出“数据库属性-SCDB”窗口，选择“选项”选项页，如图 3-20 所示。

(2)在“恢复模式”下拉列表中选择所需模式，单击“确定”按钮。

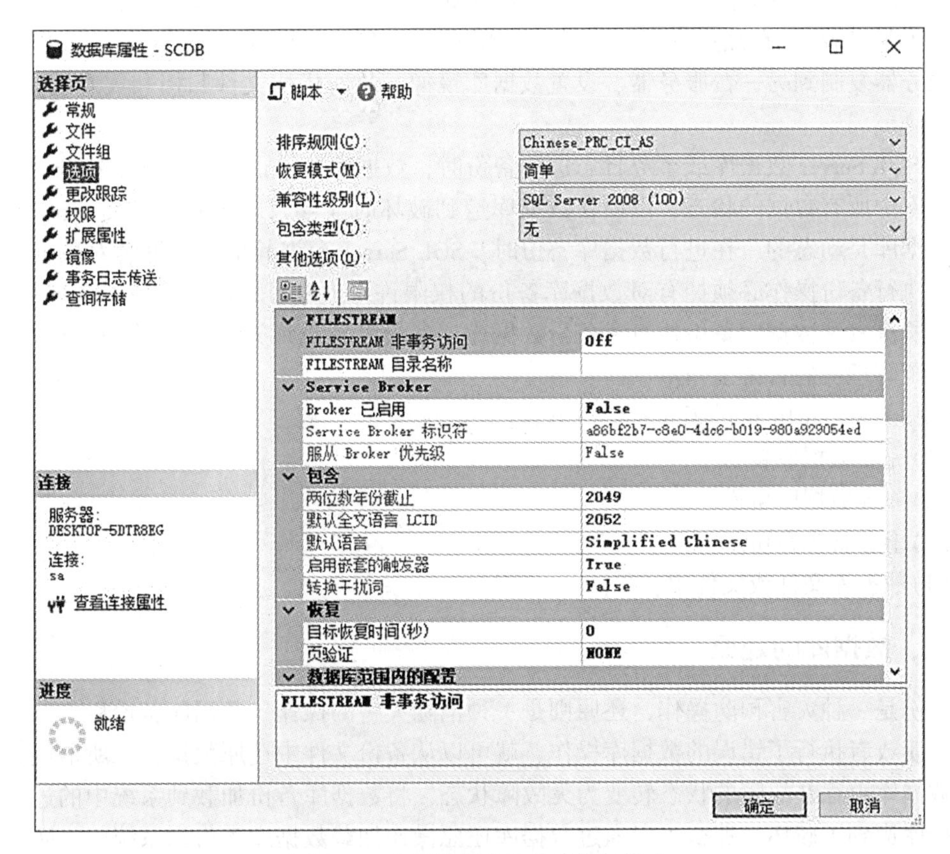

图 3-20　设置数据库的故障恢复模式

二、数据库的备份

备份数据库是数据库管理员(DBA)最重要的任务之一。在数据库遇到灾难性事故后，DBA 可以使用备份文件恢复数据库，从而最大限度地减少损失。因此，良好的备份策略是保证数据库安全运行的保证，是每一个数据库管理员必须认真调查和仔细规划才能完成的任务。

备份是从数据库中保存数据和日志，以备将来使用。在备份过程中，数据从数据库复制并保存到另外一个位置，备份操作可以在数据库正常运转时进行。

用户之所以使用数据库是因为要利用数据库来管理和操作数据。数据对于用户来说是非常宝贵的资产。数据是存放在计算机上的，但是即使是最可靠的硬件和软件，也会出现系统故障或是产品故障。所以，应该在意外发生之前做好充分的准备工作，以便在意外发生之后有相应的措施能快速地恢复数据库的运行，并使丢失的数据量减少到最小。

Microsoft SQL Server 2019 提供了高性能的备份和还原机制。数据库备份可以创建备份完成时数据库内存在的数据的副本，这个副本能在遇到故障时恢复数据库。这些故障包括：媒体故障、硬件故障(例如，磁盘驱动器损坏或服务器报废)、用户操作错误(例如，误删除了某个表)、自然灾害等。此外，数据库备份对于例行的工作(例如，将数据库从一台服务器复制到另一台服务器、设置数据库镜像、政府机构文件归档和灾难恢复)也很有用。

对 SQL Server 数据库或事务日志进行备份时，数据库备份记录了在进行备份这一操作时数据库中所有数据的状态，以便在数据库遭到破坏时能够及时地将其恢复。SQL Server 备份数据库是动态的，在进行数据库备份时，SQL Server 允许其他用户继续对数据库进行操作。执行备份操作必须拥有对数据库备份的权限许可，SQL Server 只允许系统管理员、数据库所有者和数据库备份执行者备份数据库。备份是数据库系统管理的一项重要内容，也是系统管理员的日常工作。

SQL Server 2019 提供了 4 种备份方式：

(1)完全数据库备份。

(2)差异数据库备份。

(3)事务日志备份。

(4)数据库文件或文件组备份。

三、数据库的还原

备份是一种灾害预防操作，还原则是一种消除灾害的操作。数据库备份后，一旦系统发生崩溃或者执行了错误的数据库操作，就可以从备份文件中还原数据库。所谓还原，就是把数据库由存在故障的状态转变为无故障状态，将数据库备份加载到系统中的过程。如果数据库遭到了破坏，那么可以通过数据库还原操作加载数据库备份到系统中，防止数据库信息丢失或损坏。

数据库还原是系统在还原数据库的过程中，自动执行安全性检查、重建数据库结构以及完成填写数据库内容。安全性检查是还原数据库时必不可少的操作。这种检查可以防止偶然使用了错误的数据库备份文件或者不兼容的数据库备份覆盖已经存在的数据库。SQL Server 还原数据库时，根据数据库备份文件自动创建数据库结构，并且还原数据库中的数据。

数据库还原方式：

(1)完全备份的还原。无论是完全备份、差异备份还是事务日志备份的还原，第一步都要先做完全备份的还原。完全备份的还原仅需还原完全备份文件即可。

(2)差异备份的还原。差异备份的还原需要两个步骤：第一步还原完全备份；第二步还原差异备份。

(3)事务日志备份的还原。事务日志备份的还原步骤较多：首先还原完全备份，然后按时间先后顺序依次还原差异备份，最后依次还原每一个事务日志备份。

(4)文件和文件组备份的还原。通常只有数据库中某个文件或文件组损坏了才会使用这种还原模式。

任务实施

一、对 SCDB 数据库进行备份

【例 3.2.2】使用对象资源管理器实现数据库完整备份。

(1)右击待备份的数据库“SCDB”，选择“任务(T)”|“备份(B)…”命令，弹出“备份数据库-SCDB”窗口，如图 3-21 所示。

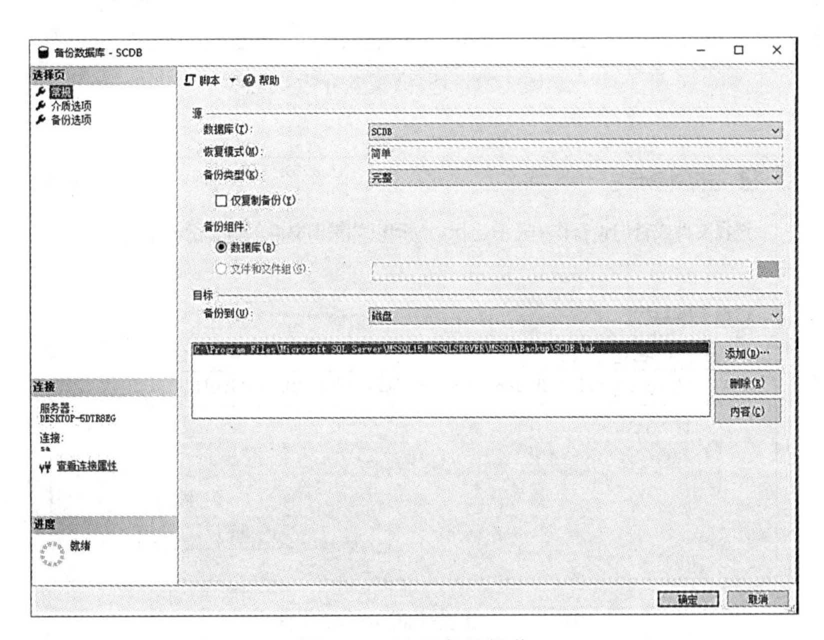

图 3-21　选择备份操作

(2)选择窗口左侧“常规”选项页，在“数据库”下拉列表中选择待备份的数据库“SCDB”，在“备份类型”中选择所需类型。

(3)选择“介质选项”选项页，在“覆盖介质”选择“备份到现有介质集(E)”和“追加到现有备份集(H)”单选按钮，如图 3-22 所示。

(4)选择“常规”选项页，单击“添加”按钮，选择备份文件存储路径，并设置备份文件名，如图 3-23 所示。

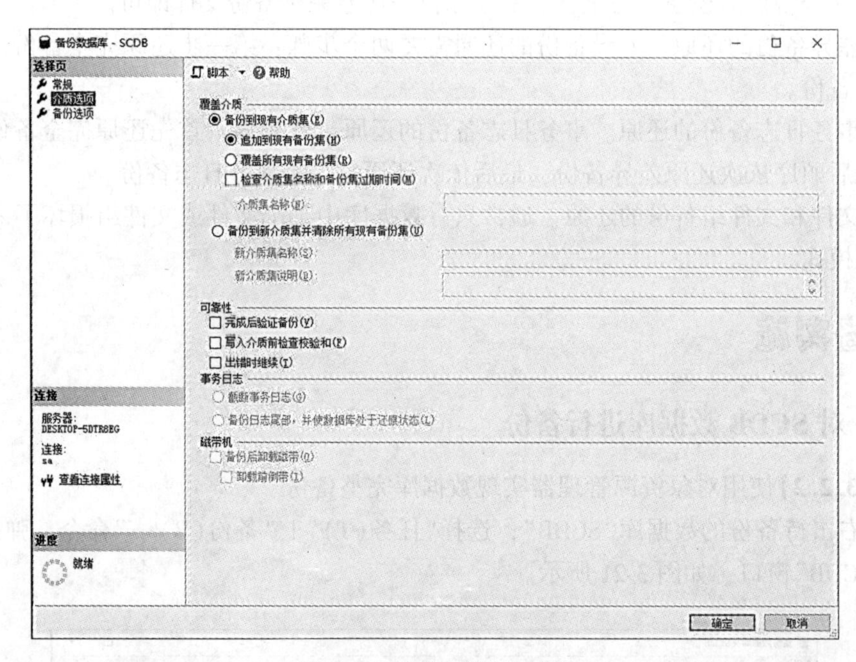

图 3-22　选择“覆盖介质”

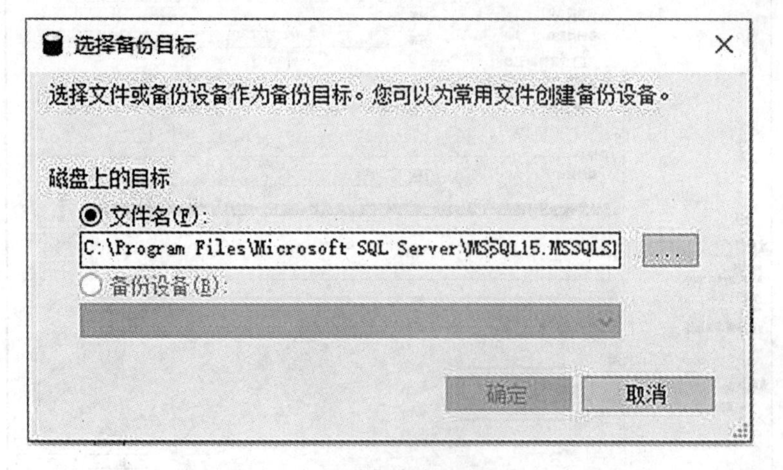

图 3-23　设置存储路径和文件名

(5)单击“确定”按钮，备份完成。

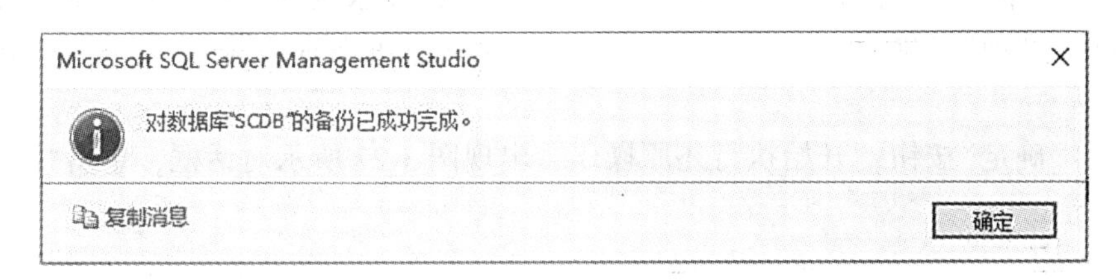

图 3-24　备份完成

二、对 SCDB 数据库进行还原

【例 3.2.3】使用对象资源管理器还原数据库。

① 打开 SQL Server 管理平台，展开树形目录，右击待还原的数据库“SCDB”，在“任务(T)”菜单中选择“还原(R)”|“数据库(D)…”命令，弹出“还原数据库-SCDB”窗口，在“目标”|“数据库(B)”下拉列表框里可以选择或输入要还原的数据库名“SCDB”，如图 3-25 所示。

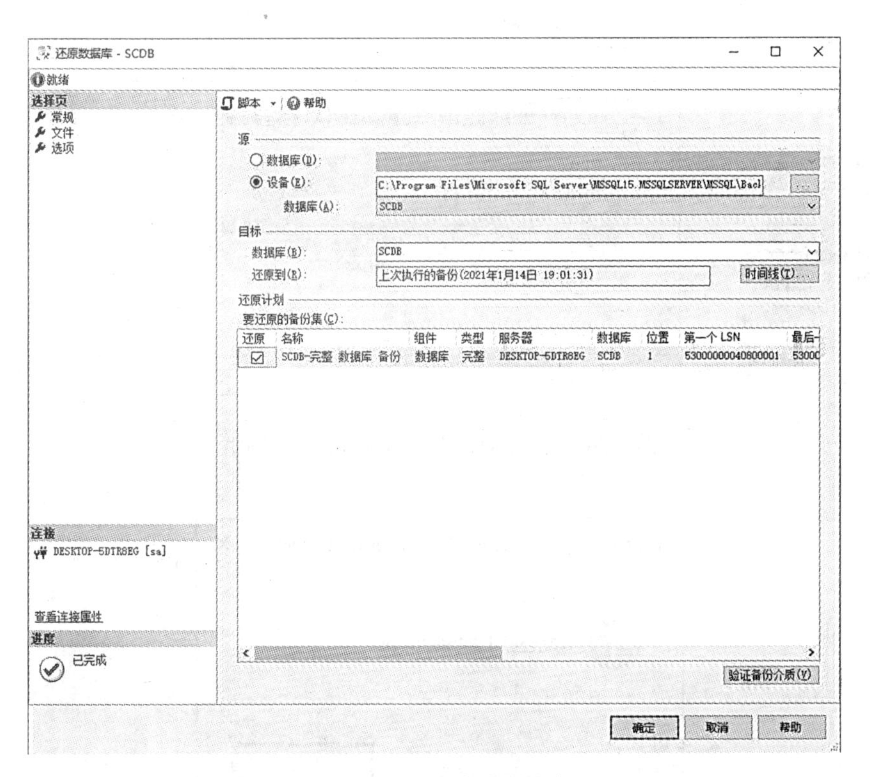

图 3-25　还原数据库对话框

② 如果备份文件或备份设备中的备份集很多，还可以选择“还原到(R)”后的“时间线(T)…”打开具体“备份时间线：SCDB”窗口，根据具体要求选择要还原的数据库文件。

③ 选中“选项”选项页，在“还原选项”区域选择“覆盖现有数据库”复选框，如图 3-26 所示。

④ 单击“确定”按钮，开始执行还原操作，出现图 3-27 所示对话框，单击“确定”按钮后即完成。

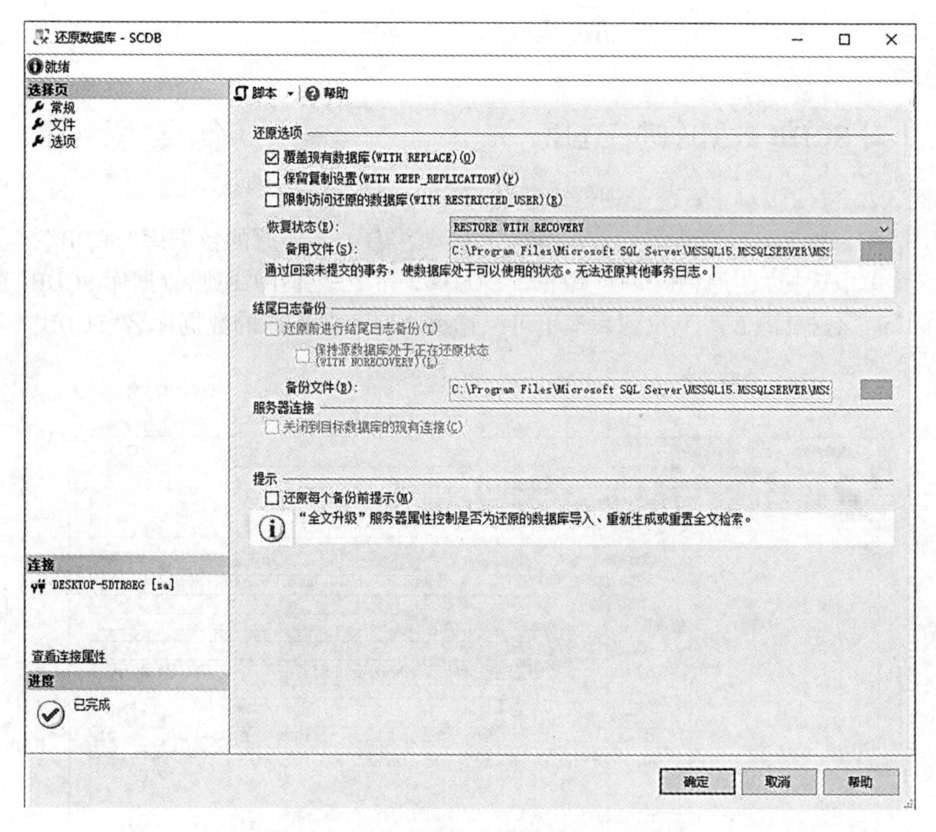

图 3-26 “还原数据库对话框-选项”选项页

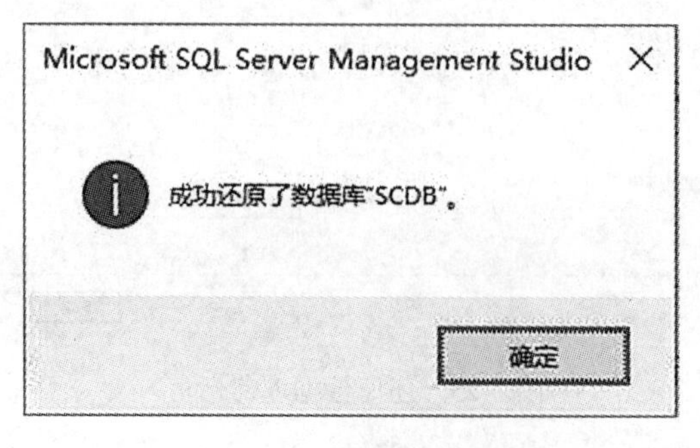

图 3-27 还原数据库完成

知识拓展

一、使用 Transact-SQL 语句备份数据库

数据库备份语法：

```
BACKUP DATABASE database_name To backup_device
```

【例 3.2.4】使用 BACKUP DATABASE 语句备份 SCDB 数据库，逻辑备份设备名为 SCDB_Backup，物理文件为 D:\SCDB_Backup.bak。

打开查询窗口，输入并运行以下代码：

```
execsp_addumpdevice 'disk', 'SCDB_Backup', 'D: \SCDB_Backup.bak'
backup database SCDB to SCDB_Backup
```

运行结果如图 3-28 所示：

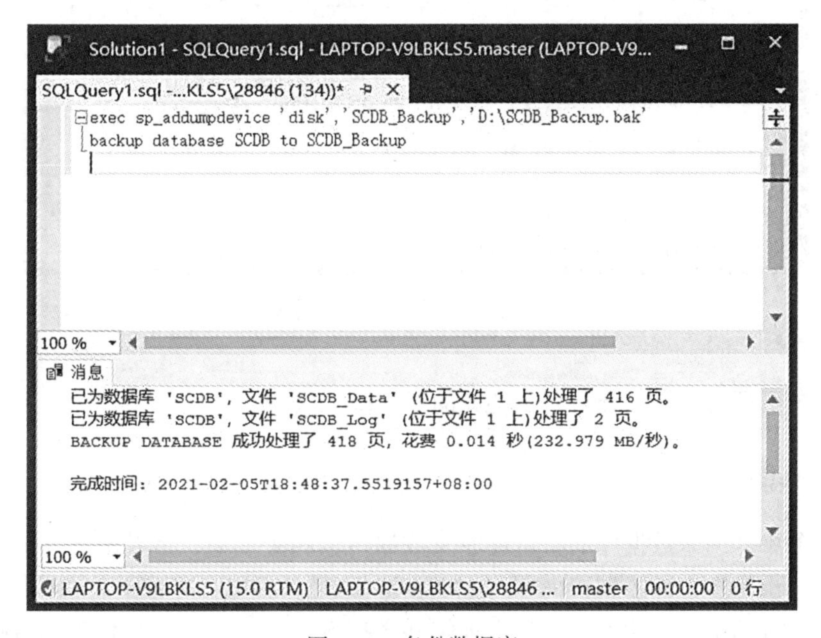

图 3-28　备份数据库

二、使用 Transact-SQL 语句还原数据库

还原整个数据库的语法：

```
RESTORE DATABASE database_name FROM backup_device
(WITH MOVE 'logical_file_name'  TO  'operating_system_file_name')
```

【例 3.2.5】使用 RESTORE DATABASE 语句还原数据库。

打开查询窗口，输入并运行以下代码：

```
RESTORE DATABASE SCDB2 FROM  SCDB_Backup
With move 'SCDB_Data' to 'D: \SCDB_Data.mdf', move 'SCDB_Log' to 'D: \
SCDB_Log.ldf'
```

运行结果如图 3-29 所示。

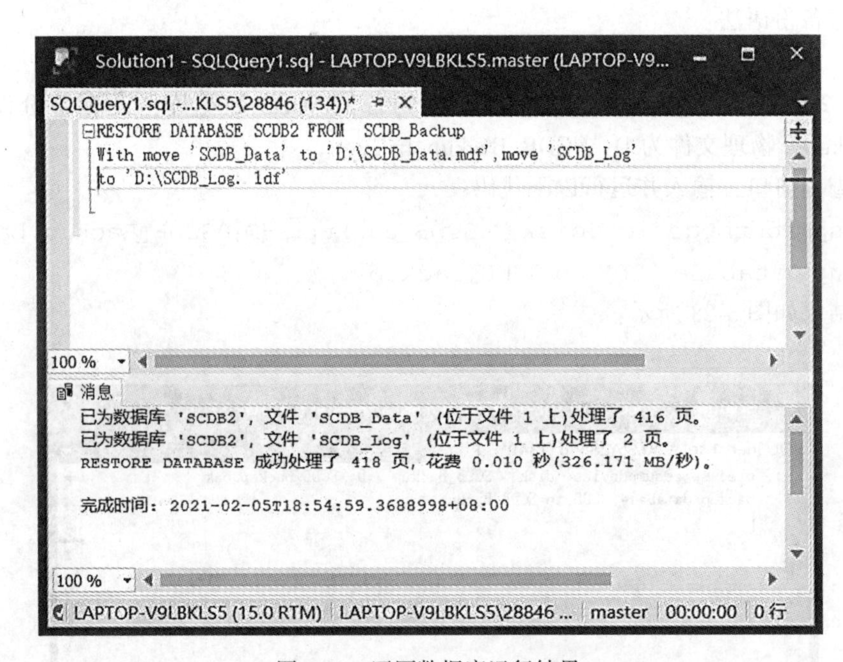

图 3-29 还原数据库运行结果

刷新对象资源管理器，便可看到还原的 SCDB2 数据库。

任务小结

在本任务中介绍了数据库的备份还原及数据传输相关知识，涉及数据库备份、还原、数据导入、导出等多方面的知识内容。

通过本任务的学习，读者可以深入理解并掌握 SQL Server 实现数据库的备份、还原，以及数据导入、导出的基本操作。

实训练习

实训十五　数据库备份与还原

【实训目的】

训练数据库备份和还原。

【实训准备】

1. 认真阅读本实训内容。
2. 认真学习并掌握数据库备份和还原操作的相关知识。
3. 实训过程中注意做好相关记录。

【实训内容】

1. ________是一个数据库属性，它用于控制数据库备份和还原操作基本行为。
2. 在 SQL Server 中提供了________、________、________和________四种备份方式。
3. 数据库的还原方式有________、________、________和________。
4. 对 SCDB 数据库进行完全备份和差异备份。
5. 还原上题备份的数据库。

【实训报告要求】

1. 将实训过程中所进行的各项工作和步骤记录在实训报告上。
2. 将实训过程中遇到的问题记录下来。
3. 结合具体的操作写出实训的心得体会。

任务三　数据库的导入与导出、分离与附加

任务引入

如何实现 SQL Server 2019 数据库中的数据与其他数据源进行相互交换呢？如何将一台数据库服务器的库移到另一台服务器上，而不必重新创建数据库呢？SQL Server 2019 提供了一个数据导入与导出工具，用于在不同的 SQL Server 服务器之间，以及 SQL Server 与其他类型的数据库或数据文件之间进行数据交换。SQL Server 2019 允许分离数据库的数据和事务日志文件，然后将其重新附加到另一台服务器。本任务将详细介绍相关内容。

任务目标

了解数据库导入与导出的概念。

熟练掌握利用数据导入与导出工具实现数据库与其他数据源完成数据交换的操作。

了解数据库分离与附加的概念。

熟练掌握数据库分离与附加的操作。

必备知识

一、理解数据库的导入与导出

SQL Server 2019 的导入和导出操作可以轻松实现 SQL Server 2019 数据库和其他数据源之间的数据交换。SQL Server 2019 提供了一个数据导入与导出工具，用于完成在不同的

SQL Server 服务器之间，以及 SQL Server 与其他类型的数据库或数据文件之间进行数据交换。

二、理解数据库的分离与附加

SQL Server 2019 允许分离数据库的数据和事务日志文件，然后将其重新附加到另一台服务器，甚至同一台服务器上。这时数据库的使用状态与它分离时的状态完全相同。只有分离了的数据库文件才能进行移动、复制和删除。

任务实施

一、对 SCDB 数据库进行数据导入

【例 3. 3. 1】将 Execl 数据库导入新的 XK 数据库。

(1)在 SQL Server 管理平台新建数据库 XK，提前准备好 Database1. xls 文件。

(2)打开 SQL Server 管理平台，展开服务器和数据库，右击 XK 数据库图标，从弹出的快捷菜单中选择“任务(T)”|“导入数据(I)…”选项，如图 3-30 所示。

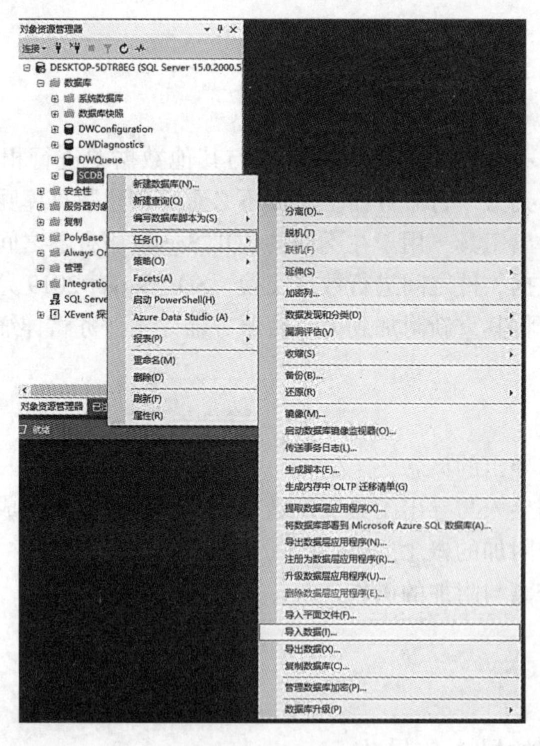

图 3-30　导出数据

(3)启动数据导入向导工具，就会出现欢迎使用向导窗口，如图 3-31 所示。

图 3-31　数据库导入和导出向导

(4)单击“Next>”按钮，则出现“选择数据源”窗口，如图 3-32 所示。在该窗口中，选择数据源类型“Microsoft Excel”，在文件名框中选择需要导入的文件。

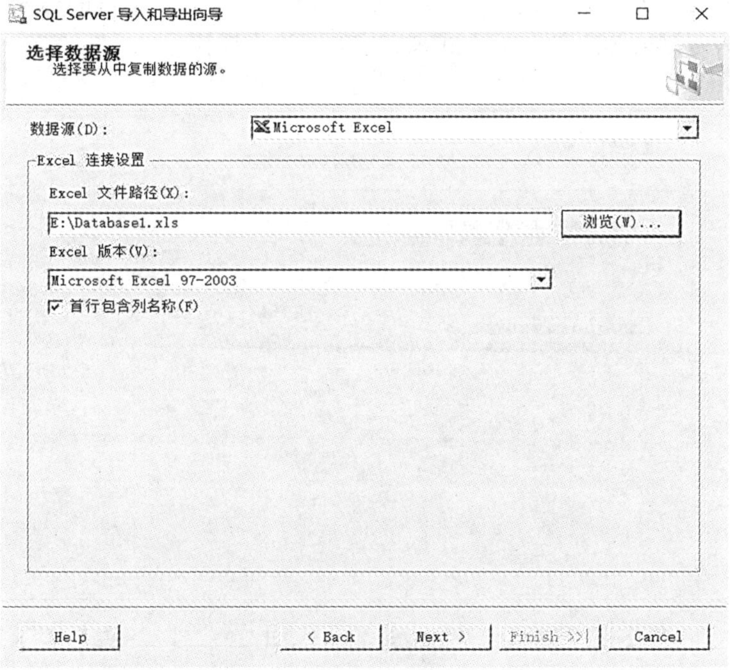

SQL Server 导入和导出向导
选择数据源
选择要从中复制数据的源。
数据源(D)：　Microsoft Excel
Excel 连接设置
Excel 文件路径(X)：
E:\Database1.xls　浏览(W)...
Excel 版本(V)：
Microsoft Excel 97-2003
首行包含列名称(F)
Help　< Back　Next >　Finish >>|　Cancel

图 3-32　“选择数据源”窗口

(5)单击“Next >”按钮，则出现“选择目标”窗口，如图 3-33 所示。本例使用 SQL Server 数据库作为目标数据库，在“目标”选项框中选择 SQL Server Native Client 11.0，在“服务器名称”框中输入目标数据库所在的服务器名称，在“数据库”框选择 XK 数据库。

SQL Server 导入和导出向导
选择目标
指定要将数据复制到的位置。
目标(D)： SQL Server Native Client 11.0
服务器名称(S)： LAPTOP-V9LBKLS5
身份验证
使用 Windows 身份验证(W)
使用 SQL Server 身份验证(Q)
用户名(U)：
密码(P)：
数据库(T)： XK
刷新(R)
新建(E)...
Help
< Back
Next >
Finish >>|
Cancel

图 3-33 “选择目标”窗口

(6)单击“Next>”按钮，则出现“指定表复制或查询”窗口，如图 3-34 所示，根据具体情况可以选择表复制或 SQL 语句的方式来完成导入导出操作。

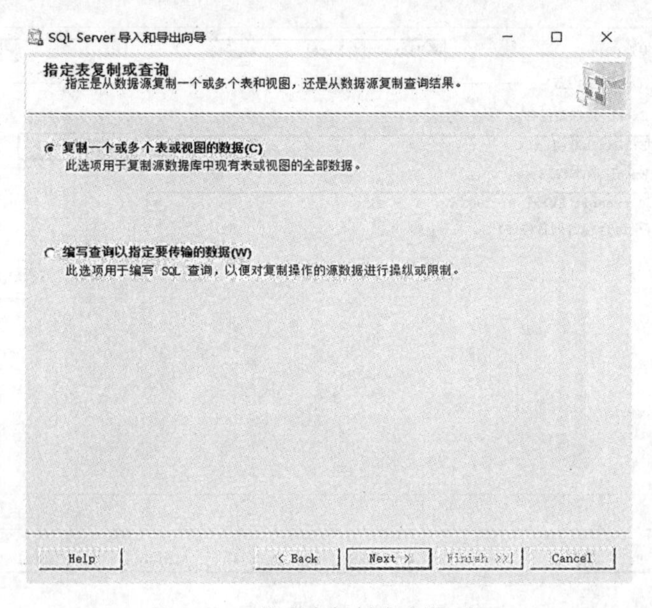

图 3-34 “指定表复制或查询”窗口

(7)单击“Next>”按钮，就会出现“选择源表和源视图”窗口，选择需要导入的数据，如图 3-35 所示。如果想编辑数据转换时源表格和目标表格之间列的对应关系，可单击“编辑映射”按钮。

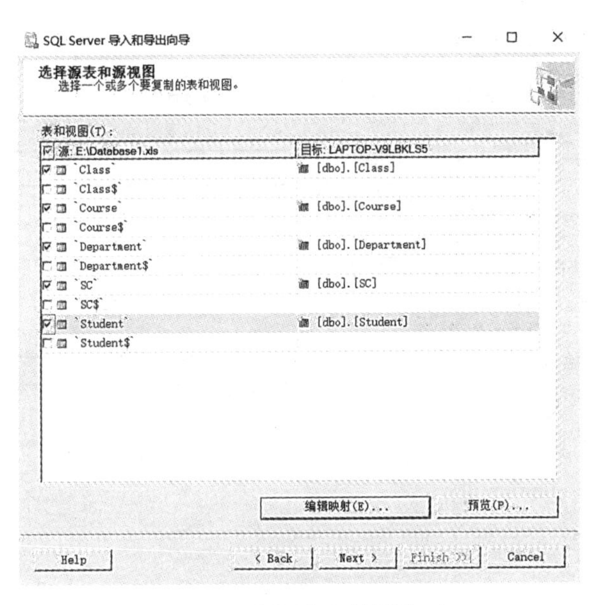

图 3-35　“选择源表和源视图”窗口

(8)单击“Next>”按钮，弹出“保存并运行包”窗口，如图 3-36 所示。在该对话框中，可以指定是否希望保存 SSIS 包，也可以立即执行导入数据操作。

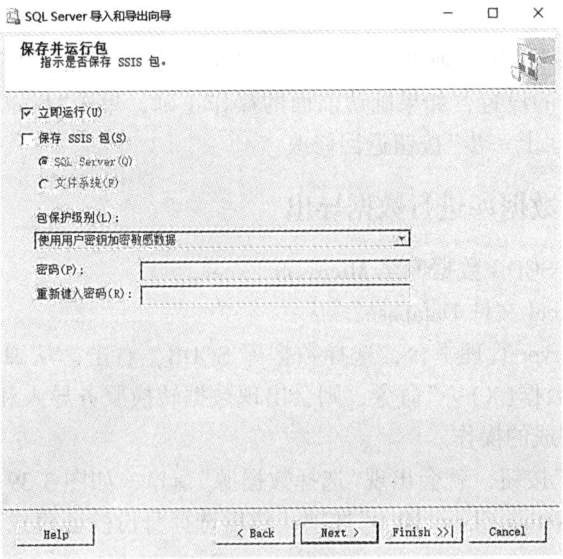

图 3-36　“保存并运行包”窗口

(9)当选中"保存 SSIS 包"复选框后，则需选择包保护级别并设置密码，在图 3-36 中单击"Next>"按钮，则会出现"保存 SSIS 包"窗口，如图 3-37 所示，选择对应服务器，并设置所需身份验证方式即可。

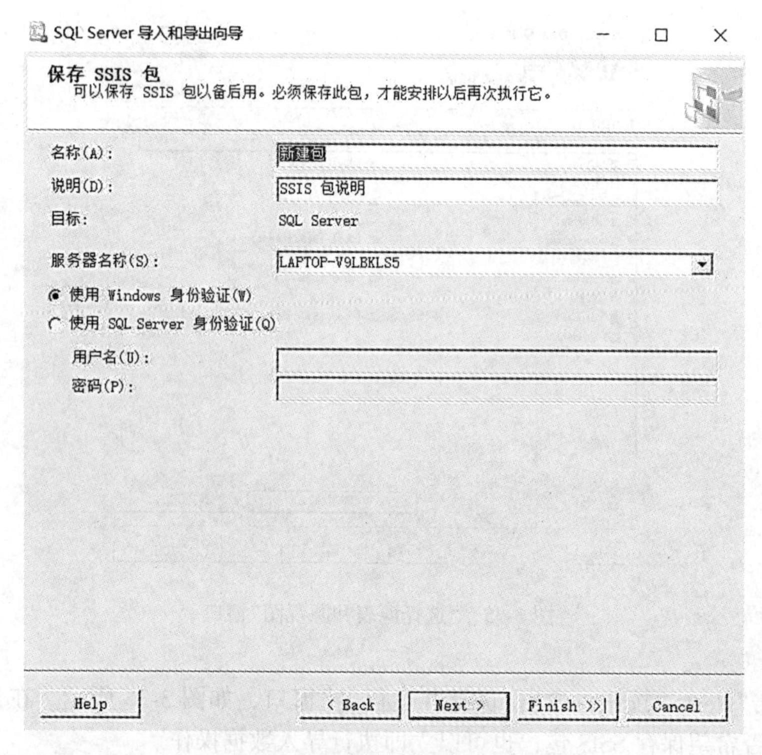

图 3-37 "保存 SSIS 包"窗口

(10)单击"Next>"按钮，则出现"Complete the Wizard"窗口，如图 3-38 所示。其中显示了在该向导中进行的设置，如果确认前面的操作正确，单击"Finish"按钮后进行数据导入操作，否则，单击"上一步"按钮返回修改。

二、对 SCDB 数据库进行数据导出

【例 3.3.2】导出 SCDB 数据库至 Microsoft Excel。

(1)新建一个 Excel 文件 Database2. xls。

(2)打开 SQL Server 管理平台，选择数据库 SCDB，右击，从弹出的快捷菜单中选择"任务(T)" | "导出数据(X)…"命令，则会出现数据转换服务导入和导出向导窗口，它显示了导出向导所能完成的操作。

(3)单击"Next>"按钮，就会出现"选择数据源"窗口，如图 3-39 所示，在"数据源"框中选择"SQL Server Native Client 10. 0"选项，然后选择身份验证模式以及数据库的名称。

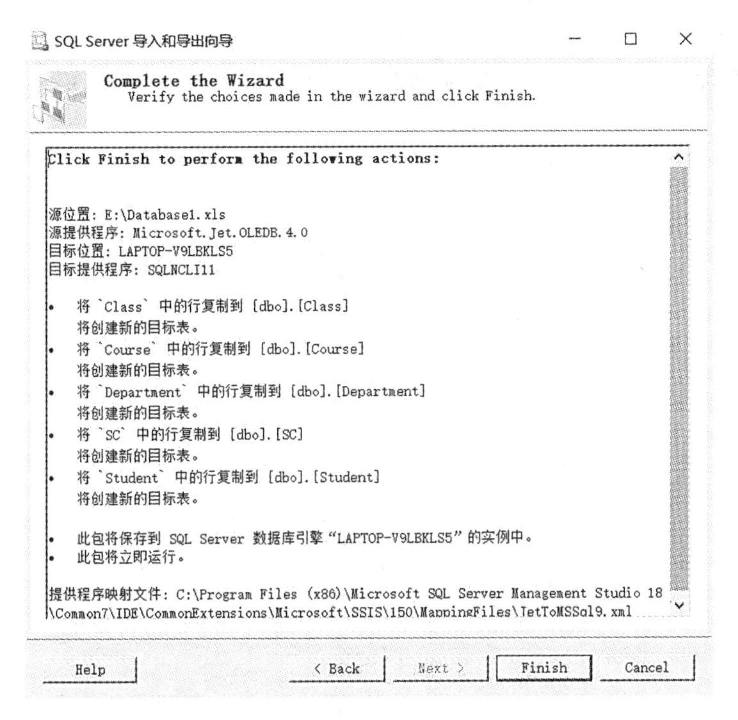

图 3-38　“Complete the Wizard”窗口

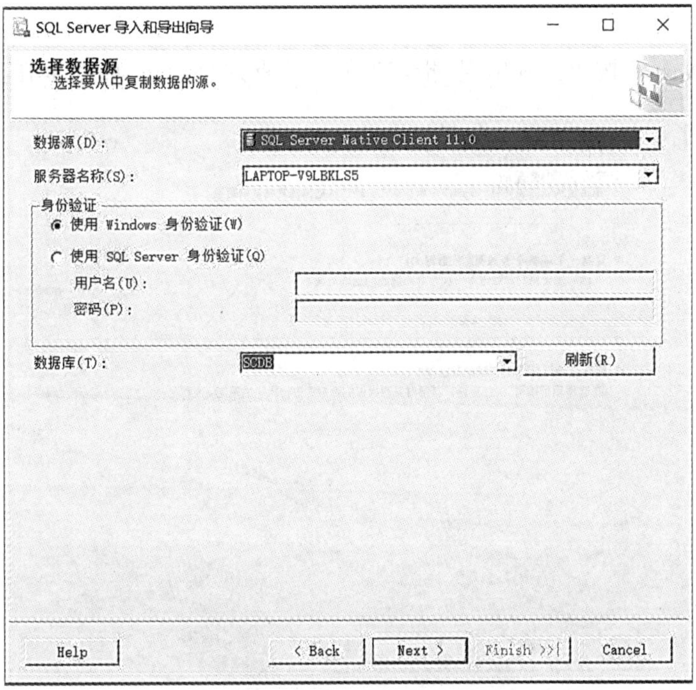

图 3-39　“选择数据源”窗口

(4)单击"Next >"按钮，则会出现"选择目标"窗口，在"目标"框选择"Microsoft Excel"，在"文件名"栏选择第(1)步新建的文件 Database2. xls，如图 3-40 所示。

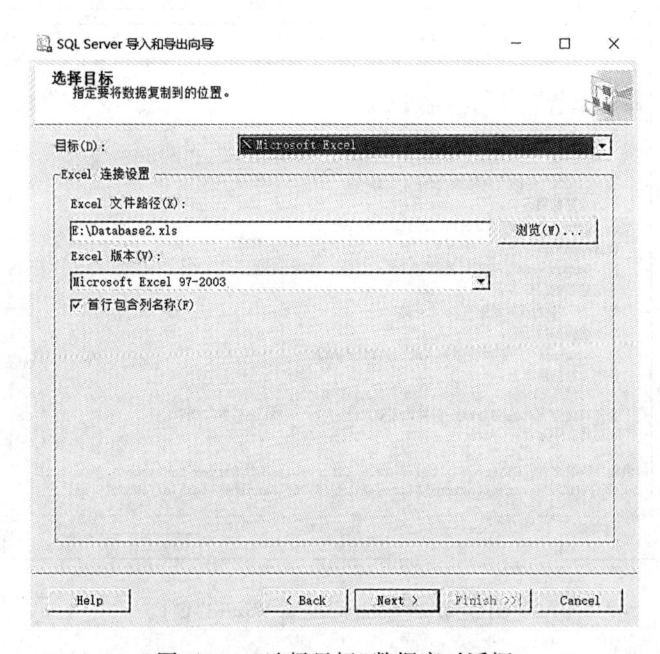

图 3-40 "选择目标"数据库对话框

(5)单击"Next>"按钮，则出现"指定表复制或查询"窗口，如图 3-41 所示。

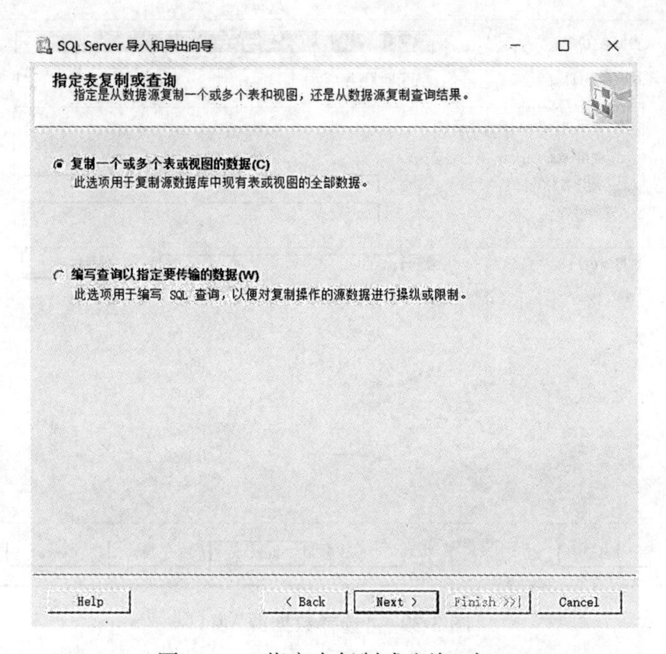

图 3-41 "指定表复制或查询"窗口

(6)单击“Next>”按钮，则出现“选择源表和源视图”窗口，如图 3-42 所示。其中可以选定将源数据库中的哪些表格或视图复制到目标数据库中，只需单击表格名称左边的复选框，即可选定或者取消复制该表格或视图。

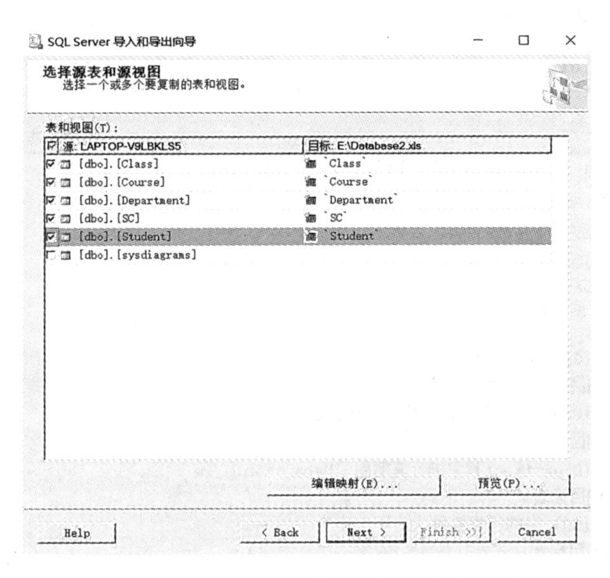

图 3-42　“选择源表和源视图”窗口

(7)单击“Next>”按钮，则会出现“查看数据类型映射”窗口，继续单击“Next>”按钮，弹出“保存并运行包”窗口，如图 3-43 所示。在该窗口中，可以设定立即执行还是保存包以备以后执行。

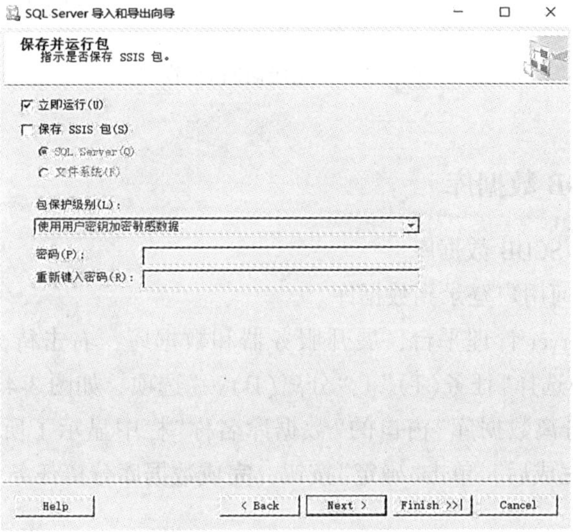

图 3-43　“保存并运行包”窗口

(8)单击“Next>”按钮，就会出现“Complete the Wizard”窗口，单击“Finish”按钮即可，如图 3-44 所示。

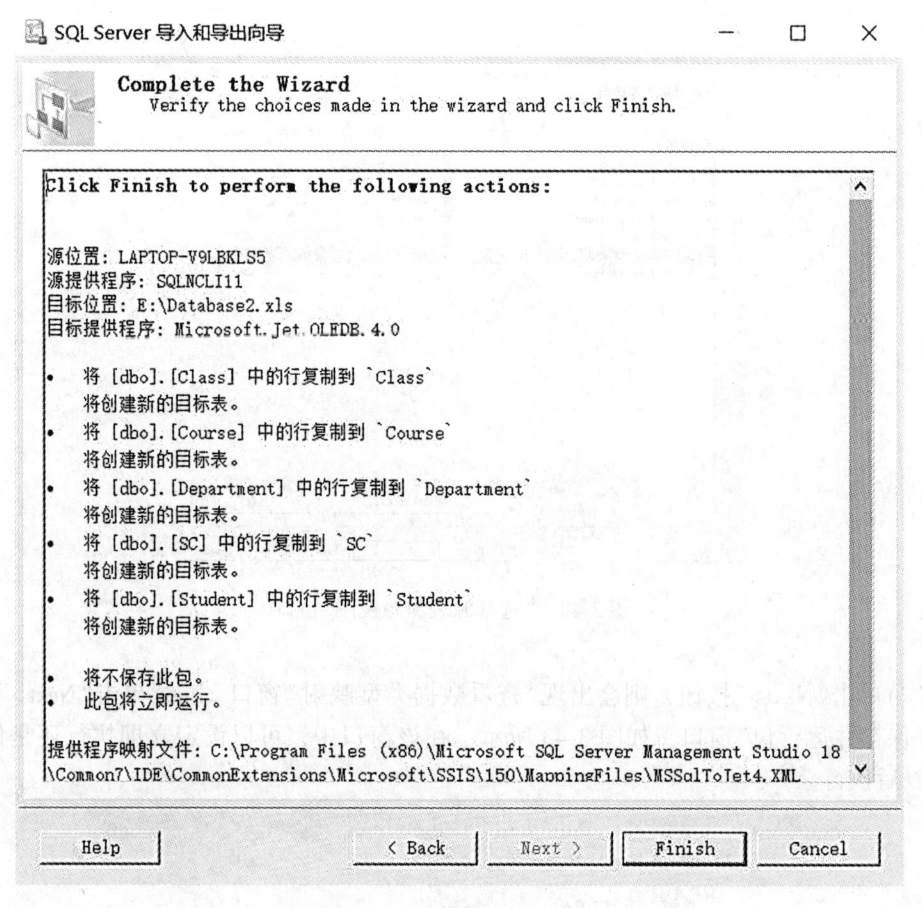

图 3-44 “完成该向导”窗口

三、分离 SCDB 数据库

【例 3.3.3】分离 SCDB 数据库。

(1)确定没有任何用户登录到数据库。

(2)打开 SQL Server 管理平台，展开服务器和数据库，右击待分离的 SCDB 数据库，从弹出的快捷菜单中选择“任务(T)”|“分离(D)…”选项，如图 3-45 所示。

(3)在打开的“分离数据库”窗口的“数据库名称”栏中显示了所选的数据库名称，如图 3-46 所示，设置完成后，单击“确定”按钮，完成数据库分离任务。

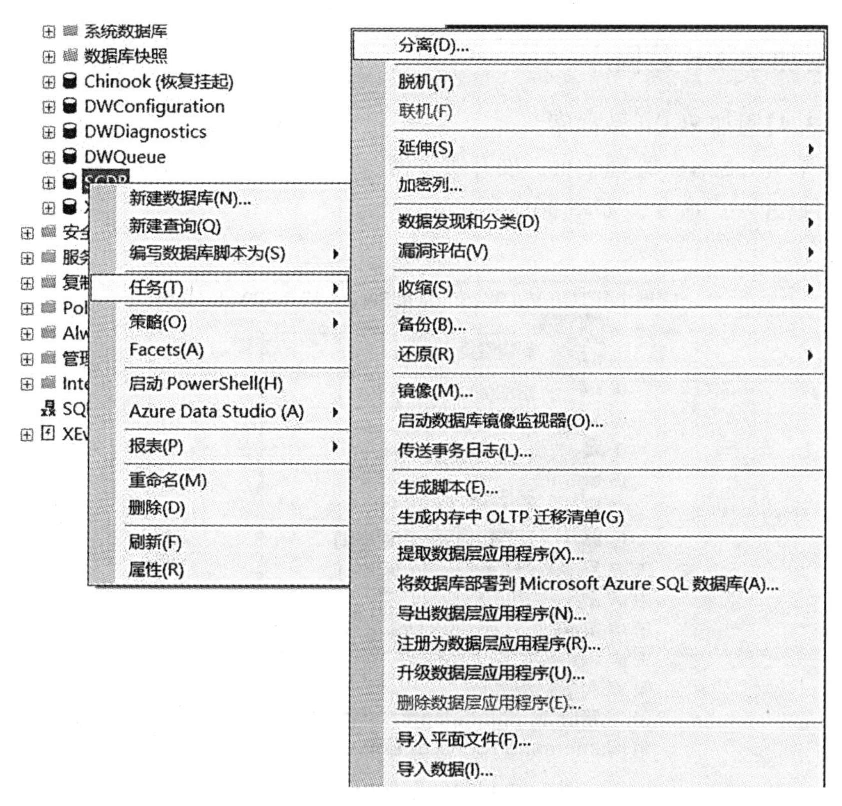

图 3-45　选择“任务(T)”|“分离(D)…”命令

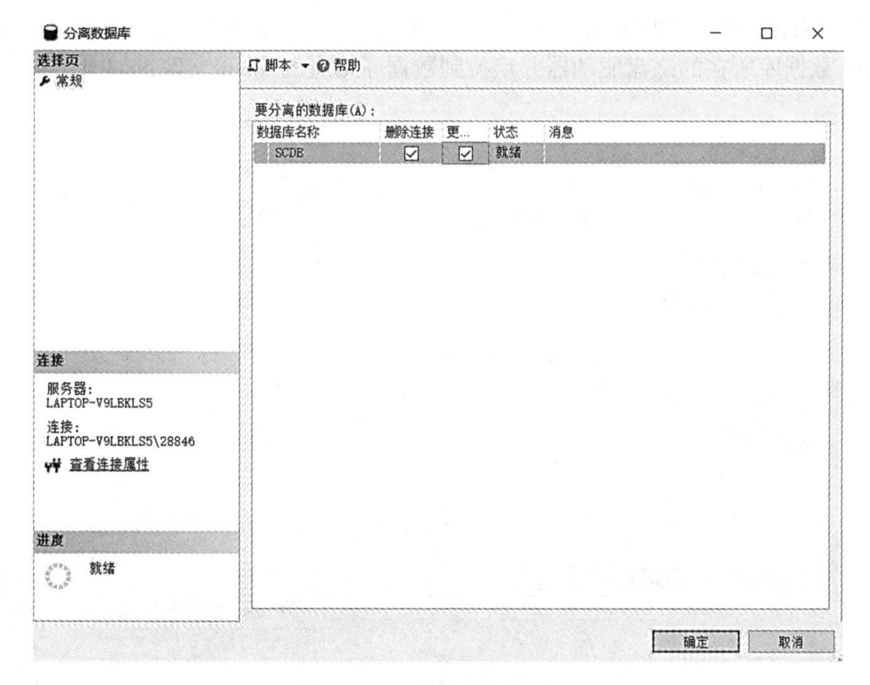

图 3-46　“分离数据库”窗口

四、附加 SCDB 数据库

【例 3.3.4】附加 SCDB 数据库。

(1)打开 SQL Server 管理平台，展开服务器，右击“数据库”结点，从弹出的快捷菜单中选择“附加(A)…”命令，如图 3-47 所示。

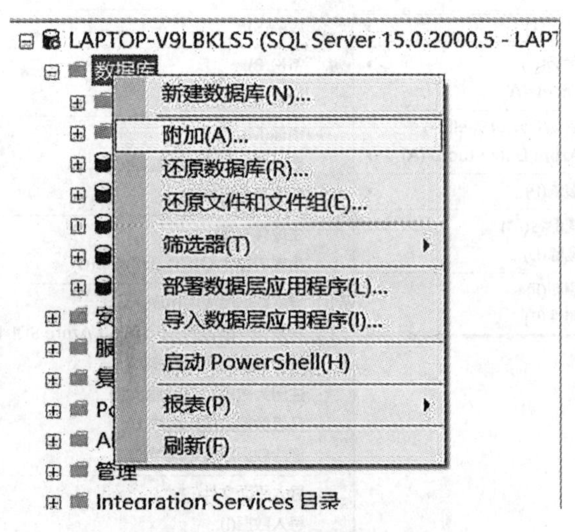

图 3-47　选择“附加(A)…”命令

(2)在打开的“附加数据库”窗口中，单击“添加”按钮，会弹出“定位数据库文件”窗口，选择 SCDB 数据库所在的磁盘驱动器并定位到数据库对应的.mdf 文件，如图 3-48 所示。

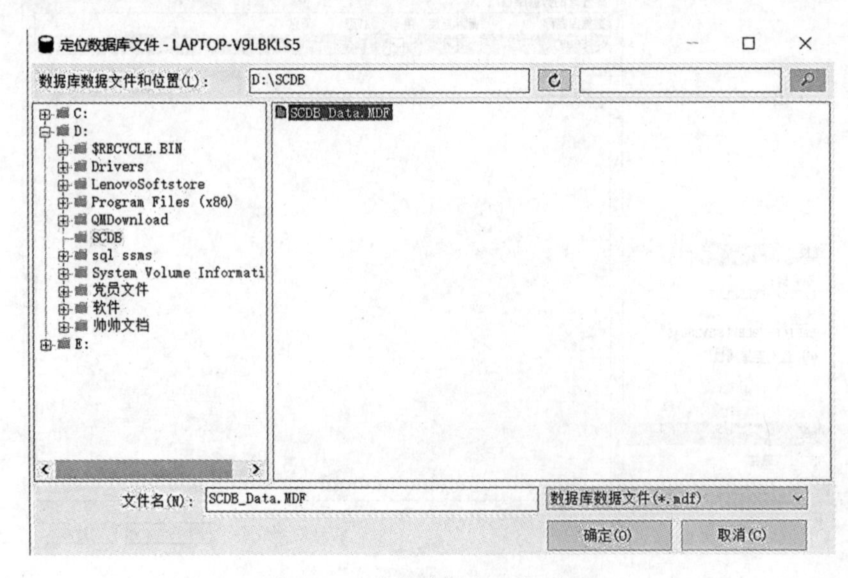

图 3-48　“定位数据库文件”窗口

(3)单击“确定”按钮，回到“附加数据库”窗口，可以为附加的数据库制定不同的名称和物理位置等，如图 3-49 所示。

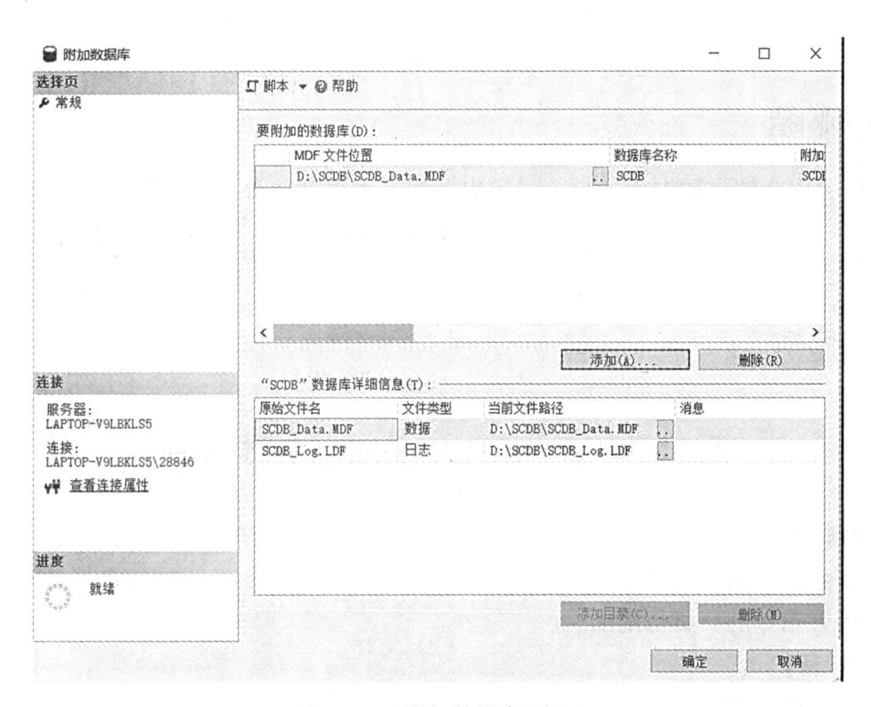

图 3-49　“附加数据库”窗口

(4)设置完成后单击“确定”按钮，数据库附加任务完成。SQL Server 管理平台会显示附加成功的数据库 SCDB。

知识拓展

一、使用 Transact-SQL 语句分离数据库

SQL Server 提供了存储过程 sp_detach_db 用于分离数据库，例如将 SCDB 数据库分离，可以用如下语句：

```
EXEC sp_detach_db SCDB
```

二、使用 Transact-SQL 语句附加数据库

附加数据库可以使用 sp_attach_db 来实现，语法如下所示：

```
EXEC   sp_attach_db database_name,
       'file_name1'[, 'file_name2', ……; '
       file_name16']
```

该语句用于将数据库 SCDB 附加到服务器中，在附加数据库时，需指定数据库的主数

据文件和日志文件的详细路径。

例如，附加 SCDB 数据库，如下所示：

```
EXEC sp_attach_db SCDB, 'D:\SCDB\SCDB_Data.MDF', 'D:\SCDB\SCDB_Log.LDF'
```

任务小结

在本任务中介绍了数据库的导入、导出及数据库附加、分离的知识，通过本任务的学习，读者可以深入理解并掌握 SQL Server 实现数据库的导入、导出以及数据库附加、分离的基本操作。

实训练习

实训十六　数据库导入与导出、分离与附加

【实训目的】

1. 训练数据库的导入与导出。
2. 训练数据库的分离与附加。

【实训准备】

1. 认真阅读本实训内容。
2. 认真学习并掌握数据库的导入与导出、数据库分离与附加等操作的相关知识。
3. 实训过程中注意做好相关记录。

【实训内容】

1. 将 SCDB 数据库中的 Student 表导出至 Excel 表中。
2. 分离 SCDB 数据库到 D：/mydb。
3. 附加上题分离的 SCDB 数据库。

【实训报告要求】

1. 将实训过程中所进行的各项工作和步骤记录在实训报告上。
2. 将实训过程中遇到的问题记录下来。
3. 结合具体的操作写出实训的心得体会。

附录　实训参考答案

实训一　SQL Server 2019 的安装

1. 人工管理阶段，文件系统阶段，数据库系统。

2. 略。

3. (1)是；　(2)是。

4. 如果第一次安装 SQL Server 2019 失败需要重新安装，在重新安装之前需要卸载原安装的 SQL Server 2019。可以利用操作系统"控制面板"中的"程序""卸载程序"卸载，也可以利用第三方软件工具卸载。

实训二　数据库的设计

1. ① 1∶1，丈夫与妻子；② 1∶n，班主任与学生；③ m∶n，授课教师与授课班级。

2. 矩形，椭圆形，菱形。

3.

(1)StudentID；CourseID；DepartID；ClassID；StudentID、CourseID。

(2)ClassID，Class，Student；DepartID，Department，Class；StudentID，Student，SC；CourseID，Course，SC。

4. 学生、班级、课程、系部。

5. 略。

6. 略。

实训三　数据库的建立

1. 数据文件，日志文件，主要数据文件，次要数据文件，日志文件。

2. 一种是使用工具向导创建；另一种是使用 Transact-SQL 语句创建。

3. 创建一个名为 stuinf 的数据库，该数据库的主数据文件逻辑名称为 stuinf _Data，物理文件名为 stuinf _Data. mdf，存储在 E:\目录下，初始大小为 10MB，最大尺寸为 80MB，增长速度为 3MB；数据库的日志文件逻辑名称为 stuinf _Log，物理文件名为 stuinf _

Log. ldf，存储在 E:\目录下，初始大小为 5MB，最大尺寸为 25MB，增长速度为 5MB。

4. 在查询窗口输入如下 T-SQL 语句并运行：

```
USE master
GO
CREATE DATABASE XKDB
ON
( NAME =XKDB_Data,
FILENAME = 'D:\XK\XKDB_Data.mdf',
SIZE = 20MB,
MAXSIZE = 60 MB,
FILEGROWTH = 5 MB)
LOG ON
( NAME = 'XKDB_Log',
FILENAME = 'D:\XK\XKDB_Log.ldf',
SIZE = 5MB,
MAXSIZE = 25MB,
FILEGROWTH =5MB )
GO
```

5. 略。

实训四　管理数据库

1. 对象资源管理器中选定 XKDB，右键选择“属性”，在“选项”中将“数据库为只读”设置为 True。

2. 在查询窗口输入如下 T-SQL 语句并运行：

```
Use  XKDB
Go
alter database  XKDB
modify file
(
name=XKDB_Data,
size=80mb
)
Go
```

3. 略。

4. 在查询窗口输入如下 T-SQL 语句并运行：

```
Use  XKDB
Go
DBCC SHRINKFILE(XKDB_Log, 3)
Go
```

5. 在查询窗口输入如下 T-SQL 语句并运行：

```
Use  XKDB
Go
Execsp_renamedb  'XKDB', 'XKDB3'
Go
```

6. 在查询窗口输入如下 T-SQL 语句并运行：

```
Use master
Go
Drop  database  XKDB3
Go
```

实训五　表的操作

1. 数据库对象，唯一。
2. 唯一标识，唯一，不允许。
3. 不唯一，重复值，为空值。
4. 非法数据，数据完整性。
5. 略。
6. ——创建 Class

在查询窗口输入如下命令并运行：

```
USESCDB
GO
CREATE TABLE Class
(
ClassID varchar(10) NOT NULL,
DepartID varchar(10) NOT NULL,
ClassName varchar(20),
ClassMonitor varchar(20)
)
GO
```

——创建 SC

在查询窗口输入如下命令并运行：

```
USESCDB
```

```
GO
CREATE TABLE SC
(
StudentID varchar(10) NOT NULL,
ClassID varchar(10) NOT NULL,
Grade float
)
GO
```

7. 略。

8. 在查询窗口输入如下命令并运行：

```
USE SCDB
GO
EXECsp_help Class
Go
EXECsp_help SC
Go
```

9. 略。

10. 在查询窗口输入如下命令并运行：

```
USE SCDB
GO
EXECsp_rename 'Depar', 'Department'
GO
```

11. 略。

12. 在查询窗口输入如下命令并运行：

```
USE SCDB
Go
——修改 CourseID 列的数据类型
ALTER TABLE Class
ALTER COLUMNClassID  char(10) not null
GO
——设置主键
ALTER TABLE Class
ADD CONSTRAINTPK_Class
PRIMARY KEY CLUSTERED
(ClassID)
Go
```

实训六 数据完整性的设计

1. 正确性、一致性、可靠性。

2. 实体完整性、域完整性、参照完整性、用户定义完整性。

3. CHECK 约束、PRIMARY KEY 约束、FOREIGN KEY 约束、UNIQUE 约束、DEFAULT 约束。

4. 数据库对象。

5. 一，多，捆绑。

6. 一，多，一。

7. 在查询窗口输入如下命令并运行：

```
USE SCDB
GO
ALTER TABLE Student
ADD CONSTRAINTCK_Age_Student  CHECK(Age>= '1' And Age<='100')
GO
```

8. 在查询窗口输入如下命令并运行：

```
USE SCDB
GO
ALTER TABLE Student
ADD CONSTRAINTDEF_Password DEFAULT ('8888')  FOR Password
GO
```

9. 在查询窗口输入如下命令并运行：

```
USE SCDB
GO
——创建默认值
CREATE DEFAULT MR_PSW AS'0000'
GO
——绑定默认值到 Student 表 Password 列
EXECsp_bindefault MR_PSW, 'Student.Password'
GO
```

10. 在查询窗口输入如下命令并运行：

```
USE SCDB
GO
——创建规则
CREATE RULEGZ_Age
AS @ Age>=15 and @ Age<=25
```

```
GO
——将规则绑定到 age 列
EXECsp_bindrule GZ_Age 'Student.Age'
GO
```

11. 在查询窗口输入如下命令并运行：

```
USE SCDB
GO
CREATE FUNCTIONAvgAge_Student(@ ClassID Varchar(20))
RETURNS FLOAT
AS
BEGIN
DECLARE @ AVG_Age FLOAT
SET @ AVG_Age=(SELECT AVG(Age)
FROM Student
WHEREClassID=@ ClassID)
RETURN @ AVG_Age
END
```

实训七　数据操作

1. 略。
2. 在查询窗口输入如下命令并运行：

```
USE SCDB
Go
INSERTClass(ClassID, DepartID, ClassName, ClassMonitor)
VALUES ('20080101', '2', '计算机应用', '王波')
INSERT Class
VALUES ('20080102', '2', '计算机网络', '江河')
GO
```

3. 在查询窗口输入如下命令并运行：

```
USE SCDB
GO
SELECT * INTONewClass
FROM Class
GO
```

4. 略。
5. 在查询窗口输入如下命令并运行：

```
USE SCDB
GO
UPDATEClass
setClassMonitor='雷应飞'
WHEREClassID ='20080101'
GO
```

6. 在查询窗口输入如下命令并运行：

```
USE SCDB
GO
DELETENewClass
WHEREClassID ='20080102'
GO
```

实训八　简单数据查询

1. *，TOP　n[PERCENT]，DISTINCT。
2. %(百分号)，_(下划线)，[ ](方括号)，[^]，第2个字不为“丽”的字符串。
3. 在查询窗口输入如下命令并运行：

```
USE SCDB
GO
SELECT * FROM Class
GO
```

4. 在查询窗口输入如下命令并运行：

```
USE SCDB
GO
SELECTClassID FROM Student
WHERE Name='宋红刚'
GO
```

5. 在查询窗口输入如下命令并运行：

```
USE SCDB
GO
SELECT‘系部个数’=Count(DepartID) FROM Department
GO
```

6. 在查询窗口输入如下命令并运行：

```
USE SCDB
GO
SELECTRegisterNum FROM Course
```

```
WHERECourseName ='数据库技术及应用'
GO
```

7. 在查询窗口输入如下命令并运行：

```
USE SCDB
GO
SELECTCourseID, CourseName
FROMCourse
WHERECourseID IN('10101', '20106', '40103')
GO
```

8. 在查询窗口输入如下命令并运行：

```
USE SCDB
GO
SELECTCourseID AS '课程编号', CourseName AS '课程名称', Teacher AS
'任课教师',
CourseTime  AS '上课时间'
FROM Course
GO
```

9. 在查询窗口输入如下命令并运行：

```
USE SCDB
GO
SELECT * FROM Student
WHERE Name LIKE '刘_'
GO
```

10. 在查询窗口输入如下命令并运行：

```
USE SCDB
GO
SELECT * FROMCourse
WHERETeacher IS NULL
GO
```

11. 在查询窗口输入如下命令并运行：

```
USE SCDB
GO
SELECTCourseName, RegisterNum, LimiteNum FROM Course
WHERERegisterNum<LimiteNum
ORDER BYRegisterNum DESC
GO
```

实训九　复杂数据查询

1. MIN( )，MAX( )，AVG( )，计算总行数，求和函数。

2. 在查询窗口输入如下命令并运行：

```
USE SCDB
GO
SELECTCourseID, CourseName, Kind, RegisterNum  FROM Course
ORDER BY kind
COMPUTE AVG(RegisterNum) BY Kind
GO
```

3. 按课程分类统计平均报名人数。

4. 在查询窗口输入如下命令并运行：

```
USE SCDB
GO
SELECT Kind AS '课程所属类别', AVG(RegisterNum) '报名人数'
FROM Course
GROUP BY Kind
HAVING AVG(RegisterNum)>25
GO
```

5. 在查询窗口输入如下命令并运行：

```
USE SCDB
GO
SELECTStudentID, Name, Sex, Age, ClassID FROM Student
WHERE Age>(SELECT AVG(Age) FROM Student)
GO
```

6. 在查询窗口输入如下命令并运行：

```
USE SCDB
GO
SELECTStudentID, Name
FROM Student
WHEREClassID IN(SELECT ClassID FROM Class
                WHEREClassName='电子商务')
GO
```

7. 在查询窗口输入如下命令并运行：

```
USE SCDB
GO
```

```
SELECTClassName FROM Class
UNION
SELECTCourseName  FROM Course
GO
```

8. 在查询窗口输入如下命令并运行：

```
USE SCDB
GO
SELECTStudentID, Course.CourseID, CourseName, CourseTime
FROM SCINNER JOIN  Course
ONCourse.CourseID=SC.CourseID
WHEREStudentID BETWEEN 2008038 AND 2008055
GO
```

9. 检索选修了“计算机应用基础”课程的学生学号和姓名。

10. 在查询窗口输入如下命令并运行：

```
USE SCDB
GO
SELECT DISTINCT S1.StudentID, S1.Name, S1.ClassID, S1.Address
FROM Student S1 INNER JOIN Student S2
    ON S1.Address=S2.Address AND S1.ClassID<>S2.ClassID
GO
```

实训十 创建和管理索引

1. 数据库对象，提高 SQL Server 系统的性能，加快数据的查询速度和减少系统的响应时间。

2. 聚集索引，非聚集索引。

3. 略。

4. 在查询窗口输入如下命令并运行：

```
USE SCDB
GO
DROP  INDEX  Student.Name_index
GO
```

5. 在查询窗口输入如下命令并运行：

```
USE SCDB
GO
CREATE UNIQUE CLUSTERED
INDEXStuID_index ON Student(StudentID)
```

```
GO
```

6. 在查询窗口输入如下命令并运行：

```
USE SCDB
GO
CREATE UNIQUE CLUSTERED
INDEXStu_index ON Student(StudentID)
GO
```

7. 在查询窗口输入如下命令并运行：

```
USE SCDB
GO
EXECsp_rename 'Name_index ', ' Stu_Name_index '
GO
```

实训十一　创建和使用视图

1. 虚拟表，基本表。
2. 略。
3. 在查询窗口输入如下命令并运行：

```
USE SCDB
GO
CREATE VIEWV_ Stu
AS
SELECTStudentID, NAME, Sex
FROM Student
GO
```

4. 在查询窗口输入如下命令并运行：

```
USE SCDB
GO
EXECsp_helptext 'V_Address_Student'
GO
```

5. 在查询窗口输入如下命令并运行：

```
USE SCDB
GO
EXECsp_rename 'V_Address_Student', 'Add_Stu'
GO
```

6. 在查询窗口输入如下命令并运行：

```
USE SCDB
```

```
GO
ALTER VIEWV_Student
WITH ENCRYPTION
AS
SELECTStudentID, Name,
FROM Student
GO
```

7. 在查询窗口输入如下命令并运行：

```
USE SCDB
GO
DROP Add_Stu
GO
```

实训十二　创建和使用存储过程

1. Transact-SQL 语句的集合，返回数据，写入和修改数据。
2. 用户自定义存储过程，系统存储过程，扩展存储过程。
3. 用户自行创建并存储，“sp_”，外部程序语言编写。
4. 在查询窗口输入如下命令并运行：

```
USE SCDB
GO
CREATE PROCEDURECC_Student
AS
SELECT *
FROM Student
WHERE Address ='荆门'
GO
```

5. 在查询窗口输入如下命令并运行：

```
USE SCDB
GO
EXECCC_Student
GO
```

6. 在查询窗口输入如下命令并运行：

```
USE SCDB
GO
ALTER PROCEDURECC_Student
@ Address VARCHAR(50)
```

```
WITH ENCRYPTION
AS
SELECT StudentID, Name, Address
FROM Student
WHERE Address =@ Address
GO
```

7. 在查询窗口输入如下命令并运行：

```
USE SCDB
GO
DROPCC_Student
GO
```

实训十三　创建和使用触发器

1. 存储过程，调用，事件触发。
2. 在查询窗口输入如下命令并运行：

```
USE SCDB
GO
CREATE TRIGGER Course_trigger
ONCourse
FOR INSERT
AS
PRINT '数据插入成功！'
GO
```

3. 在查询窗口输入如下命令并运行：

```
USE SCDB
GO
CREATE TRIGGERCourse_trigger2
ONCourse
INSTEAD OF DELETE
AS
PRINT'数据删除不成功！'
GO
```

4. 在查询窗口输入如下命令并运行：

```
USE SCDB
GO
CREATE TRIGGERCourse_trigger3
```

```
ONCourse
FOR UPDATE
AS
IF UPDATE(CourseName)
BEGIN
ROLLBACK TRANSACTION
END
GO
```

5. 在查询窗口输入如下命令并运行：

```
USE SCDB
GO
EXECsp_helptrigger Course
GO
```

6. 在查询窗口输入如下命令并运行：

```
USE SCDB
GO
SELECT name
FROMsysobjects
WHERE type='TR'
GO
```

7. 在查询窗口输入如下命令并运行：

```
USE SCDB
GO
EXECsp_rename SCourse_trigger, Course_trigger1,
GO
```

8. 在查询窗口输入如下命令并运行：

```
USE SCDB
GO
ALTER TRIGGERCourse_trigger2
ONCourse
INSTEAD OF DELETE, INSERT, UPDATE
AS
PRINT '你执行的删除、插入和修改操作无效！'
GO
```

9. 在查询窗口输入如下命令并运行：

```
USE SCDB
GO
```

```
DROP TRIGGER Course_trigger3
GO
```

实训十四　数据库的安全管理

1. 数据库角色管理，数据库权限管理。
2. Windows 身份验证，混合身份验证。
3. 固定服务器角色，数据库角色。
4. 略。
5. 略。
6. 略。
7. 略。
8. 略。

实训十五　数据库备份与还原

1. 恢复模式。
2. 完全数据库备份，差异数据库备份，事务日志备份，数据库文件或文件组备份。
3. 完全备份的还原，差异备份的还原，事务日志备份的还原，文件和文件组备份的还原。
4. 略。
5. 略。

实训十六　数据库导入与导出、分离与附加

1. 略。
2. 略。
3. 略。